大数据驱动的管理与决策研究丛书

基因组遗传大数据分析方法

姜永帅　张明明　吕洪超　孙　晨 / 主编

科 学 出 版 社

北　京

内 容 简 介

本书围绕基因组遗传大数据分析的基本方法，首先介绍了遗传变异和表观遗传变异的基本概念，接着介绍了相关分析方法及软件，包括全基因组关联分析（GWAS）、全基因组交互作用分析、连锁不平衡分析、全基因组单倍型关联分析、表达数量性状位点（eQTL）分析、全表观组关联分析（EWAS）、全表观组单倍型关联分析、多基因风险评分等。同时也介绍了相关方法在生物医学领域的应用，如疾病早期诊断、疾病风险评估等。最后介绍了全基因组测序数据分析、全外显子测序数据分析、全基因组亚硫酸盐测序数据分析的详细过程。

本书涉及范围较广，将基础理论和操作实践结合，适合各个层次基因组数据分析人员阅读与参考。

图书在版编目（CIP）数据

基因组遗传大数据分析方法 / 姜永帅等主编 . -- 北京 : 科学出版社 , 2024. 9.
(大数据驱动的管理与决策研究丛书). -- ISBN 978-7-03-079479-6

Ⅰ. Q343.2；Q-3

中国国家版本馆 CIP 数据核字第 20246QN058 号

责任编辑：马晓伟　路　倩 / 责任校对：张小霞
责任印制：赵　博 / 封面设计：有道文化

科学出版社 出版
北京东黄城根北街 16 号
邮政编码：100717
http://www.sciencep.com

涿州市般润文化传播有限公司印刷

科学出版社发行　各地新华书店经销

*

2024 年 9 月第　一　版　开本：720 × 1000　1/16
2025 年 1 月第二次印刷　印张：17 3/4
字数：344 000

定价：158.00 元

（如有印装质量问题，我社负责调换）

丛书编委会

主　编

陈国青　教　授　清华大学
张　维　教　授　天津大学

编　委（按姓氏汉语拼音排序）

陈　峰　教　授　南京医科大学
陈晓红　教　授　中南大学／湖南工商大学
程学旗　研究员　中国科学院计算技术研究所
郭建华　教　授　东北师范大学
黄　伟　教　授　南方科技大学
黄丽华　教　授　复旦大学
金　力　教　授　复旦大学
李立明　教　授　北京大学
李一军　教　授　哈尔滨工业大学
毛基业　教　授　中国人民大学
卫　强　教　授　清华大学
吴俊杰　教　授　北京航空航天大学
印　鉴　教　授　中山大学
曾大军　研究员　中国科学院自动化研究所

编者名单

主　编　姜永帅　张明明　吕洪超　孙　晨

副主编　徐　静　魏思宇　董　宇　孔凡武

编　者　（按姓氏汉语拼音排序）

毕　硕　陈海燕　陈星宇　郭旭迎　胡思梦

贾　哲　康靖旋　李瑞琳　柳　迪　吕文华

马　晔　马英男　佘　尉　孙红梅　陶俊先

田洪生　王朝阳　王嘉程　王四清　员林娜

詹渊博　张　辰　赵琳娜　邹榆萍

总　　序

互联网、物联网、移动通信等技术与现代经济社会的深度融合让我们积累了海量的大数据资源，而云计算、人工智能等技术的突飞猛进则使我们运用掌控大数据的能力显著提升。现如今，大数据已然成为与资本、劳动和自然资源并列的全新生产要素，在公共服务、智慧医疗健康、新零售、智能制造、金融等众多领域得到了广泛的应用，从国家的战略决策，到企业的经营决策，再到个人的生活决策，无不因此而发生着深刻的改变。

世界各国已然认识到大数据所蕴含的巨大社会价值和产业发展空间。比如，联合国发布了《大数据促发展：挑战与机遇》白皮书；美国启动了“大数据研究和发展计划”并与英国、德国、芬兰及澳大利亚联合推出了“世界大数据周”活动；日本发布了新信息与通信技术研究计划，重点关注“大数据应用”。我国也对大数据尤为重视，提出了“国家大数据战略”，先后出台了《“十四五”大数据产业发展规划》《“十四五”数字经济发展规划》《中共中央 国务院关于构建数据基础制度更好发挥数据要素作用的意见》《企业数据资源相关会计处理暂行规定（征求意见稿）》《中华人民共和国数据安全法》《中华人民共和国个人信息保护法》等相关政策法规，并于2023年组建了国家数据局，以推动大数据在各项社会经济事业中发挥基础性的作用。

在当今这个前所未有的大数据时代，人类创造和利用信息，进而产生和管理知识的方式与范围均获得了拓展延伸，各种社会经济管理活动大多呈现高频实时、深度定制化、全周期沉浸式交互、跨界整合、多主体决策分散等特性，并可以得到多种颗粒度观测的数据；由此，我们可以通过粒度缩放的方式，观测到现实世界在不同层级上涌现出来的现象和特征。这些都呼唤着新的与之相匹配的管理决策范式、理论、模型与方法，需有机结合信息科学和管理科学的研究思路，以厘清不同能动微观主体（包括自然人和智能体）之间交互的复杂性、应对由数据冗余与缺失并存所带来的决策风险；需要根据真实管理需求和场景，从不断生成的大数据中挖掘信息、提炼观点、形成新知识，最终充分实现大数据要素资源的经济和社会价值。

在此背景下，各个科学领域对大数据的学术研究已经成为全球学术发展的热点。比如，早在2008年和2011年，*Nature*（《自然》）与*Science*（《科学》）杂志分别出版了大数据专刊*Big Data*：*Science in the Petabyte Era*（《大数据：PB（级）时代的科学》）和*Dealing with Data*（《数据处理》），探讨了大数据技术应用及其前景。由于在人口规模、经济体量、互联网/物联网/移动通信技术及实践模式等方面的鲜明特色，我国在大数据理论和技术、大数据相关管理理论方法等领域研究方面形成了独特的全球优势。

鉴于大数据研究和应用的重要国家战略地位及其跨学科多领域的交叉特点，国家自然科学基金委员会组织国内外管理和经济科学、信息科学、数学、医学等多个学科的专家，历经两年的反复论证，于2015年启动了“大数据驱动的管理与决策研究”重大研究计划（简称大数据重大研究计划）。这一研究计划由管理科学部牵头，联合信息科学部、数学物理科学部和医学科学部合作进行研究。大数据重大研究计划主要包括四部分研究内容，分别是：①大数据驱动的管理决策理论范式，即针对大数据环境下的行为主体与复杂系统建模、管理决策范式转变机理与规律、“全景”式管理决策范式与理论开展研究；②管理决策大数据分析方法与支撑技术，即针对大数据数理分析方法与统计技术、大数据分析与挖掘算法、非结构化数据处理与异构数据的融合分析开展研究；③大数据资源治理机制与管理，即针对大数据的标准化与质量评估、大数据资源的共享机制、大数据权属与隐私开展研究；④管理决策大数据价值分析与发现，即针对个性化价值挖掘、社会化价值创造和领域导向的大数据赋能与价值开发开展研究。大数据重大研究计划重点瞄准管理决策范式转型机理与理论、大数据资源协同管理与治理机制设计以及领域导向的大数据价值发现理论与方法三大关键科学问题。在强调管理决策问题导向、强调大数据特征以及强调动态凝练迭代思路的指引下，大数据重大研究计划在2015～2023年部署了培育、重点支持、集成等各类项目共145项，以具有统一目标的项目集群形式进行科研攻关，成为我国大数据管理决策研究的重要力量。

从顶层设计和方向性指导的角度出发，大数据重大研究计划凝练形成了一个大数据管理决策研究的框架体系——全景式PAGE框架。这一框架体系由大数据问题特征（即粒度缩放、跨界关联、全局视图三个特征）、PAGE内核［即理论范式（paradigm）、分析技术（analytics）、资源治理（governance）及使能创新（enabling）四个研究方向］以及典型领域情境（即针对具体领域场景进行集成升华）构成。

依托此框架，参与大数据重大研究计划的科学家不断攻坚克难，在PAGE方向上进行了卓有成效的学术创新活动，产生了一系列重要成果。这些成果包括一大批领域顶尖学术成果［如*Nature*、*PNAS*（*Proceedings of the National Academy of Sciences of the United States of America*，《美国国家科学院院刊》）、*Nature/Science/Cell*（《细胞》）子刊，经管/统计/医学/信息等领域顶刊论文，等等］和一大批国家级行业与政策影响成果（如大型企业应用与示范、国家级政策批示和采纳、国际/国家标准与专利等）。这些成果不但取得了重要的理论方法创新，也构建了商务、金融、医疗、公共管理等领域集成平台和应用示范系统，彰显出重要的学术和实践影响力。比如，在管理理论研究范式创新（P）方向，会计和财务管理学科的管理学者利用大数据（及其分析技术）提供的条件，发展了被埋没百余年的会计理论思想，进而提出"第四张报表"的形式化方法和系统工具来作为对于企业价值与状态的更全面的、准确的描述（测度），并将成果运用于典型企业，形成了相关标准；在物流管理学科的相关研究中，放宽了统一配送速度和固定需求分布的假设；在组织管理学科的典型工作中，将经典的问题拓展到人机共生及协同决策的情境；等等。又比如，在大数据分析技术突破（A）方向，相关管理科学家提出或改进了缺失数据完备化、分布式统计推断等新的理论和方法；融合管理领域知识，形成了大数据降维、稀疏或微弱信号识别、多模态数据融合、可解释性人工智能算法等一系列创新的方法和算法。再比如，在大数据资源治理（G）方向，创新性地构建了综合的数据治理、共享和评估新体系，推动了大数据相关国际/国家标准和规范的建立，提出了大数据流通交易及其市场建设的相关基本概念和理论，等等。还比如，在大数据使能的管理创新（E）方向，形成了大数据驱动的传染病高危行为新型预警模型，并用于形成公共政策干预最优策略的设计；充分利用中国电子商务大数据的优势，设计开发出综合性商品全景知识图谱，并在国内大型头部电子商务平台得到有效应用；利用监管监测平台和真实金融市场的实时信息发展出新的金融风险理论，并由此建立起新型金融风险动态管理技术系统。在大数据时代背景下，大数据重大研究计划凭借这些科学知识的创新及其实践应用过程，显著地促进了中国管理科学学科的跃迁式发展，推动了中国"大数据管理与应用"本科新专业的诞生和发展，培养了一大批跨学科交叉型高端学术领军人才和团队，并形成了国家在大数据领域重大管理决策方面的若干高端智库。

展望未来，新一代人工智能技术正在加速渗透于各行各业，催生出一批新业态、新模式，展现出一个全新的世界。大数据重大研究计划迄今为止所进行的相关研究，其意义不仅在于揭示了大数据驱动下已经形成的管理决策新机制、开发了针对管理决策问题的大数据处理技术与分析方法，更重要的是，这些工作和成果也将可以为在数智化新跃迁背景下探索人工智能驱动的管理活动和决策制定之规律提供有益的科学借鉴。

为了进一步呈现大数据重大研究计划的社会和学术影响力，进一步将在项目研究过程中涌现出的卓越学术成果分享给更多的科研工作者、大数据行业专家以及对大数据管理决策感兴趣的公众，在国家自然科学基金委员会管理科学部的领导下，在众多相关领域学者的鼎力支持和辛勤付出下，在科学出版社的大力支持下，大数据重大研究计划指导专家组决定以系列丛书的形式将部分研究成果出版，其中包括在大数据重大研究计划整体设计框架以及项目管理计划内开展的重点项目群的部分成果。希望此举不仅能为未来大数据管理决策的更深入研究与探讨奠定学术基础，还能促进这些研究成果在管理实践中得到更广泛的应用、发挥更深远的学术和社会影响力。

未来已来。在大数据和人工智能快速演进所催生的人类经济与社会发展奇点上，中国的管理科学家必将与全球同仁一道，用卓越的智慧和贡献洞悉新的管理规律和决策模式，造福人类。

是为序。

国家自然科学基金委“大数据驱动的管理与决策研究”

重大研究计划项目指导专家组

2023年11月

前　　言

随着基因芯片和新一代测序等高通量基因组检测技术的快速发展，产生了海量基因组学大数据，有关复杂疾病的研究取得了前所未有的成功，鉴别了很多与疾病相关的遗传变异位点和致病基因。一些大型的国际合作计划如人类基因组单体型图计划（HapMap）、千人基因组计划（1000 Genomes Project）、人类基因组DNA元件百科全书计划（ENCODE）等的完成，为我们解读基因组提供了丰富的信息资源。基于基因组大数据检测的个体化健康指导以其时效性、有效性和全面性，必将成为人类重大疾病防治的有效手段。

目前，基因组大数据分析正面临着前所未有的挑战，数据吞吐量的剧增，促进了传统分析方法的更新和迭代，并催生了一批新的分析方法和软件。本书对部分基因组大数据前沿分析体系进行梳理、阐述（其中部分为笔者课题组开发的方法）。

本书分为五部分：①基础篇（第一章至第十章），主要介绍了遗传和表观遗传相关概念、遗传变异大数据及分析软件、全基因组关联分析、全表观基因组关联分析、全基因组单倍型关联分析、全表观组单倍型关联分析、遗传变异与转录组联合分析等，为读者提供了详尽的理论基础。②应用篇（第十一章至第十三章），为读者提供了重大疾病单倍型关联研究方法、DNA甲基化位点的人群差异分析、甲基化不平衡模式上的差异分析实例。③成果篇（第十四章至第十七章）主要介绍了表观遗传标志物及eQTL在疾病方面的应用、SNP对疾病中大分子结构的影响及生物学意义、疾病的风险预测。④展望篇（第十八章）主要讨论了EWAS、单倍型、eQTL的现状与未来，SNP对一系列大分子结构的影响。⑤操作实现方法篇（第十九章至第二十一章）介绍了全基因组亚硫酸氢盐测序、全基因组测序、全外显子测序的详细操作流程。本书在编写理念、内容选取和体系编排上将经典的基因组大数据分析方法与学科前沿、操作实践相结合，具有很多独到之处。希望本书的完成能对国内从事基因组大数据分析的相关科研人员有所帮助。

本书的出版获得国家自然科学基金委重大研究计划项目“大数据驱动的管理

与决策研究”“重大疾病基因组遗传大数据资源平台建设及其示范应用”，以及国家自然科学基金数学天元基金项目“统计遗传学”和黑龙江省高等教育教学改革项目“新医科背景下统计遗传学金课建设探索与实践”（SJGY20210534）的大力支持。

尽管我们在本书编写过程中力求尽善尽美，但由于编者水平有限、时间仓促，书中难免有不足之处，恳请广大读者批评指正。

编　者

2024年6月

拓 展 资 源

本书涉及大量遗传大数据分析方法和软件，考虑到资源的时效性，我们将在实验室的几个网络平台上逐渐更新已有软件的版本，同时也将补充国际上新发表的方法、软件供读者学习和交流。

相关内容将逐步更新到以下网络平台：

（1）统计遗传学微信公众号：可微信搜索“统计遗传学”或“StatisticalGenetics”，平台内容涉及统计遗传学、系统遗传学、数量遗传学、群体遗传学、eQTL、mQTL、GWAS、EWAS、连锁分析等方向，并会持续更新国际上最新文献摘要，工具介绍及相关分析原理，遗传大数据分析方法、软件、数据库及相关使用说明等。

（2）R语言中文网：可利用搜索引擎搜索“R语言中文网”。其公众号，可微信搜索“R语言中文网”或“rchinanet”。

（3）生物统计家园网：可利用搜索引擎搜索“生物统计家园”。其公众号，可微信搜索“生物统计家园网”或“biostatistic-net”。

目　录

基础篇

应　用　篇

成 果 篇

展 望 篇

操作实现方法篇

基 础 篇

第一章　遗传和表观遗传相关概念

1.1　遗传变异

遗传是指在生命体繁殖与进化过程中所体现出来的亲代和子代之间的相似性现象，而变异指的是亲代和子代之间以及子代个体之间在各方面的差异性。遗传与变异是生命体的两个最基本属性，也是整个生命发展、进化过程中一对具有对立统一特性的概念。相互对立体现在遗传可以使亲代和子代之间保持性状上的稳定性与一致性；变异则使得亲代与子代之间的继承关系产生多样性与不一致性。相互统一体现在两者是相互依存的，变异所表现出的新特性只有通过遗传才能传递给子代；只有遗传而没有变异的生物体将无法适应不断变化的环境。

遗传变异的形式有很多，不同遗传变异的范围和影响程度也不同。大到结构片段的插入和缺失、拷贝数变异，小到短片段的插入和缺失、单核苷酸变异。遗传变异的影响是多方面的，可直接影响基因，从而导致基因功能的改变，也可能间接导致基因表达水平的异常［如表达数量性状位点（eQTL）］。

1.1.1　单核苷酸多态性概述

单核苷酸多态性（single nucleotide polymorphism，SNP）主要是指在基因组水平上由单个核苷酸变异所引起的DNA序列多态性，它是人类可遗传变异中最常见的一种。SNP所表现的多态性只涉及单个碱基的变异，这种变异可由单个碱基的转换（transition）或颠换（transversion）所引起，也可由碱基的插入或缺失所致，但通常所说的SNP并不包括后两种情况。SNP包含大量与生物遗传进化有关的信息，属于第三代分子标记技术。在众多分子标记技术中，SNP标记作为目前最具发展潜力的分子标记，因其在基因组中数量多、分布广且在基因分析过程中不需要根据片段大小将DNA分带即可实现大规模自动化检测，故更适用于数据庞大的检测分析。近年来，对于SNP数据的研究已涉及生物信息学等相关领域的各个方面。

1.1.2　单核苷酸多态性研究现状

遗传变异研究是当前遗传关联研究的重要领域之一。近年来，随着SNP数据库的建立和基因分型技术的不断发展，越来越多的SNP研究得以开展。通过对SNP与表型的关联分析，已经发现大量与疾病（如肥胖、糖尿病、癌症）相关的SNP位点，这些研究为疾病预防和治疗提供了新的思路和方法。同时，SNP分析软件的出现也使得SNP数据的分析和解释变得更加方便和高效。SNP研究的成果不仅为遗传学和基因组学的研究提供了帮助，还为农作物和畜禽的遗传改良、品种鉴定和基因组选育等领域提供了重要的支持。可见，随着技术和方法的不断发展，SNP研究在未来的遗传和基因组学研究中将继续发挥重要作用。

除了在遗传和基因组学领域的应用，SNP研究在其他领域也有着广泛的应用。例如，在考古学领域，SNP研究可用于分析人类祖先的遗传关系和迁徙历史；在生态学领域，SNP研究可用于探究种群的遗传结构和演化历史；在食品安全领域，SNP研究可用于鉴定食品中的成分和来源。因此，SNP研究具有广泛的应用前景和潜力。此外，随着大数据和人工智能技术的不断发展，SNP研究也正在朝着更深入、更高效的方向发展。例如，基于深度学习的SNP数据分析模型已经被提出，这加快了SNP数据的处理和解释，提高了数据的利用效率。

除了目前已经被发现的SNP位点，还有许多未知的遗传变异位点，它们可能会对生物的性状和人类的健康产生影响。因此，未来的SNP研究需要更加深入和全面，从而不断探索新的位点与疾病、性状等之间的关联。

1.1.3 遗传变异研究现存问题

虽然遗传变异研究在复杂性状研究中取得了一定的成功，但是也面临着一些挑战，如数据质量不过关、数据分析方法过于复杂等。因此，未来的SNP研究需要采用更加严格的数据质量控制和简单高效的数据分析方法，以确保结果的准确性和可靠性。

此外，除了SNP，还存在其他常见的遗传变异，包括短插入缺失、拷贝数变异（copy number variation，CNV）和结构变异（structural variation，SV）。尽管一些研究使用CNV作为新的遗传标记，但仍存在一些问题，如个体CNV发生不规则，数据噪声导致变异调用错误及不同基因分型平台不兼容。与更长的遗传变异（如CNV和SV）有关的大多数计算工具，都可以进行基因型调用、注释和可视化。实际上，工具的功能和相应的变化取决于匹配技术的特征和局限性。Sanger测序的长读段具有较高的精度，但吞吐量较低；二代测序（next-generation sequencing，NGS）技术的短读段具有相对较低的精度，但吞吐量较高。与NGS和Sanger测序相比，基于纳米通道的单分子光学图谱等新的测序技术可以准确地测序更长读段的遗传变异。

1.2　表观遗传变异

1939年，表观遗传学的概念首次由英国生物学家Waddington在《现代遗传学导论》中提出。1942年，Waddington将表观遗传学描述为“生物学的分支，研究基因与决定表型的基因产物之间的因果关系”。直到1979年，Holliday较为准确地描述了表观遗传学的概念。

表观遗传学的概念与遗传学的概念是相对的。遗传学研究的是DNA片段上碱基序列的直接改变（包括点突变、删除、插入和易位）所引起的基因活性或基因功能的变化，这种变化是可遗传的。与遗传学相反，表观遗传学研究的是在DNA序列没有任何改变的情况下，DNA甲基化谱、基因表达调控状态和功能、染色质结构状态等的改变在细胞分裂或细胞代间传递的可遗传现象。表观遗传学主要包括DNA甲基化、组蛋白乙酰化、核小体定位、染色体重塑和非编码RNA调控等几个方面。这些表观遗传模式参与了多个重要的生物学过程并在其中发挥了重要的作用，如基因组印记、衰老、X染色体的失活、胚胎发育和肿瘤抑制基因失活等。然而，表观遗传模式的异常也可能会引起基因表达的改变及基因功能的异常，从而导致疾病的发生、发展，如代谢和自身免疫性疾病、神经障碍和癌症等复杂疾病。

1.2.1　DNA甲基化概述

DNA甲基化是最重要的表观遗传学修饰之一，它是一种直接发生在DNA序列上的化学修饰，能够在细胞分裂前后和细胞代间稳定遗传。在哺乳动物的基因组中，DNA甲基化主要以*S*-腺苷甲硫氨酸为甲基供体，在一系列DNA甲基转移酶的催化下，将甲基选择性地添加在DNA的CpG二核苷酸中胞嘧啶的第五位碳原子上，形成5-甲基胞嘧啶（^{5}mC），这常见于基因的5′-CpG-3′序列，CpG二核苷酸是最主要的甲基化位点。DNA甲基化的示意图如下（图1-1）。

DNA甲基化参与多种生物学过程，可以与其他调控因子协同作用共同影响基因的转录，从而影响基因表达，这使得DNA甲基化与人类发育和肿瘤等复杂疾病关系密切，特别是CpG岛甲基化所导致的抑癌基因转录失活问题。目前，DNA甲

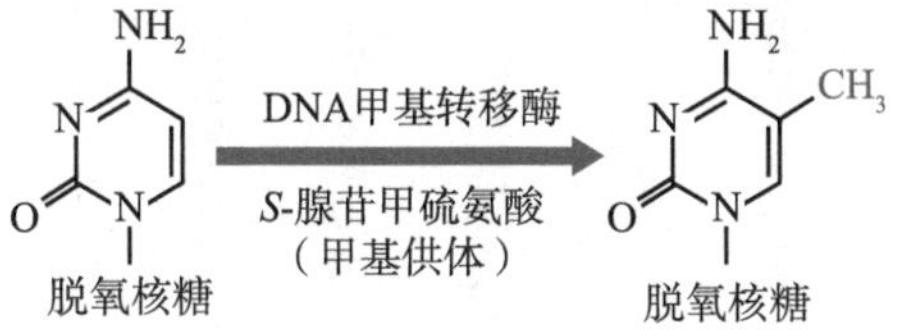

图1-1　DNA甲基化示意图

基化作为最重要的表观遗传学机制，已经成为表观遗传学和表观基因组学的重要研究内容。

1.2.2　DNA甲基化研究现状

随着高通量技术的发展，全基因组范围内DNA甲基化的测定已经不是一个难点。目前，比较常用的DNA甲基化数据来自Illumina公司推出的甲基化微阵列芯片及亚硫酸氢盐测序。其中，Infinium HumanMethylation450 Bead Chip（450K）是最常用的DNA甲基化芯片，共包含485 577个DNA甲基化探针。GEO数据库的GPL13534平台存储了大量的DNA甲基化450K数据，是最常用的DNA甲基化数据平台。此外，癌症基因组图谱（TCGA）数据库也存储了大量人类常见的多种癌症相关的DNA甲基化450K数据集。

DNA甲基化数据集的大量产生促进了表观遗传学相关研究的迅速发展。Rakyan和其同事首次提出的全表观基因组关联分析（epigenome-wide association study，EWAS）是表观基因组研究中的一种有效方法。类似于分析遗传变异与疾病或特定表型之间关联的全基因组关联分析（genome-wide association study，GWAS），EWAS可以帮助研究者系统识别与复杂疾病或表型相关的表观遗传标记（主要是DNA甲基化的变化），从而加深对疾病发病机制的理解。近十几年来，EWAS研究的数量呈指数型增长，但与GWAS相比，EWAS研究则远远落后（图1-2）。当前，研究者已经发表710多篇EWAS研究，在不久的将来还可能进行更多的大规模研究，将复杂疾病和性状与表观基因组的变化联系起来。

应用EWAS方法，研究者成功识别了大量与恶性肿瘤、精神类疾病、自身免

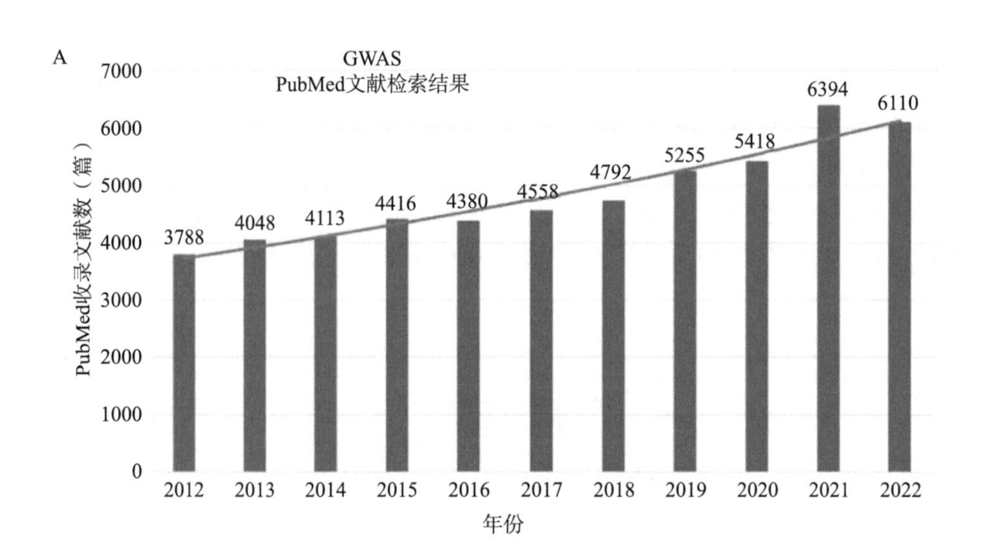

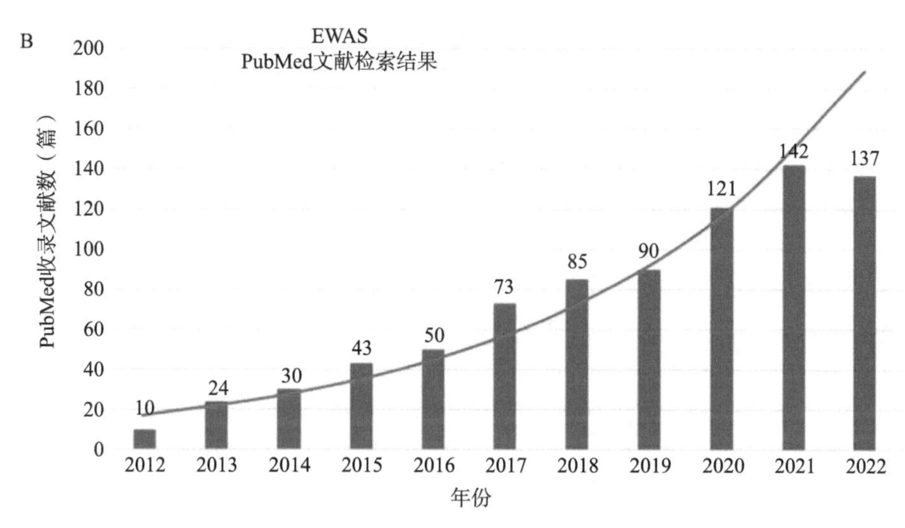

图1-2　2012～2022年GWAS（A）和EWAS（B）研究数量

疫性疾病等复杂疾病，以及吸烟、体重指数（BMI）、肥胖等复杂表型相关的表观遗传变异，增进了对疾病分子基础的理解。

1.2.3　DNA甲基化研究现存问题

EWAS是表观遗传学研究中常用的一种有效手段，为理解复杂疾病或表型的分子基础提供了新的视角，取得了一定的成果。然而，这些研究都是基于甲基化信号强度百分比（β值）得出的，只提供了有限的生物学信息。从定义来看，DNA甲基化指的是在甲基转移酶的催化下，将*S*-腺苷甲硫氨酸提供的甲基选择性地添加在胞嘧啶的第五位碳原子上，形成5-甲基胞嘧啶（^{5}mC）的过程。本质上来说，染色体上的一个位点是否被甲基化取决于该位点是否被添加上甲基，从某些角度上来说，DNA甲基化是一种离散化的状态。然而，由于技术的限制，在全基因组水平检测到单个位点上胞嘧啶的修饰状态往往花费较高，大多数研究只能从β值的角度理解DNA甲基化。β值是介于0到1的连续型数值，β值越小，人们就认为该位点的甲基化程度越低；β值越大，就认为该位点的甲基化程度越高。但这偏离了DNA甲基化生物学的本质特征，从甲基化、非甲基化的视角阐明DNA甲基化的群体特征仍然是受限的。

尽管应用EWAS的方法识别了许多与疾病或表型相关的表观遗传变异，但这些研究都是基于单个DNA甲基化位点的。重大疾病或表型的发病机制往往是复杂的，因此EWAS研究并不能完全解析复杂疾病或表型的发生、发展过程及潜在机制，研究者需要从多位点相互作用的角度看待问题。DNA甲基化是一个相对稳定的表观遗传修饰过程，由于甲基转移酶和去甲基化酶的持续合成能力，基因组相同DNA链上两个相邻的CpG位点可能具有相同的甲基化状态，倾向于共甲基化或共去甲基化，存在“类似连锁不平衡”现象。但是从DNA甲基化位点β值的角度无法对相邻多个位点之间的“甲基化连锁不平衡状态”进行准确分析，需要新的、稳定可靠的理论体系的支撑。

参考文献

付利娟，夏映曦，付俊琳，等，2012．DNA甲基化数据分析方法和软件应用．重庆医学，41（17）：1719-1721，1726．

韩旭，2018．基于机器学习算法的基因表达数据处理与分析．天津：天津大学．

金玉，李赫健，冯成强，等，2018．转录组-代谢组分析方法及其在药物作用机理研究中的应用．生物技术通报，34（12）：68-76．

单志鸣，2022．生物信息学方法分析骨肉瘤关键基因表达和鉴定．郑州：郑州大学．

王义翠，刘延鑫，杨念，等，2022．系统生物学方法的中医药应用研究进展．中医研究，35（5）：92-96．

相深，杨俊辉，吴俊，2016．一种全基因组变异数据的注释方法和注释系统：中国，CN201610502321.0．2016-11-23．

尹世杰，王跃，程丽敏，2023．基于GEO差异基因分析及网络药理学探究真人养脏汤治疗活动性溃疡性结肠炎的分子机制研究．医学信息，36（3）：70-76．

赵丁岩，2016．淫羊藿苷对激素诱导损伤人股骨头微血管内皮细胞蛋白质表达谱的影响．中华医学杂志，96（13）：1026-1030．

赵鹤芹，2007．设计动态网站的最佳方案：Apache＋PHP＋MySQL．计算机工程与设计，28（4）：933-934，938．

Barrett T，Troup DB，Wilhite SE，et al，2009．NCBI GEO：archive for high-throughput functional genomic data．Nucleic Acids Res，37（Database issue）：D885-D990．

Jombart T，Ahmed I，2011．Adegenet 1.3-1：new tools for the analysis of genome-wide SNP data．Bioinformatics，27（21）：3070-3071．

Liu Y，Wang B，Shu S，et al，2021．Analysis of the Coptis chinensis genome reveals the diversification of protoberberine-type alkaloids．Nat Commun，12（1）：3276．

Ma L，Huang Y，Zhu W，et al，2011．An integrated analysis of miRNA and mRNA expressions in non-small cell lung cancers．PLoS One，6（10）：e26502．

Maschietto M，Williams RD，Chagtai T，et al，2014．TP53 mutational status is a potential marker for risk stratification in Wilms tumour with diffuse anaplasia．PLoS One，9（10）：e109924．

Mattic JS，Makunin IV，2006．Non-coding RNA．Hum Mol Genet，15 Spec No 1：R17-R29．

Stephenson E，Reynolds G，Botting RA，et al，2021．Single-cell multi-omics analysis of the immune response in COVID-19．Nat Med，27（5）：904-916．

Sun YV，Hu YJ，2016．Integrative analysis of multi-omics data for discovery and functional studies of complex human diseases. Adv Genet, 93: 147-190.

Tian Y, Morris TJ, Webster AP, et al, 2017. ChAMP: updated methylation analysis pipeline for Illumina BeadChips. Bioinformatics, 33 (24): 3982-3984.

Wang S, Sun H, Ma J, et al, 2013. Target analysis by integration of transcriptome and ChIP-seq data with BETA. Nat Protoc, 8 (12): 2502-2515.

Wigger L, Barovic M, Brunner AD, et al, 2021. Multi-omics profiling of living human pancreatic islet donors reveals heterogeneous beta cell trajectories towards type 2 diabetes. Nat Metab, 3 (7): 1017-1031.

Wilhelm-Benartzi CS, Koestler DC, Karagas MR, et al, 2013. Review of processing and analysis methods for DNA methylation array data. Br J Cancer, 109 (6): 1394-1402.

Xiao Y, Shao K, Zhou J, et al, 2021. Structure-based engineering of substrate specificity for pinoresinol-lariciresinol reductases. Nat Commun, 12 (1): 2828.

Zhang Y, Sheng Q, Leng L, et al, 2021. Incipient diploidization of the medicinal plant *Perilla* within 10,000 years. Nat Commun, 12 (1): 5508.

Zhao J, Guo C, Xiong F, et al, 2022. Single cell RNA-seq reveals the landscape of tumor and infiltrating immune cells in nasopharyngeal carcinoma. Cancer Lett. 477: 131-143.

Zhao L, Dong Q, Luo C, et al, 2021. DeepOmix: a scalable and interpretable multi-omics deep learning framework and application in cancer survival analysis. Comput Struct Biotechnol J, 19: 2719-2725.

第二章　遗传变异大数据及分析软件

2.1　遗传变异数据

常见的遗传变异数据包括基因组变异谱数据及SNP分型数据。其中，基因组变异谱数据是指基因组DNA序列中的各种变异类型（如SNP、插入/缺失/删除、结构变异等）及其发生的位置。常见的基因组变异谱数据主要有VCF（Variant Call Format）、BED（Browser Extensible Data）、BAM（Binary Alignment/Map）、FASTQ（Fastq Sequence Format）四种格式。基因组变异谱矩阵数据格式如表2-1所示。

表2-1　基因组变异谱矩阵数据

SNP ID	GSM1040789	GSM1040790	GSM1040791	GSM1040792
rs1001290	0	0	0	0
rs10012902	0	0	0	0
rs1001291	0	1	1	0

注：列是样本名，行是SNP的rs号，每个单元格内的数值表示在对应位点上的等位基因数目。例如，0表示该基因位点是同义突变（即等位基因不发生变化），1表示该位点发生了杂合突变（即一种等位基因发生了变化），2表示该位点发生了纯合突变（即两种等位基因均发生了变化）。

SNP基因分型谱是一种记录多个样本基因型信息的数据，其中每个样本都由一系列SNP基因型组成。常见的SNP分型谱数据格式有三种：PLINK格式、VCF格式和Haploview格式。这些格式都可用于处理和分析SNP基因分型数据，并且常用于基因组关联研究、基因型鉴定等领域。本部分以PLINK格式展示SNP基因分型数据，PLINK文件包含.ped和.map两个文件，表2-2为.ped文件，表2-3为.map文件，表2-4为SNP矩阵文件。

表2-2　SNP分型数据的PLINK格式的.ped格式数据

FID	ID	F	M	S	P	-CENETIC INFO-
CH18526	NA18526	0	0	2	1	G G C C T T A A
CH18524	NA18524	0	0	1	1	G G C C T T A A
CH18529	NA18529	0	0	2	1	C G C C T T C A

注：.ped文件是谱系文件，每一行对应一个个体，前六列提供关于这个个体的信息。前两列由族标识符（FID）和单个唯一标识符（ID）组成。其次，有关于父亲（F）和母亲（M）标识符的信息，可以用来重建家庭谱系，第五列和第六列包含性别和表型信息。其余列包含遗传信息。每个SNP由两列组成，指示单个基因型。例如，在上面的示例中，第一个个体（ID NA18526）的基因型将GG作为第一个SNP，而第三个个体（ID NA18529）的基因型为CG。

表2-3　SNP分型数据的PLINK格式的.map格式数据

染色体	SNP	SNP位置	碱基对坐标
8	rs17121574	12.7991	12799052
8	rs754238	12.8481	12848056
8	rs11203962	12.8484	12848438

注：.map文件提供了关于哪些SNP已被基因分型及如何在基因组中定位它们的信息。第一列表示染色体编号，第二列是SNP标识符（通常是rs编号），而第三列和第四列表示SNP的位置。第三列以厘摩为单位，是基于重组概率的遗传距离度量，因此在整个基因组中不是恒定的。第四列测量碱基对坐标或碱基对中的遗传距离，即变体之间的分子数（字母）。

表2-4　SNP矩阵数据

ID_REF	GSM2392417	GSM2392418	GSM2392419	GSM2392420
rs1000000	AB	BB	BB	AB
rs1000002	AB	AB	AB	AB
rs1000003	AB	AA	AA	AA

注：行为SNP位点，列为样本名，单元格的值为基因型。

2.2　全基因组连锁不平衡分析软件

单倍型是在单个染色体上的一组不同等位基因的组合（如主要组织相容性复合体），它们紧密相连，通常以一个单位遗传。Haploview是Java编写的经典遗传软件，可以通过SNP基因型数据处理单倍型分析，以确定单倍型模式中相关性程度。该软件已写入部分大学生物信息学教科书中。此外，SHEsis Web服务器也是一个用于单倍型分析的强大工具，包括LD分析、单倍型构建及多态位点的关联检测。

2.2.1 单倍型推断

单倍型在理解遗传学和人类疾病/表型中起着重要作用，许多用来鉴定遗传单倍型和数量性状之间关系的工具已经被开发出来。例如，基于树扫描方法的TreeScan软件可以通过无关个体样本中单倍型的进化历史来确定遗传单倍型与数量性状之间的关系。

但是，单倍型信息不能直接从高通量基因分型数据中获得。因此，用于重建单倍型的工具是被迫切需要的。TDSCNV软件使用自己开发的顺序蒙特卡罗采样方案（基于树的确定性采样CNV），可以推断CNV/SNP基因型数据中的单倍型。以相似的精度，TDSCNV比在CNV/SNV基因型数据中执行单倍型推断的polyHap（v2.0）快一个数量级。

2.2.2 基于单倍型的基因型估计软件

基因型估计是GWAS的关键步骤，常用的单倍型基因型估计软件有以下几种。

（1）ParaHaplo 3.0和ParaHaplo 2.0均适用于使用Intel消息传递接口（MPI）的集群工作站。ParaHaplo 3.0软件可以使用混合并行计算，为基于单倍型的GWAS快速插补基因型。使用64位处理器时，并行版本的ParaHaplo 3.0可以对HapMap数据集进行基因型插入，其速度是非并行版本的ParaHaplo的20倍。

（2）PedImpute和minimac2，可以准确、快速地进行基因型估算。但是，它们的性能有所不同。与类似的软件（如Beagle和findhap）相比，PedImpute在Holstein基因型数据上的速度和准确性均优于其他软件。与Impute2和Beagle工具相比，minimac2更快，且需要更少的内存。

（3）AlphaFamImpute，可以从SNP阵列和GBS数据（按序列及基因型）中快速推算近亲全同胞家族的全基因组基因型。AlphaFamImpute Python程序包利用全同胞家族中共享的单倍型片段，识别出准确的基因型（即使父母的基因型缺失且个体的测序覆盖率小于1倍）。

此外，HLA-IMPUTER网络服务器可以通过亚洲人、欧洲人或多种族参考面板估算人类白细胞抗原（HLA）等位基因。另外，HLA-IMPUTER还可以执行HLA等位基因的关联分析。

2.2.3 单倍型可视化软件

用户友好的可视化应用程序有助于更好地理解和比较不同表型相关的单倍型。HAPLOTYPE软件可以进行不同人群中的单体型块识别、单体型频率估计和可视化。R包SNP.plotter通过可视化SNP-SNP之间的r^2或D'来生成高质量的遗传关联研究结果图，可以加深对基因组遗传结构的精细理解。

2.2.4 正向选择软件

基因组中正向选择的特征是适应性的特征，它可以揭示一个种群在进化过程中对环境变化做出的持续的、近期的或远古的反应。haploPS软件可以检测正向选择的基因组区域，并确定正向选择等位基因的单倍型。与纯合性单倍型评分（iHS）或跨群体扩展单倍型纯合性（XP-EHH）分析相比，haploPS成功地识别了低频选择信号，是iHS和XP-EHH的有益补充。

2.3 遗传关联检验的统计方法

关联检验是发现遗传变异与表型关联的假设检验方法。在关联分析中进行关联测试的第一类工具是通过生物学知识（如SNP相关模式）来提高检测关联的能力。第二种类型是开发新的模型和算法，如用于发现关联的广义线性模型和线性混合模型。

2.3.1 SNP分析校正方法

在进行SNP分析时，可能会出现一些错误或偏差，需要进行校正，以提高分析的可靠性和准确性。Bim-Bam软件包（基于贝叶斯模拟）将SNP相关模式的知识（如来自HapMap或感兴趣的候选区域的重测序数据）与在表型研究样本上收集的标签SNP基因型数据结合在一起，以评估未测基因型，从而评估表型与这些基因型之间的关联。与标准的单SNP测试相比，该软件具有强大的检测关联功能，并且可用于GWAS。此外，该软件还为观察到的关联提供了解释，如确定的因果SNP证据。

PLIS（合并的局部重要性指数）R包可以通过相邻SNP之间的依赖性信息和隐马尔可夫模型（hidden Markov Model，HMM）来检测与疾病相关的SNP。在所有有效的错误发现率（false discovery rate，FDR）检测程序中，该程序的假阴性率（false negative rate，FNR）最小，与基于*P*值的传统方法相比，其功效更高，结果更准确，并且1型糖尿病的分析结果也显示，该软件分析结果具有更好的可重复性。

2.3.2 鉴别关联的统计模型和算法

广义线性模型是生物信息学中常用的回归方法，在观测数据少于参数/特征或许多特征相互关联的情况下尤其有用。R软件包BhGLM实现了分层广义线性模型和Bonferroni校正。

混合模型是生物科学中分析纵向和聚类数据最常用的方法之一。因子谱变换线性混合模型（FaST-LMM）软件可以通过因子谱变换线性混合模型算法处理GWAS数据。它的开发目的是快速吞吐大量样本，并可以在几小时内分析12万人的数据。与传统线性混合模型（LMM）按个体数量的立方和平方缩放相比，FaST-LMM在运行时间和内存使用方面均按个体数量线性缩放。

随机效应模型考虑了个体之间的差异，并假设这些差异是随机的。它将个体特定的效应（个体固定效应）和随机误差项（个体随机效应）引入模型中，以捕捉个体间的异质性和个体内的相关性。RE2C软件实现了改进的随机效应（RE）模型，并提高了多个GWAS研究的meta分析能力。与无法检测异质性的固定效应模型（FE模型）相比，RE2C软件可以检测到多个研究中的异质效应，并在一天之内完成100个GWAS的meta分析。

IBD关联检验是一种用于检验个体间共享相同祖先（identity by descent，IBD）的关联性的统计方法。IBD是指两个个体在某一位点上拥有相同的等位基因则意味着它们有共同的祖先。一般的GWAS方法在低频和稀有变异上进行标准关联检验的效果不佳。IBD关联检验可以补充标准关联研究。Fast-Pairwise软件使用新的配对方法“Fast-Pairwise”，与以前的配对方法相比，提高了GWAS中IBD关联检验的效率。Fast-Pairwise方法仅需几天即可完成全基因组扫描。

回归算法是一种用于建立变量之间关系的统计分析方法，它可以用来预测一个或多个因变量与一个或多个自变量之间的关系。

vBsr R软件包利用变分贝叶斯峰值回归（vBsr）算法，确定了疾病/表型相关的SNP。vBsr可以控制Ⅰ型错误并提供模型过拟合诊断。

多元回归是指使用多个自变量来预测一个或多个因变量的方法，相比于简单回归（只有一个自变量），可以更准确地描述变量之间的复杂关系。多元检验校正是一种通过加权或调整变量的重要性来进行校正的方法，可以根据变量与因变量之间的相关性和共变量与因变量之间的相关性来调整变量的权重，以控制共变量的影响。

METAINTER通过估计多元线性回归模型中的线性回归斜率来估计标志物的效应。该软件可以直接进行单SNP检验、整体单倍型检验、基因-基因或基因-环境相互作用的检验及纠正Ⅰ型错误的结果。

蒙特卡罗随机模拟（MCPerm）R软件包实现了蒙特卡罗随机扰动方法，在meta分析中进行了多重检验校正。与传统的基于原始基因型数据的随机扰动相比，MCPerm软件要快得多，并且*P*值完全相同。此外，当原始SNP基因型数据由于隐私政策而没有获得许可时，MCPerm软件仅需要基因型数据的汇总统计信息（summary统计量）即可完成分析。

2.4　全基因组交互作用分析

尽管常规的单位点方法已经发现一些与性状相关的重要遗传标记，但单个遗传变异分析忽视了位点之间的相互作用，并不能解释全部表型。为了突破单位点分析方法的局限性，一些用于检测SNP-SNP相互作用、SNP-表观相互作用的软件被相继开发出来。

2.4.1　遗传关联研究中的交互作用识别软件

计算复杂度一直是关联研究中交互作用检测的主要障碍。因此，本节中的这些交互检测工具可以通过优化策略粗略地分为四类：①穷举搜索，如PLINK、MDR软件和Epistasis Tools；②随机搜索，如BHIT；③两阶段搜索方法，如SNPHarvester和SNPRuler；④其他方法，如通过LD信息或模块挖掘进行交互作用检测。

穷举搜索方法检查所有可能的SNP交互，非常耗时。穷举搜索方法在小样本量研究中可能会有很好的表现，但是这些工具无法直接应用于大规模研究。如果将穷举搜索方法应用于大规模研究，则需要有一种能有效过滤SNP的方法以减少候选SNP数目。下面详细介绍了穷举搜索工具，包括MDR和Epistasis工具。

（1）用Java编写的MDR软件实现了多因子降维（multifactor dimensionality reduction，MDR）方法，可以检测GWAS中的上位相互作用。MDR是第一种专门设计用于检测、表征和解释非加性基因-基因相互作用（即上位性）的机器学习方法。目前，也出现了实现MDR方法的R语言包。

（2）Epistasis Tools Web服务器包括一组三个有效程序，即FastANOVA、COE和TEAM，它们在处理用户提供的基因型和表型数据后，可在GWAS中找到最佳的SNP对。这三个程序可以在上位性测试中有效控制错误发现率（FDR）。与贪婪算法相比，FastANOVA和COE的速度要快2～3个数量级，TEAM大约快1个数量级。FastANOVA和COE专为纯合基因型和较少样本量（少于100个样本）的研究而开发。TEAM是为人类基因组GWAS开发的，人类基因型通常是杂合基因型，并且样本数量很大。

随机搜索是一种用于寻找最优解或解空间中特定区域的搜索方法。在数据分析中，随机搜索可以用来寻找最佳模型、变量子集或参数组合等。它是通过在解空间中随机选择一些解进行评估，并根据评估结果进行搜索的过程。

贝叶斯高阶交互工具包（BHIT）通过基于马尔可夫链蒙特卡罗（MCMC）的新贝叶斯方法，检测GWAS表型上SNP之间的上位和高阶交互。BHIT的独特之处在于可以检测连续性状中的高阶相互作用，还可以应用于不同物种。

两阶段搜索方法首先通过过滤得到候选SNP，然后检测相互作用。研究人员开发了两个重要的两阶段搜索分析工具，包括SNPRuler和SNPHarvester。SNPRuler软件使用基于预测规则推论的新颖学习方法来过滤掉候选SNP，无须进行详尽搜索即可找到表观交互。如已发表的论文所述，在模拟数据和威康信托病例对照协会（Wellcome Trust Case Control Consortium，WTCCC）的全基因组数据上，该软件的性能要优于其类似软件。SNPHarvester软件可以在GWAS中有效进行表观检验。首先，SNPHarvester进行统计检验以选择与疾病显著相关的SNP组，然后检测候选SNP上的上位相互作用。

2019年发布了新的SNP交互作用检测工具——CASMAP，该工具利用模式识别技术来检测交互作用。CASMAP软件实现了组合关联映射，可以评估目标表型相关遗传标记的相互作用。重要的是，与其他基于模式识别的工具相比，CASMAP可以通过校正年龄和性别等协变量来校正GWAS。此外，RRIntCC软件（用于病例对照研究的区域-区域相互作用检测）利用相邻的SNP和LD信息来确定区域-区域相互作用。与传统的交互检测方法（如BOOST工具）相比，RRIntCC软件为GWAS研究提供了新的思路，而BOOST工具是用于检测SNP-SNP交互作用的全遍历搜索方法。由于多重检验校正中严格的P值筛选规则，传统的交互作用检测方法会忽略具有中等和较弱边缘效应的SNP。相比之下，RRIntCC在该区域中整合了物理位置邻近的SNP，在聚集相互作用检测中使用了LD对比测试方法。RRIntCC软件的Ⅰ型错误率优于传统的基于SNP的交互作用检测方法。

2.4.2 交互作用的仿真

确定基因之间的交互作用，对于研究单个基因及试图在基因组学的尺度上绘制相互作用基因的全图都非常重要。名为gs2.0的工具可以通过模拟多因素模型，生成仿真的基因型数据，用于分析基因-基因相互作用和基因-环境相互作用。研究人员可以使用gs2.0评估他们的方法对疾病基因作图的高阶相互作用检测的效能。此外，该仿真工具不仅可以下载，还具有在线版本。

2.5　遗传变异中的其他分析工具

2.5.1　连锁分析

连锁分析是根据连锁原理检测遗传疾病相关基因的一种方法。根据基因在染色体上的排列顺序，不同基因相互连接形成连锁区域，使用家系数据，将定位位点与同一染色体上的另一个基因建立起联系。目前，共有三种广泛应用的连锁分析工具，包括GENEHUNTER、LINKAGE和LDWP。

GENEHUNTER可以对谱系数据进行多点连锁分析，包括非参数连锁分析、LOD值计算和单倍型重构。

LINKAGE是经典的连锁分析软件，已更新至2022版。LINKAGE的三个主要程序是mlink、linkmap和ilink。这些程序能够处理大家族谱系（运行时间与家族大小呈线性关系），但是对多个基因座的联合分析，运行时间和内存需求量与基因座数量呈指数关系。它适用于基因座少、家族样本多的数据。

用C++编写的LDWP可以通过连锁分析和参考单倍型数据库快速而准确地检测到密切相关个体的突变区域。

Laplacian Loci-Ordering Method软件可使用复杂图论快速、稳健地精细确定遗传图谱的多位点排序。

2.5.2　扩展表型分析

据报道，GWAS发现的SNP仅是人类复杂疾病遗传变异的一小部分。无论是单独的GWAS还是meta分析都无法揭示哪些遗传变异完全解释了特定的表型。有时遗传变异可以和多个表型相关。PGMRA网络服务器可以扩展和丰富表型，Trinculo软件、MSKAT和MTAR R软件包可以引入多种表型来提高关联检测的能力和加深对病理机制的理解。此外，SmoothWin R软件包可以消除表型数据中的批次效应影响。

PGMRA网络服务器通过将多表型作为个人的完整特征集合引入GWAS中，从而广泛识别表型与基因型之间的因果关系。而后，PGMRA将后验主体状态纳入表型-基因型因果关系中，以确定无偏模型中疾病的风险。

Trinculo软件可以实现多项式Logistic回归，因此可以更快地进行多种性状的标准GWAS。

开发Trinculo软件的研究人员开发的R语言包MSKAT和MTAR都扩展了表型，以检测遗传标记和性状之间的关联，由于无法获得个体级别的GWAS表型和基因型数据，该软件使用GWAS汇总统计（summary）数据进行相关分析。

MSKAT可以针对GWAS汇总统计数据进行多特征SNP集关联检验，包括方差分量测试、负担测试及其适应性测试。MSKAT引入了多个特征和多个变异，以提高检测新变异的能力。此外，MSKAT在模拟数据上、在全基因组意义上严格控制了Ⅰ型错误。

MTAR可以通过自适应方法进行高效且强大的多特征关联检验。MTAR用少于2分钟的时间就可以在单个Linux台式机上对250万个SNP进行多特征检验，并给出全基因组SNP列表。

SmoothWin R软件包引入了“软窗口”方法，消除了由于高通量表型数据收集时间长而导致的批次效应。SmoothWin已在国际小鼠表型分析联盟（IMPC）的表型数据中得到有效性证明，并且可用于UK Biobank等大规模的人类表型研究项目中。

2.5.3 聚类分析工具

聚类分析是将特征相似的事物聚集在一起，并将特征不同的事物划分为不同类别的过程。这是将复杂数据简化为简单类型的有效方法。

ACCAsoftware使用一种新的聚类算法，称为平均相关聚类算法（ACCA），可以对具有相似变异模式的共同调控基因进行分类。与相关性聚类算法（DCCA）等一些常规方法相比，ACCAsoftware的结果具有更明确的生物学意义。

2.5.4 基因富集分析

基因富集分析通常用于发现一组基因之间的关系，并有助于揭示高通量数据结果的生物学意义。基因集变异分析（GSVA）R包是一种基因集富集分析方法，它使用无监督方式，评估具有复杂表型特征的大规模高度异构数据集中的通路变异。

2.5.5 生存分析

生存分析，或更广义地说，时间到事件分析，指的是一套用于分析直至出现明确定义的相关终点的时间长度的方法。癌症患者分层和生存分析（CaPSSA）工具可以在Web浏览器上使用，还可以在GitHub上下载其源代码。CaPSSA是一种交互式、开放式Web应用程序，用于评估候选生物标志物的预测值、以动态视觉检查生存分层及基于突变、拷贝数或表达数据（使用预加载的TCGA数据或用户提供的组学数据）灵活定义患者亚组。

gwasurvivr R软件包可以使用VCF、IMPUTE2或PLINK文件对数百万个SNP进行全基因组生存分析。与其他能够进行全基因组生存分析的软件（genipe、

SurvivalGWAS_SV和GWASTools）相比，gwasurvivr更快，且具有更好的可扩展性。

2.5.6 进化分析

随着比较基因组数据的增加，可以通过进化速率协变（ERC，进化速率协方差）构建基因网络。ERC用于确定具有相似进化历史的基因及基因之间的功能关系。ERC网络分析服务器可以针对特定基因集快速推断出具有任何生物学功能的新基因。

lociNGS软件可以简单、快速地确定哪个基因座和个体具有足够的测序覆盖度和多态性，从而弥补了基因组富集分析方法和NGS的不足，以进行进一步的进化分析。此外，lociNGS还以三种常用格式对基因座的子集进行重新标化，以进行多基因座群体遗传学分析。

综上所述，尽管出现了许多用于人类遗传分析的工具，但是与生物体内复杂的遗传机制相比，遗传分析工具的数量和功能明显不足，仍然需要大量的方法和软件来加深对遗传机制的理解。

本章中这些工具的功能包括按处理流程分类的数据预处理、数据分析和数据后处理。还有“一站式服务”可以进行综合和全面的遗传分析。

许多软件直接在特定的软件平台上发布，如Github（https://github.com/）和SourceForge（https://sourceforge.net/），或者作为R软件包在Bioconductor（http：//bioconductor.org/）或综合R存档库（https://cran.r-project.org/）中发布。这些网站在很大程度上为开发人员和有需要的人提供了便利。

2.6 候选基因SNP分析平台的开发与应用

随着HGP和HapMap计划的展开和完成，已识别的人类SNP达千万，常见SNP也已经达到300万以上，SNP数据的研究在人类疾病易感和物种进化等多个领域被广泛应用。对于非生物信息学领域的相关人员，如临床医生、基础医学工作者，他们主要的研究内容为部分基因或小段序列上的SNP，即候选基因SNP，因此无须处理大量数据，所以，对候选基因SNP的分析受到了相关科研人员越来越多的重视。目前，针对候选基因分析的软件得到了较好的发展，但是相关在线分析平台还较少。因此，笔者团队开发了一个基于大数据库、编程语言、特定算法的在线分析工具——候选基因SNP分析平台。

候选基因SNP分析平台是一个基于大数据库、编程语言、特定算法的在线分析工具，具有便于操作、可视化功能丰富、准确性高等优点。该平台支持对SNP基因型数据、fasta序列数据、meta分析数据及summary数据进行分析，将数据分为不同的数据类型，提供不同的分析功能，用户通过传入对应格式的候选基因SNP数据，只需选择需要进行的分析，即可获得内容丰富的标准化分析报告。该平台将数据保存到数据库中方便用户再次登录时还可以选择已传入的文件重新进行分析。

对非生物信息学领域的科研人员来说，在线分析工具实用性很强。该平台通过对一个独立的文件进行分析，对于只需处理少部分候选基因SNP数据的用户来说，无须具有大量编程经验，只需简单操作，即可获得丰富的分析结果。这为相关科研人员提供了便利，极大地提高了他们的科研效率，有助于他们进行后续的研究。该平台可通过http://www.onethird-lab.com/candidateSNP/免费使用。

2.6.1　候选基因SNP分析平台简介

用户通过用户名和密码登录候选基因SNP分析平台，若为第一次登录，需要先进行注册，登录成功后，上传数据，由于该平台根据不同数据类型提供不同的分析功能，用户上传数据时需注意数据格式与所要进行的分析对应的格式是否一致（可通过Help页面查看每种分析对应的数据格式），上传成功后在当前页面查看数据，选择要进行的分析，即可得到分析结果，用户可以将分析结果保存到本地。

平台的首页部分（图2-1）展示了四个板块，Mydata部分展示已上传的数据，通过Run new jobs部分重新上传数据，Help部分为帮助文档，说明每种分析对应的不同数据类型，Contact us部分提供了笔者团队的联系方式。平台首页如图2-1所示。

（1）Mydata，展示了已上传的数据集的名称（图2-1），用户通过点击数据名称查看数据，还可以重新对数据进行分析。

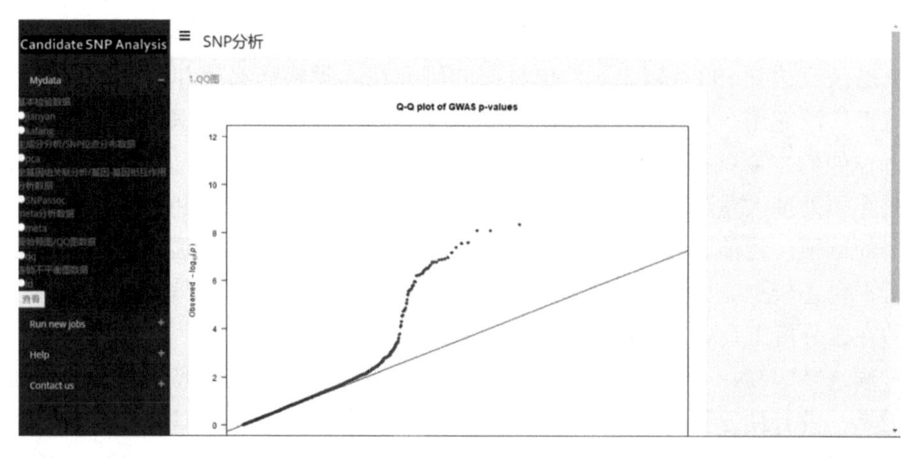

图2-1　候选基因SNP分析平台的首页

（2）Run new jobs，上传新的数据，用户在上传数据时需要填写数据类型、数据名称，平台根据用户填写的信息，提供不同的分析功能。上传成功后展示数据，选择要进行的分析，点击确定即可得到分析结果（图2-2）。此外，平台还会将数据保存到数据库中，以便于后续重新进行分析。

（3）Help，这部分对平台规定的数据类型进行了详细说明（图2-3）。用户可以查看不同的数据类型对应的数据格式及相关分析。

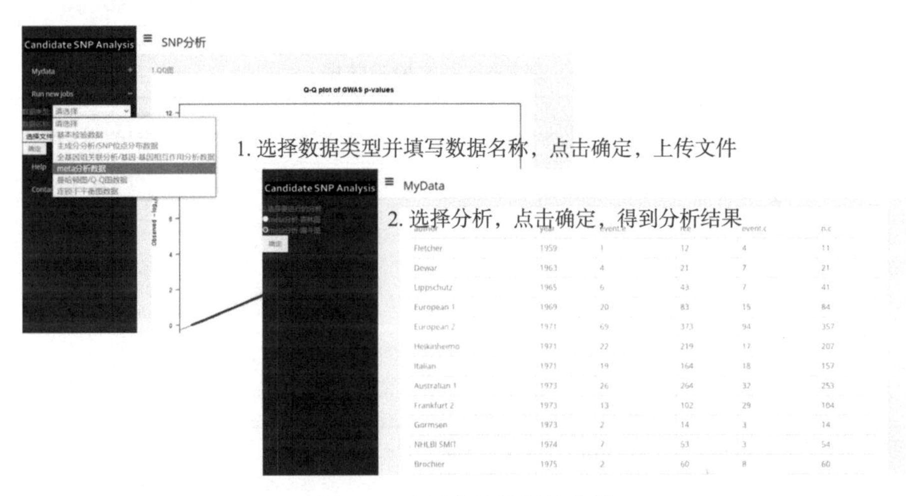

图2-2　重新上传数据并分析

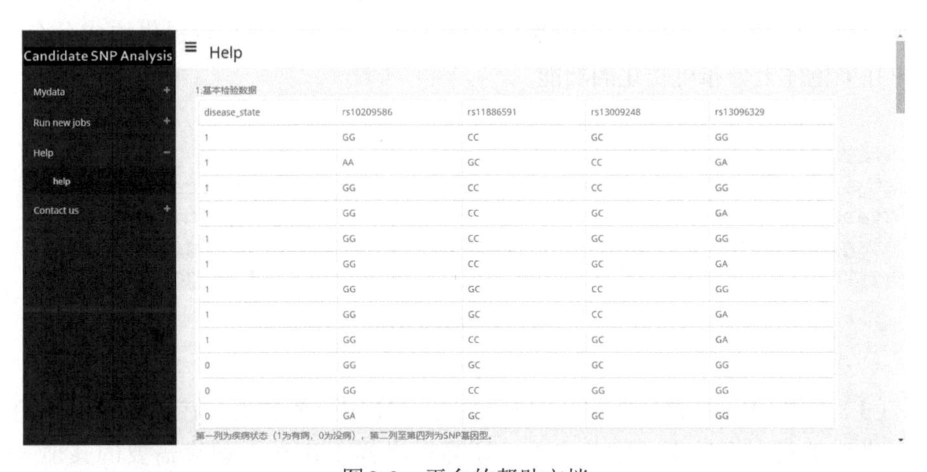

disease_state	rs10209586	rs11886591	rs13009248	rs13096329
1	GG	CC	GC	GG
1	AA	GC	CC	GA
1	GG	CC	CC	GG
1	GG	CC	GC	GA
1	GG	CC	GC	GG
1	GG	CC	GC	GA
1	GG	GC	CC	GG
1	GG	GC	CC	GA
1	GG	CC	GC	GA
0	GG	GC	GC	GG
0	GG	CC	GG	GG
0	GA	GC	GC	GG

第一列为疾病状态（1为有病，0为没病），第二列至第四列为SNP基因型。

图2-3　平台的帮助文档

2.6.2　上传的数据类型及相关分析

候选基因SNP分析平台根据不同的数据类型提供不同的分析功能，平台所需数据主要为SNP基因型数据、fasta序列数据、meta分析数据及summary数据。根据所提供的分析，该平台将数据类型分为以下几种：①基本检验数据；②主成分分析与SNP位点分布数据；③全基因组关联分析与基因-基因相互作用分析数据；④meta分析数据；⑤曼哈顿图与QQ图可视化数据；⑥连锁不平衡图数据。

（1）基本检验数据：在这部分，用户需要将SNP基因型数据与样本的疾病状态（用1和0表示，1为患病，0为正常）整合到一个表中（表2-5）。对于基本检验数据，该平台提供卡方检验、Fisher精确检验、Logistic回归分析的功能。

表2-5　基本检验数据

疾病状态	rs10209586	rs11886591	rs13009248
1	GG	CC	GC
1	AA	GC	CC
0	GG	CC	CC
0	GG	CC	GC
0	GG	CC	GC
1	GG	GC	CC

注：第一列为疾病状态，第二列至第四列为SNP基因型。

（2）主成分分析与SNP位点分布数据：在这部分，用户需要提供fasta序列数据。对于主成分分析与SNP位点分布数据（图2-4），该平台提供主成分分析、SNP在染色体上分布可视化的功能。

```
> CY013200
atgaagactatcattgctttgagctacattttatgtctggttttcgctcaaaaacttccc
ggaaatgacaacagcacagcaacgctgtgcctgggacaccatgcagtgccaaacggaacg
ctagtgaaaacaatcacgaatgatcaaattgaagtgactaatgctactgagctggttcag
agttcctcagcaggtagaatatgcgacagtcctcaccgaatccttgatggaaaaaactgc
```

图2-4　主成分分析与SNP位点分布数据

（3）全基因组关联分析与基因-基因相互作用分析数据：在这部分，用户需要提供SNP基因型数据，除此之外，还需提供样本ID号、研究需要的其他表型信息，并将其整合到一个表格中（表2-6）。对于全基因组关联分析与基因-基因相互作用分析数据，该平台提供全基因组关联分析、基因-基因相互作用分析的功能。

表2-6　全基因组关联分析与基因-基因相互作用分析数据

ID	蛋白质黏合剂	性别	蛋白质表达水平	SNP10001	SNP10002	SNP10003	SNP10004
1	1	女	75 640.523	TT	CC	GG	GG
2	1	女	28 688.215	TT	AC	GG	GG
3	1	女	17 279.591	TT	CC	GG	GG
6	1	女	9872.46	TT	CC	GG	GG
4	1	男	27 253.988	CT	CC	GG	GG

注：第一列为样本的ID号，第二列为是否使用蛋白质黏合剂，其中1为使用，第三列为性别，第四列为蛋白质表达水平，第五列至第八列为SNP基因型。

（4）meta分析数据：在这部分，用户需要提供meta分析数据，作者及年份可根据研究需要决定是否放在表格的前两列（表2-7）。对于meta分析数据，该平台提供漏斗图与森林图的可视化功能。

表2-7　meta分析数据

作者	年份	实验组事件发生数	实验组总数	对照组事件发生数	对照组总数
Fletcher	1959	1	12	4	11
Dewar	1963	4	21	7	21
Lippschutz	1965	6	43	7	41
European 1	1969	20	83	15	84
European 2	1971	69	373	94	357
Heikinheimo	1971	22	219	17	207

（5）可视化数据：在这部分，用户需要提供summary数据，包括SNP的基本信息（名称、染色体编号、碱基位置），*P*值（可根据基本检验，如*T*检验得到）（表2-8）。对于曼哈顿图与QQ图数据，该平台提供曼哈顿图、QQ图可视化功能。

（6）连锁不平衡图数据：在这部分，用户需要提供SNP基因型数据，并与SNP所在的物理位置整合到一个表中，物理位置的排列顺序需与SNP的顺序相一致（表2-9）。对于连锁不平衡图数据，该平台提供连锁不平衡图可视化的功能。

表2-8　曼哈顿图与QQ图数据

SNP	染色体	碱基位置	*P*
rs1	1	561	0.914 806 043
rs2	1	67	0.937 075 413
rs3	1	78	0.286 139 535
rs4	1	326	0.830 447 626
rs5	1	57	0.641 745 519
rs6	1	981	0.519 095 949
rs7	1	44	0.736 588 315

注：第一列为SNP的rs号，第二列为所在染色体，第三列为碱基位置，第四列为全基因组关联分析得到的*P*值。

表2-9　连锁不平衡图数据

位置	rs10209586	rs11886591	rs13009248	rs13096329	rs1540354	rs17218620	rs1800734
47704108	G/G	C/C	G/C	G/G	A/T	G/T	G/G
47736061	A/A	G/C	C/C	G/A	A/T	NA	G/A
37036684	G/G	C/C	C/C	G/G	A/T	T/T	G/A
37044489	G/G	C/C	G/C	G/A	A/T	G/T	G/A
47708856	G/G	C/C	G/C	G/G	A/A	G/T	G/G
47638795	G/G	C/C	G/C	G/A	A/T	G/T	G/A

注：第一列为SNP所在位置，第二列到第八列为SNP基因型。

2.6.3　功能介绍

（1）基本检验：候选基因SNP分析平台提供的基本检验包括卡方检验、Fisher精确检验、Logistic回归分析。这部分功能提供了与疾病相关的SNP、关联程度等信息。平台支持用户将分析结果以表格形式保存到本地。

如下为基本检验得到的分析结果示例（图2-5）：第一列为病例样本数量，第二列为对照样本数量，第三列为SNP的rs号，第四列为等位基因频率，第五列为卡方值，第六列为自由度，第七列为全基因组关联分析得到的*P*值，第八列为比值比（OR），第九列为OR的置信区间（CI）。

（2）主成分分析：该平台提供的主成分分析功能是利用降维的思想，把多个指标转化为几个综合指标。转化生成的综合指标为主成分，每个主成分都是原始变量的线性组合，且各个主成分之间互不相关，主成分比原始变量具有某些更优越的性能。

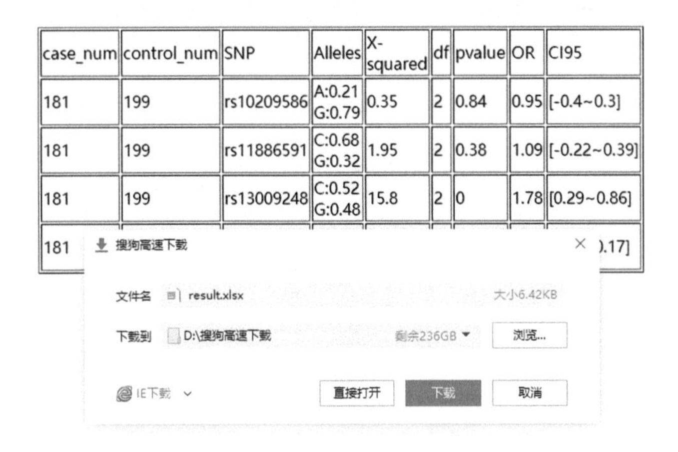

case_num	control_num	SNP	Alleles	X-squared	df	pvalue	OR	CI95
181	199	rs10209586	A:0.21 G:0.79	0.35	2	0.84	0.95	[-0.4~0.3]
181	199	rs11886591	C:0.68 G:0.32	1.95	2	0.38	1.09	[-0.22~0.39]
181	199	rs13009248	C:0.52 G:0.48	15.8	2	0	1.78	[0.29~0.86]
181	[illegible]	[illegible]	[illegible]	[illegible]	[illegible]	[illegible]	[illegible]	).17]

图2-5　基本检验结果示例

如下为主成分分析得到的结果示例（图2-6）：将样本分为两个主成分PC1、PC2，构造分组信息将样本分为三组。

（3）SNP位点在染色体上的分布可视化：该平台提供的SNP位点分布可视化功能展示了不同SNP在染色体上的分布密度。

如下为SNP位点在染色体上的分布可视化结果示例（图2-7），横轴为SNP在

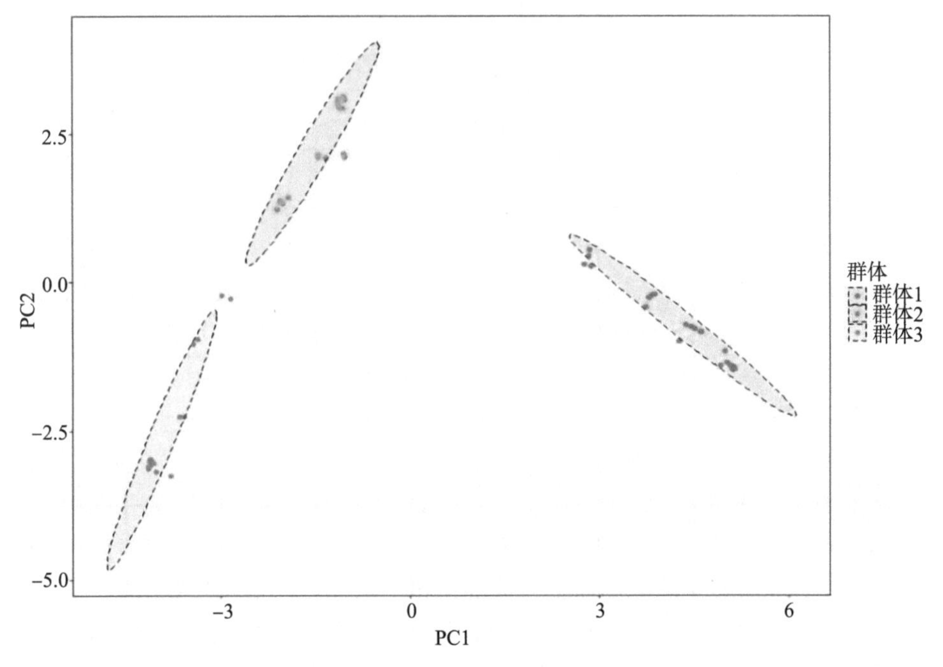

图2-6　主成分分析结果示例

染色体上的位置，纵轴为分布密度。

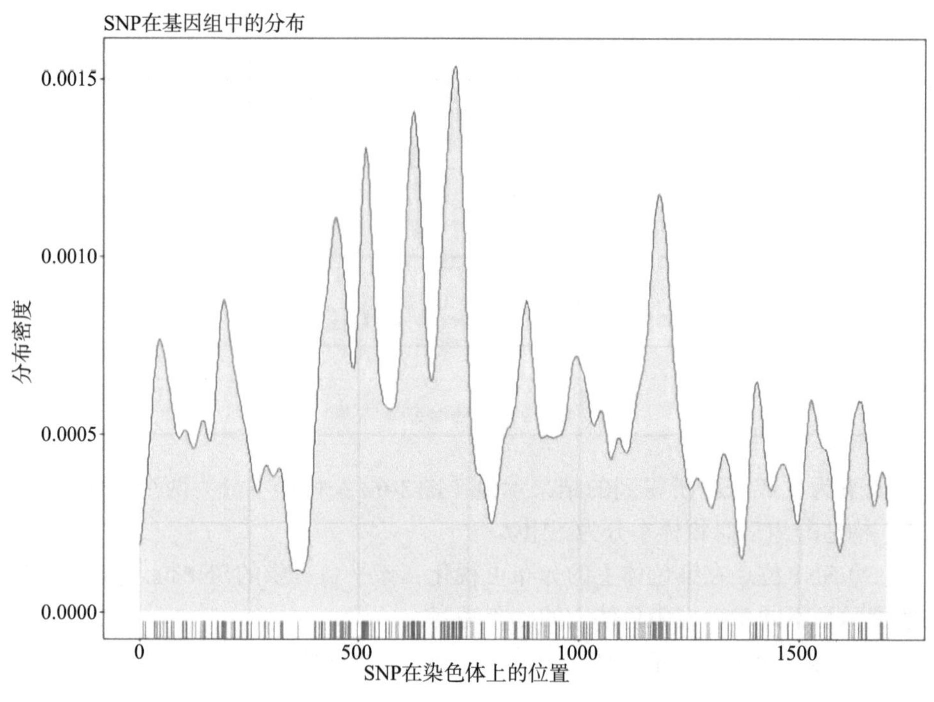

图2-7　主成分分析结果示例

（4）全基因组关联分析：该平台提供的全基因组关联分析（GWAS），是对多个个体在全基因组范围的基因型与可观测的性状，即表型，进行群体水平的统计学分析，根据统计量或显著性P值筛选出最有可能影响该性状的遗传变异（SNP），挖掘与性状变异相关的基因。

如下为全基因组关联分析得到的结果示例（图2-8），显示对于不同遗传模型，来自每个SNP的似然比检验的$-\log_{10} P$值。图中水平虚线表示两个不同的阈值，其中一个基于Bonferroni校正（红线），另一个为P值等于0.05（蓝线）。

（5）基因-基因相互作用分析：该平台提供的基因-基因相互作用分析可用于研究基因-基因（或基因-环境）交互作用对复杂疾病的影响。基于单个位点或者一组位点主效应分析所检出的遗传位点仅能解释一小部分遗传变异。复杂疾病往往由多种外在因素（环境暴露）、内在因素（基因变异）相互作用导致，SNP之间的交互分析，能进一步识别疾病相关的互作位点，有助于更准确地预测个体的疾病风险，在具有不同基因或染色体的SNP的情况下，是非常有用的。

如下为基因-基因相互作用分析得到的结果示例（图2-9），不同的颜色表示不同的统计显著性水平，颜色越深代表越显著。对角线包含来自似然比检验的每

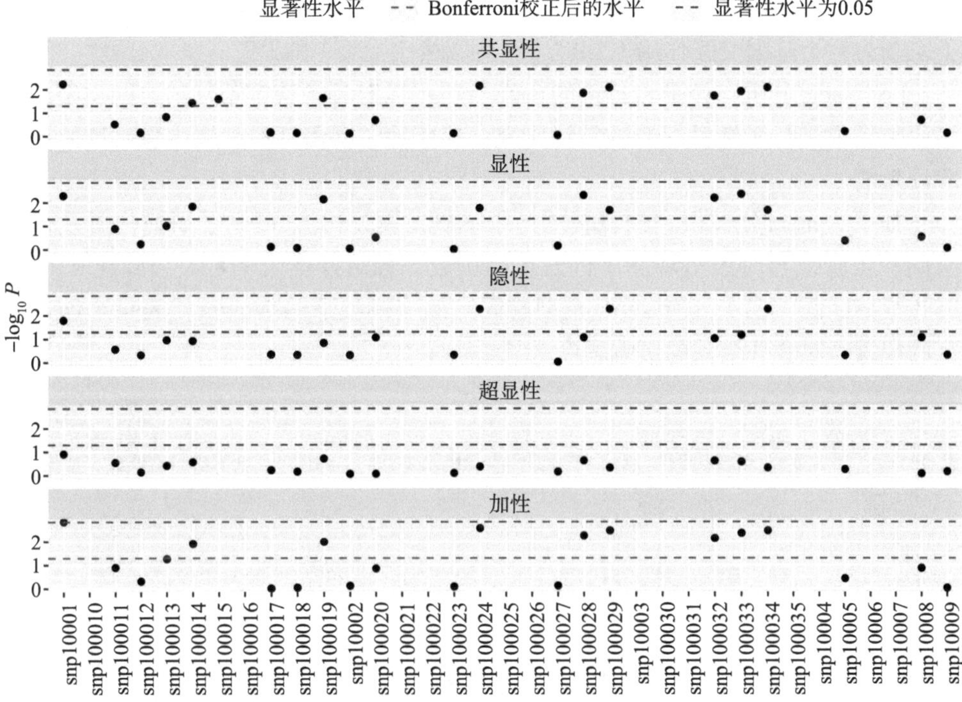

图2-8　全基因组关联分析结果示例

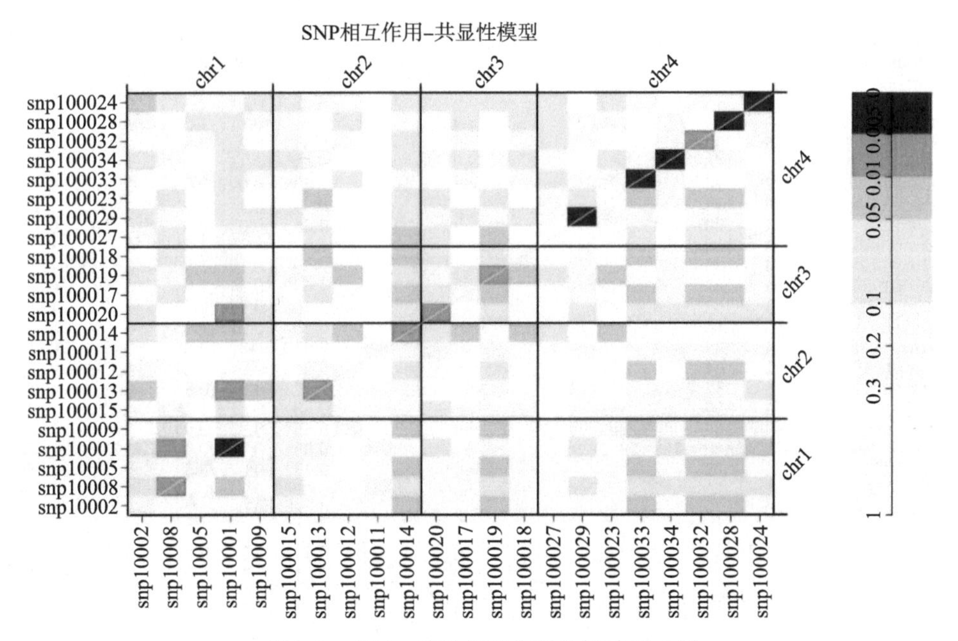

图2-9　基因–基因相互作用分析结果示例

个SNP的P值。矩阵的上三角代表两个基因交互作用下对数似然比检验的P值，下三角为两个基因交互作用下LRT（最大似然比检验）的P值。

（6）meta分析：该平台提供的meta分析可以对具备特定条件的、同类型的诸多研究结果进行系统性综合的统计研究。从统计学的角度增大样本量，进而提高验证效能。

如下为meta分析得到的森林图结果示例（图2-10），展示了研究作者及发表时间、实验组与对照组观测事件发生的例数、各组样本总例数、风险比（RR）、95%置信区间（CI），随机效应模型与固定效应模型下的Weight代表每个纳入研究的权重（对合并结果的影响程度）。

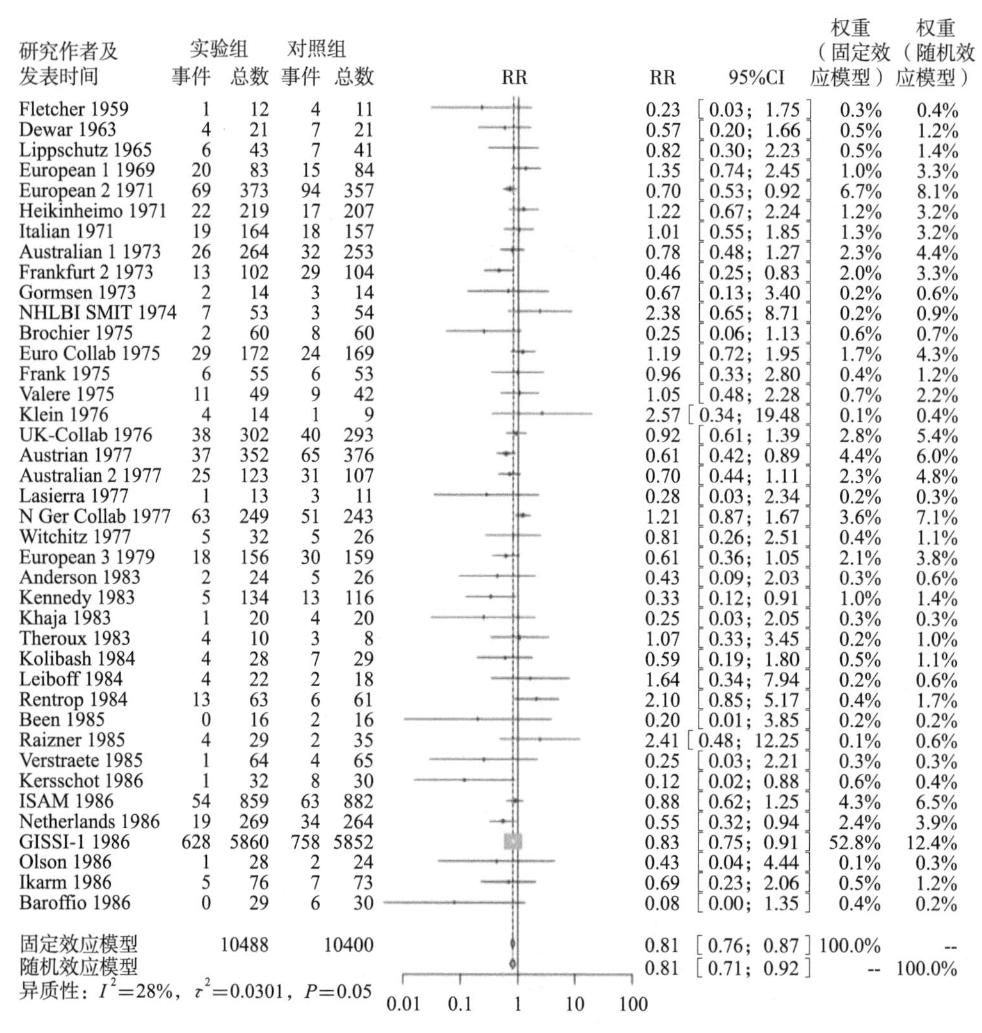

图2-10　森林图结果示例

如下为meta分析得到的漏斗图结果示例（图2-11），漏斗图是一种以视觉观察来识别是否存在各种偏倚（如发表偏倚或其他偏倚）的方法，图中风险比为横坐标，标准误为纵坐标。样本量较大的研究分布在图形顶端一个较窄的区域，样本量较小的研究分布在图形底端一个较宽的区域。如果图形呈一个对称的、倒置的漏斗，表明该meta分析中不具有偏倚，否则，该meta分析可能具有偏倚性。

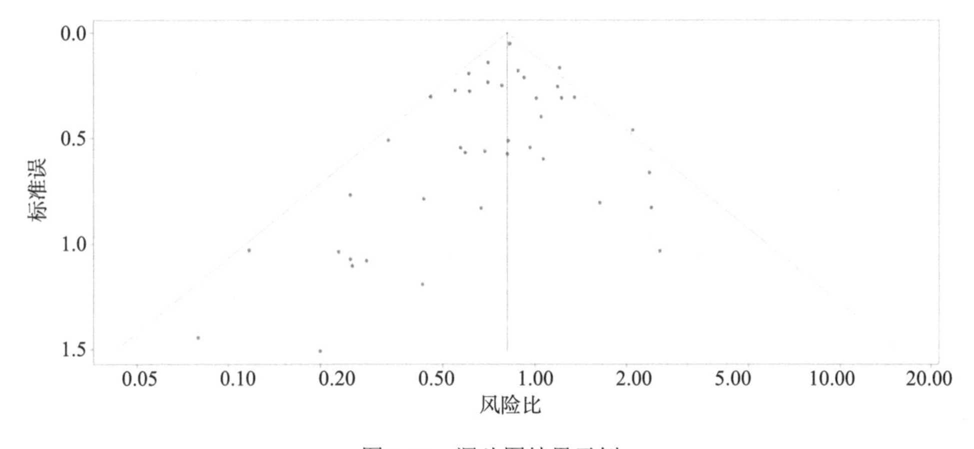

图2-11　漏斗图结果示例

（7）曼哈顿图可视化：该平台提供的曼哈顿图可视化用于显示在GWAS中基因位点的P值。由于最强的关联具有最小的P值，因此它们的负对数最大。在GWAS研究中，P值的阈值在10^{-6}或者10^{-8}以下，也就是说曼哈顿图中Y轴大于6甚至大于8的那些SNP位点与性状的关联性更强，不过也可以根据数据情况调整阈值。平台还支持标记感兴趣的SNP。

如下为曼哈顿图可视化得到的结果示例（图2-12），每个点代表一个SNP，纵轴为每个SNP计算出来的P值取$-\log_{10}$，横轴为SNP所在的染色体。

（8）QQ图可视化：QQ图即分位数-分位数图，根据分位数比较两个分布的相似性。QQ图的可视化功能能够确保没有混淆的系统性偏差，将结果P值的分布与随机预期的P值分布进行比对。用户得到QQ图之后，就可以评估GWAS结果。P值越小的地方偏离直线越多，表明得到的结果区别于预设的模型（随机分布），证明选择的关联的SNP越可靠。

如下为QQ图可视化得到的结果示例（图2-13），纵轴是SNP位点的$-\log_{10}P$值（这是实际得到的结果），横轴则是均匀分布的概率值（这是随机分布得到的结果），同样也是换算的$-\log_{10}P$值。

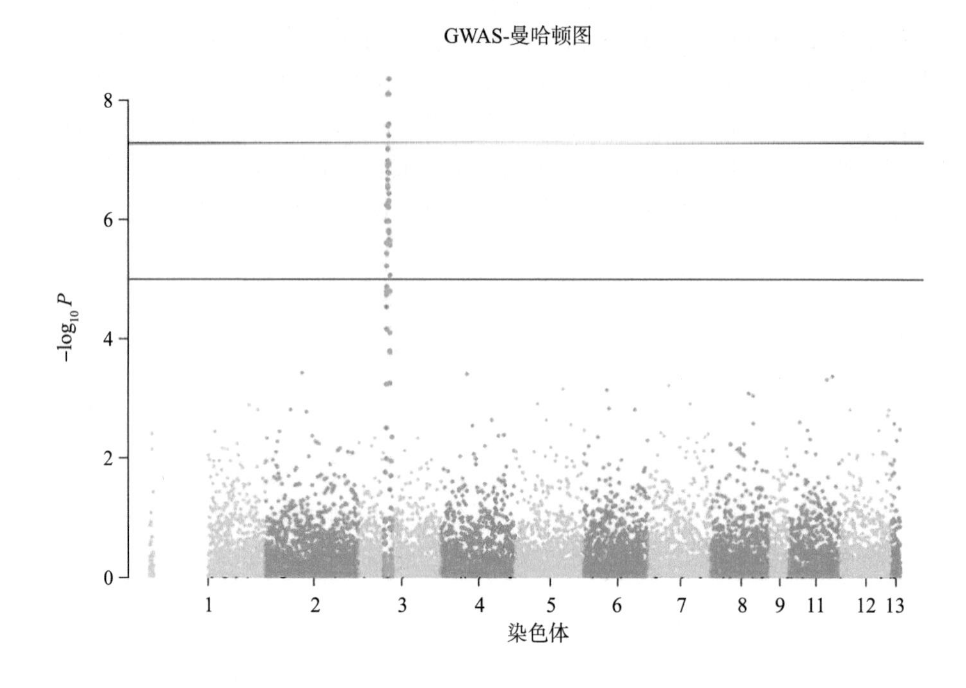

图2-12　曼哈顿图可视化结果示例

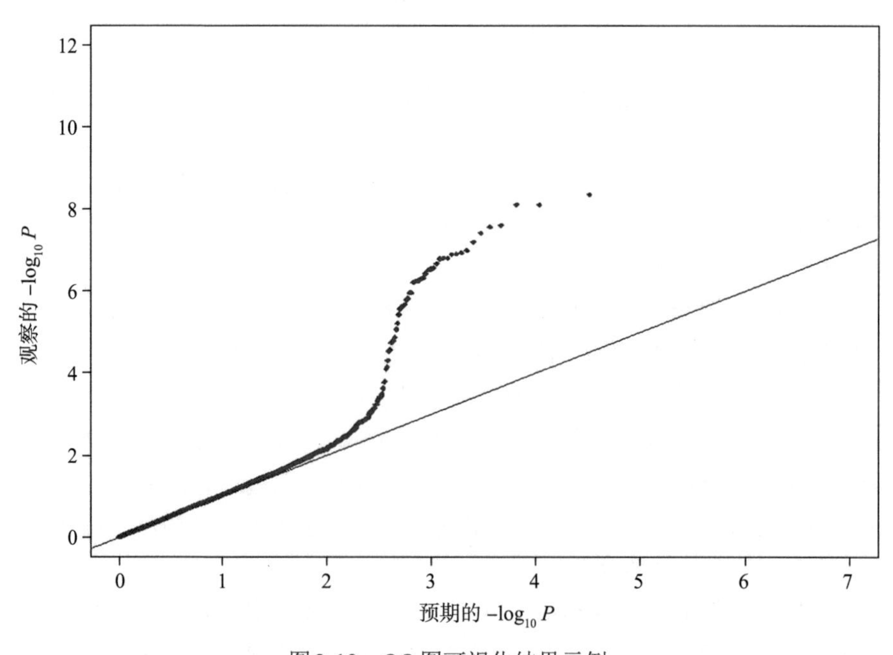

图2-13　QQ图可视化结果示例

（9）连锁不平衡图可视化：连锁不平衡（linkage disequilibrium，LD）是指相邻基因座上等位基因的非随机相关，当位于某一基因座上的特定等位基因与同一条染色体另一基因座上的某等位基因同时出现的概率高于或低于人群中的随机分布，就称这两个位点处于连锁不平衡状态。

这部分得到的连锁不平衡图能够可视化SNP之间连锁不平衡关系，这对于理解SNP之间的联系或连锁不平衡模式和对单倍型的选择具有重要作用。

如下为连锁不平衡图可视化得到的结果示例（图2-14）：图中SNP的物理距离为10 704.6kb，颜色越红表示连锁不平衡越显著。

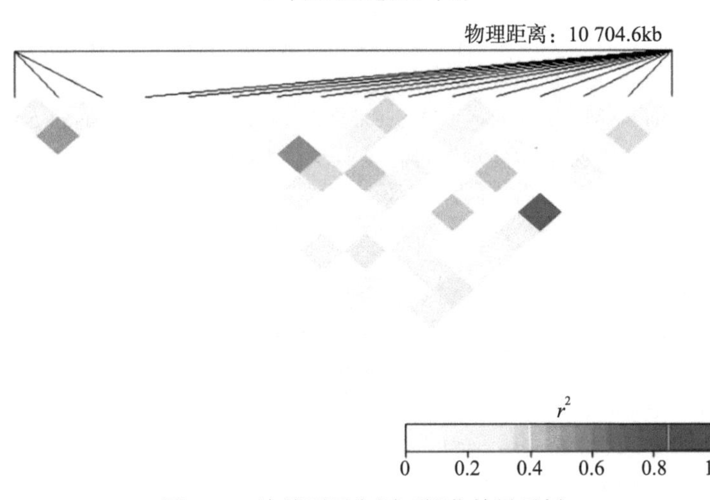

图2-14　连锁不平衡图可视化结果示例

参考文献

Capriotti E，Montanucci L，Profiti G，et al，2019．Fido-SNP：the first webserver for scoring the impact of single nucleotide variants in the dog genome．Nucleic Acids Res，47（W1）：W136-W141．

David CC，Jacobs DJ，2014．Principal component analysis：a method for determining the essential dynamics of proteins．Methods Mol Biol，1084：193-226．

Deveci M，Catalyürek UV，Toland AE，2014．mrSNP：software to detect SNP effects on microRNA binding．BMC Bioinformatics，15：73．

Fox EA，Wright AE，Fumagalli M，et al，2019．ngsLD：evaluating linkage disequilibrium using genotype likelihoods．Bioinformatics，35（19）：3855-3856．

Guan B，Zhao Y，Yin Y，et al，2020．Detecting disease-associated SNP-SNP interactions using progressive screening memetic algorithm. IEEE/ACM Trans Comput Biol Bioinform, 19（2）: 878-887.

Guo B, Wu B, 2019. Powerful and efficient SNP-set association tests across multiple phenotypes using GWAS summary data. Bioinformatics, 35（8）: 1366-1372.

Jin Q, Shi G, 2019. Meta-analysis of SNP-environment interaction with heterogeneity. Hum Hered, 84（3）: 117-126.

Leekitcharoenphon P, Kaas RS, Thomsen MC, et al, 2012. SNPTree—a web-server to identify and construct SNP trees from whole genome sequence data. BMC Genomics, 13（Suppl 7）: S6.

Magotra A, Gupta ID, Verma A, et al, 2019. Candidate SNP of CACNA2D1 gene associated with clinical mastitis and production traits in Sahiwal（*Bos taurus indicus*）and Karan fries（*Bos taurus taurus*×*Bos taurus indicus*）. Anim Biotechnol, 30（1）: 75-81.

Mir RR, Kudapa H, Srikanth S, et al, 2014. Candidate gene analysis for determinacy in pigeonpea（*Cajanus spp.*）. Theor Appl Genet, 127（12）: 2663-2678.

Momtaz R, Ghanem NM, El-Makky NM, et al, 2018. Integrated analysis of SNP, CNV and gene expression data in genetic association studies. Clin Genet, 93（3）: 557-566.

Oscanoa J, Sivapalan L, Gadaleta E, et al, 2020. SNPnexus: a web server for functional annotation of human genome sequence variation（2020 update）. Nucleic Acids Res, 48（W1）: W185-W192.

Panjwani N, Wang F, Mastromatteo S, et al, 2020. LocusFocus: web-based colocalization for the annotation and functional follow-up of GWAS. PLoS Comput Biol, 16（10）: e1008336.

Pengelly RJ, Collins A, 2019. Linkage disequilibrium maps to guide contig ordering for genome assembly. Bioinformatics, 35（4）: 541-545.

Pleil JD, 2016. QQ-plots for assessing distributions of biomarker measurements and generating defensible summary statistics. J Breath Res, 10（3）: 035001.

Ringnér M, 2008. What is principal component analysis? Nat Biotechnol, 26（3）: 303-304.

Slatkin M, 2008. Linkage disequilibrium—understanding the evolutionary past and mapping the medical future. Nat Rev Genet, 9（6）: 477-485.

Tang J, Leunissen JA, Voorrips RE, et al, 2008. HaploSNPer: a web-based allele and SNP detection tool. BMC Genet, 9: 23.

Vignesh Kumar B, Backiyarani S, Chandrasekar A, et al, 2020. Strengthening of banana breeding through data digitalization. Database（Oxford）, 2020: baz145.

Wang Y, Wang S, Zhou D, et al, 2016. CsSNP: a web-based tool for the detecting of comparative segments snps. J Comput Biol, 23（7）: 597-602.

Westreich ST, Nattestad M, Meyer C, 2020. BigTop: a three-dimensional virtual reality tool for GWAS visualization. BMC Bioinformatics, 21（1）: 39.

Wu J, Li X, Gao F, et al, 2020. Osteoprotegerin SNP associations with coronary artery disease and ischemic stroke risk: a meta-analysis. Biosci Rep, 40（10）: BSR20202156.

Wu MC, Kraft P, Epstein MP, et al, 2010. Powerful SNP-set analysis for case-control genome-wide association studies. Am J Hum Genet, 86（6）: 929-942.

Wu Y，Broadaway KA，Raulerson CK，et al，2019．Colocalization of GWAS and eQTL signals at loci with multiple signals identifies additional candidate genes for body fat distribution．Hum Mol Genet，28（24）：4161-4172．

Xiang J，Ding Y，Song X，et al，2020．Clinical utility of SNP array analysis in prenatal diagnosis：a cohort study of 5000 pregnancies．Front Genet，11：571219．

Zhang X，Li R，Chen L，et al，2018．Fine-mapping and candidate gene analysis of the Brassica juncea white-flowered mutant Bjpc2 using the whole-genome resequencing．Mol Genet Genomics，293（2）：359-370．

Zhu S，Qian T，Hoshida Y，et al，2019．GIGSEA：genotype imputed gene set enrichment analysis using GWAS summary level data．Bioinformatics，35（1）：160-163．

第三章　表观遗传变异大数据

表观遗传变异（epigenetic variation）是指在基因序列没有发生改变的情况下，基因功能发生了可遗传的变化，并最终导致了表型的变化。近年来，表观遗传变异与表型之间的关联性越来越引起人们的重视。在表观遗传变异的基础上，发现了许多新的复杂疾病的分子机制。目前常见的表观遗传数据有芯片数据和测序数据。

3.1　芯片数据

3.1.1　Illumina 27K

EWAS的早期工作采用Illumina Infinium HumanMethylation27 BeadChip（Illumina 27K）芯片，该芯片包含27 578个CpG位点，分布在14 495个基因上，约占人类基因组2800万个CpG位点的0.1%。Illumina 27K早期应用于常见复杂疾病、药物暴露对人类DNA甲基化的影响及癌症风险预测等研究。这些研究在当时都取得了阶段性的成果，Illumina 27K的高准确度也得到了证明。但由于实验中使用的样本和对照样本数量较少，仍需要重复实验来提高结果的准确性。在EWAS问世后不久的一项研究中，Lutz P. Breitling等利用Illumina 27K探讨了与吸烟相关的DNA甲基化差异，发现了一个吸烟者特异性的低甲基化位点cg03636183（*F2RL3*），该位点从未被鉴定过，并被证明与吸烟诱导的疾病密切相关。由于Illumina 27K中CpG位点的覆盖率不足，且实验样本量较小，因此还有更多有价值的CpG位点有待分析，这需要在今后的研究中加以证实。

3.1.2　Illumina 450K

随着实验技术的不断完善，目前应用最广泛的甲基化芯片是Illumina Infinium HumanMethylation450 BeadChip（Illumina 450K）微阵列，该芯片包含超过485 000个甲基化位点，覆盖了Illumina 27K微阵列的94%，涉及CpG岛岸的CpG位点、人类干细胞中的非CpG甲基化位点及miRNA启动子区域的位点等。Illumina 450K由于覆盖面广，是EWAS最常用的数据来源。经过几年的应用，研究人员利用Illumina 450K已经在EWAS中识别出大量与表型相关的CpG位点。其中，多个研究中都聚焦于cg05575921（*AHRR*）、cg03636183（*F2RL3*）和cg19859270

（*GPR15*）等位点，也证实了这些位点与各种炎症引起的疾病，如心血管疾病、代谢性疾病和癌症有明确的联系。毫无疑问，在Illumina 450K的协助下，EWAS已经取得飞速发展。但同时，Illumina 450K的缺点也显现出来。例如，甲基化位点覆盖并不完整。这需要更大密度的甲基化位点来覆盖450K所缺乏的区域。

3.1.3 Illumina EPIC

Illumina EPIC可以检测人类全基因组约868 564个CpG位点的甲基化状态，其中包括超过90%的原450K芯片包含的位点（大部分未涉及的位点已被证明表现不佳）和另外413 745个位点。与Illumina 450K相比，EPIC不仅保持了对CpG岛和基因启动子区域的全面覆盖，还增加了对增强子区域和基因编码区域的探针覆盖。这使得EPIC中测量的CpG位点数量几乎是Illumina 450K的两倍，并且可以在更广泛的调控区域准确分析DNA甲基化对常见疾病的影响。在2019年利用EPIC进行的EWAS研究中，发现了cg17739917（*RARA*）、cg14051805（*FSIP1*）、cg12956751（*ALPP*）、cg22996023（*PIK3R5*）、cg07741821（*KIAA0087*）和cg05086879（*MGAT3*）等6个新的CpG位点（基因）与癌症的产生和发展密切相关。近年来，基于EPIC的EWAS越来越多，Illumina 850K平台甲基化数据已成为研究人类发育和疾病的表观遗传修饰不可缺少的数据资源。

Illumina的DNA甲基化微阵列是应用最广泛的技术，Illumina HumanMethylation450 BeadChip和Infinium MethylationEPIC BeadChip分别生成了超过110 000和60 000个样本。然而，Infinium BeadChip探针尚未得到充分利用。实际上，DNA甲基化芯片本质上是SNP芯片。2017年，有研究人员提出了利用这些探针恢复SNP的理论，但该方法并不容易实现，也没有高效便捷的工具来实现。遗憾的是，大量的SNP至今尚未得到研究。因此，笔者团队开发了Java图形用户界面（GUI）应用程序me2SNP，它可以调用颜色通道改变（CCS）SNP和内置SNP。在450K和850K的所有样本中，分别可以恢复出18 492个和19 676个CCSSNP，62个和56个内置SNP。此外，me2SNP还能促进甲基化数量性状位点（meQTL）的研究。作为一个灵活的Java GUI工具，me2SNP可为各种操作系统提供直观和友好的用户访问。me2SNP可通过http://www.onethird-lab.com/me2SNP免费获得。

3.2 测序数据

在过去15年中，二代测序（NGS）经历了高速发展。与Sanger测序相比，NGS大大降低了测序成本，同时提高了测序速度，并达到了较高的准确性。NGS技术的出现极大地影响了表观基因组学研究的发展，增强了对生物学和疾病的认识。全基因组亚硫酸氢盐测序（WGBS）是一种应用较为广泛的技术，可将表观遗传学差异转化为序列差异，并用于全基因组DNA甲基化检测。第一个利用WGBS调查唐氏综合征（Down syndrome，DS）的研究发现了数千个甲基化差异区域，其中*RUNX1*是改变DS表观遗传修饰的最重要因素。虽然二代测序的优势巨大，但在序列读取长度上比第一代测序技术要短得多，这也为第三代测序技术的发展提供了空间。

与二代测序技术相比，第三代测序技术的优势在于测序速度更快、准确度更高、可直接检测DNA甲基化。第三代测序技术中的PacBio SMRT测序技术除了读长外，更重要的是可以识别甲基化位点进行表观遗传学研究，目前已用于EWAS中。在最近的一项EWAS中，利用单分子实时亚硫酸盐测序（SMRT-BS）评估吸烟相关区域甲基化对精神分裂症的影响。在*AHRR*（cg05575921）和*IER3*（cg06126421）处发现的甲基化CpG位点已被证实与吸烟显著相关，对评估吸烟人群的肺癌风险有很大帮助。该结果表明，基于DNA甲基化的预测模型结合了等位基因特异性信息，可以更准确地应用于疾病研究和临床。随着第三代测序技术逐渐显示出独特的优势，其在表观遗传学领域得到了越来越多的应用。

随着高通量测序技术的发展，能够从全基因组水平分析5′-甲基胞嘧啶及组蛋白修饰等，发现很多基因组学研究发现不了的东西，这就是“DNA甲基化测序”。且随着近年来测序成本的不断下降及测序技术的迭代更新，DNA甲基化测序方法可选择性也逐渐增多。

DNA甲基化测序方法按原理可以分成四大类：WGBS、甲基化DNA免疫共沉淀测序、限制性内切酶-亚硫酸氢盐靶向测序、氧化-亚硫酸氢盐测序。

（1）WGBS：可以在全基因组范围内精确地检测所有单个胞嘧啶碱基（C碱基）的甲基化水平，是目前DNA甲基化研究广泛认同的金标准。WGBS能为基因组DNA甲基化时空特异性修饰的研究提供重要技术支持，能广泛应用在个体发育、衰老和疾病等生命过程的机制研究中，也是各物种甲基化图谱研究的首选方法。其优势：应用范围广，可适用于人和大多数动植物研究（参考基因组已知）；覆盖全基因组，能最大限度地获取完整的全基因组甲基化信息，精确绘制甲基化图谱；具有单碱基分辨率，可精确分析每一个C碱基的甲基化状态。

（2）甲基化DNA免疫共沉淀测序（methylated DNA immunoprecipitation sequencing，MeDIP-Seq）：是基于抗体富集原理进行测序的全基因组甲基化检测技术，采用甲基化DNA免疫共沉淀技术，通过5′-甲基胞嘧啶抗体特异性富集基因组上发生甲基化的DNA片段，以及高通量测序可以在全基因组水平上进行高精度的CpG密集的高甲基化区域研究。甲基化DNA免疫共沉淀测序技术的优势在于：可在全基因组范围内鉴定甲基化修饰区域；可针对性检测基因组内具有甲基化修饰的区域；很大程度上降低了测序数据量，从而降低测序成本。

（3）限制性内切酶–亚硫酸氢盐靶向测序（reduced representation bisulfite sequencing，RRBS）：是利用限制性内切酶对基因组进行酶切，富集启动子及CpG岛等重要的表观调控区域并进行亚硫酸氢盐测序。该技术显著提高了高CpG区域的测序深度，在CpG岛、启动子区域和增强子元件区域可以获得高精度的分辨率，是一种准确、高效、经济的DNA甲基化测序方法，在大规模临床样本的研究中具有广泛的应用前景。为了满足更广泛的需要，科研人员进一步开发了可在更大区域内捕获CpG位点的双酶切RRBS（dRRBS），其可研究更广泛区域的甲基化，包括CGI shore等区域。优势在于：测序覆盖范围内可达到单碱基分辨率，精确度较高；多样本覆盖区域重复性可达到85%～95%，适用于多样本间的差异分析；测序区域针对高CpG区域，数据利用率较高、性价比高。

（4）氧化–亚硫酸氢盐测序（oxidative bisulfite sequencing，oxBS-Seq）：DNA羟甲基化是近年发现的一种新的DNA修饰并迅速成为研究热点。随着研究的深入，发现之前被认为是检测DNA甲基化“金标准”的亚硫酸氢盐测序并不能区分DNA甲基化（^{5}mC）和DNA羟甲基化（^{5}hmC）。氧化–亚硫酸氢盐测序不仅可以精确检测DNA甲基化，排除DNA羟甲基化的影响，还可以双文库同时结合单碱基分辨率精确检测DNA羟甲基化。优势在于：是DNA甲基化检测的全新“金标准”；可以全基因组单碱基检测DNA羟甲基化修饰；可以多重标准验证高氧化效率和亚硫酸氢盐（bisulfite）转换率；实验偏好性低，重复性高（$R^2>0.98$）；可满足多种测序应用需求，如简化基因组氧化甲基化测序（oxRRBS）、目标区域氧化甲基化测序（Target-oxBS）。

参考文献

Aletaha D，Neogi T，Silman AJ，et al，2010．2010 Rheumatoid arthritis classification criteria an American College of Rheumatology/European League Against Rheumatism collaborative initiative．Ann Rheum Dis，69（9）：1580-1588．

Arnett FC，Edworthy SM，Bloch DA ，et al，1988．The american rheumatism association 1987 revised criteria for the classification of rheumatoid arthritis．Arthritis Rheum，31（3）：315-324．

Bienkowska J，Allaire N，Thai A，et al，2014．Lymphotoxin-LIGHT pathway regulates the interferon signature in rheumatoid arthritis．PLoS One，9（11）：e112545．

Broeren MG，de Vries M，Bennink MB，et al，2016．Disease-regulated gene therapy with anti-inflammatory interleukin-10 under the control of the CXCL10 promoter for the treatment of rheumatoid arthritis．Hum Gene Ther，27（3）：244-254．

Carr HL，Turner JD，Major T，et al，2020．New developments in transcriptomic analysis of synovial tissue．Front Med（Lausanne），7：21．

Clarke R，Ressom HW，Wang A，et al，2008．The properties of high-dimensional data spaces：implications for exploring gene and protein expression data．Nat Rev Cancer，8（1）：37-49．

Harrison PJ, 1996. Department of error. Lancet, 356 (9240), 1528.

Johnson WE, Li C, Rabinovic A , 2007. Adjusting batch effects in microarray expression data using empirical Bayes methods. Biostatistics, 8 (1): 118-127.

Kourilovitch M, Galarza-Maldonado C, Ortiz-Prado E, 2014. Diagnosis and classification of rheumatoid arthritis. J Autoimmun, 48-49: 26-30.

Kursa MB, Rudnicki WR, 2010. Feature selection with the Boruta package. J Stat Softw, 36 (11): 1-13.

Lever J, Krzywinski M, Altman N, 2016. Points of significance: regularization. Nature Methods, 13 (10): 803-804.

Littlejohn EA, Monrad SU, 2018. Early diagnosis and treatment of rheumatoid arthritis. Prim Care, 45 (2): 237-255.

Macías-Segura N, Castañeda-Delgado JE, Bastian Y, et al. 2018. Transcriptional signature associated with early rheumatoid arthritis and healthy individuals at high risk to develop the disease. PLoS One, 13 (3): e0194205.

Max K, 2008. Building predictive models in R using the caret package. J Stat Softw, 28 (5): 1-26.

McInnes IB, Schett G, 2011. The pathogenesis of rheumatoid arthritis. N Engl J Med, 365 (23): 2205-2219.

Park KS, Kim SH, Oh JH, et al, 2021. Highly accurate diagnosis of papillary thyroid carcinomas based on personalized pathways coupled with machine learning. Brief Bioinform, 22 (4): bbaa336.

Smolen JS, Aletaha D, McInnes IB, 2016. Rheumatoid arthritis. Lancet, 388 (10055): 2023-2038.

Tasaki S, Suzuki K, Kassai Y, et al, 2018. Multi-omics monitoring of drug response in rheumatoid arthritis in pursuit of molecular remission. Nat Commun, 9 (1): 2755.

Visser H, 2005. Early diagnosis of rheumatoid arthritis. Best Pract Res Clin Rheumatol, 19 (1): 55-72.

Woetzel D, Huber R, Kupfer P, et al, 2014. Identification of rheumatoid arthritis and osteoarthritis patients by transcriptome-based rule set generation. Arthritis Res Ther, 16 (2): R84.

Yu G, Wang LG, Han Y, et al, 2012. clusterProfiler: an R package for comparing biological themes among gene clusters. OMICS, 16 (5): 284-287.

第四章　全基因组关联分析

4.1　简介

全基因组关联分析（GWAS）是一种基因组范围的筛选方法，它能够探索基因与表型之间的关联，并且已经成为研究复杂疾病的主要工具之一。目前，GWAS在许多疾病中得到了广泛应用，包括癌症、心血管疾病、糖尿病、神经系统疾病和自身免疫性疾病等，已经成功地发现数百个与人类疾病有关的基因。单核苷酸多态性（SNP）是指群体中的一个DNA序列位点的突变，是目前最常见的变异，占基因组变异的90%以上，由于SNP的高度多态性，它们可以用于确定个体之间的遗传差异，有最丰富的遗传信息。目前，在人类群体中发现大约有1000万个SNP位点。在GWAS中，研究人员会对大量个体的基因组进行比较，以鉴定某些SNP是否与特定疾病或其他性状的发生有关。GWAS可以确定SNP与某些疾病或性状之间的关系，并找到与疾病或性状有关的遗传因素。传统的GWAS是一种单位点关联分析方法，它利用统计学方法对全基因组单个SNP逐一检验其与疾病或性状之间的关联。自从首次成功应用GWAS来鉴定与临床特征相关的SNP以来，GWAS已经成为了解疾病遗传机制的经典方法，可以在遗传层面上揭示人类疾病的基本机制。随着测序技术的发展，已由最初的几千个SNP的研究扩展到目前高密度芯片和基因测序技术的广泛应用，样本量、SNP密度和计算效率等方面均得到了显著提高。随着样本队列的不断壮大及SNP芯片技术的发展，GWAS在识别新型变异性状关联、发现新的生物机制等方面有重大进步，但在如何更好地识别疾病风险预测因素、GWAS研究复制工作、减少引入数据集的偏差等方面还有一定局限性。

4.2　分析方法

GWAS是一种通过对整个基因组进行大规模分析来发现与人类疾病相关基因变异的方法。利用SNP标记整个基因组的变异，并将它们与疾病风险关联。该技术可以揭示人类疾病的遗传风险因素，并提供有关发病机制的重要见解。GWAS的主要流程：①建立研究样本集合。②提取DNA并进行基因组分析。从样本中提取DNA，并使用现代测序技术对其进行全基因组测序，基因组测序通常涉及对SNP的检测。③数据清洗和预处理。在进行关联分析之前，需要对数据进行清洗和预处理，以消除样本质量问题和检测错误等因素的影响。此外，还需要进行基于最小等位基因频率（minor allele frequency，MAF）和Hardy-Weinberg平衡等的过滤操作，以减少假阳性结果。④LD衰减分析（选做）。在GWAS时，基于单个SNP的分析可能会受到基因型信息不完整和复杂性的影响，因此，通常利用LD系数（D值与R^2值）进行分块，采用块（block）的方法将一组相互关联的SNP作为一个单倍型块进行分析。⑤进行关联分析。关联分析通常使用卡方检验、线性回归检验或Logistic回归检验等统计方法进行。线性回归检验适用于连续表型数据，卡方检验适用于二分类表型频数数据，而Logistic回归则可适用于两种类型的表型数据。⑥重复性检验和验证。为了消除假阳性结果和其他干扰因素的影响，需要在独立的样本集合上进行重复性检验和验证，以提高GWAS的准确性和可靠性。

4.2.1 数据预处理算法

在GWAS中需要处理大规模的基因型数据，而这些数据往往保留着各种噪声与偏差，可能会影响到后续的统计分析结果，预处理过程是对数据进行过滤和校准，以减少噪声和偏差，提高统计分析的可靠性和准确性。

MAF是指在样本中出现次数最少的等位基因的频率，它是用来衡量一个基因型是否普遍存在于样本中的指标，经常用来过滤掉频率极低的变异。一般来说，MAF过低的SNP可能会影响统计分析的结果，因此需要进行过滤和校准。假设一个SNP基因座有两个等位基因A与B，则：

$$\mathrm{MAF}=\min\{P_{\mathrm{A}}, P_{\mathrm{B}}\} \tag{4-1}$$

其中，P_{A}为等位基因A的频率，P_{B}为等位基因B的频率，MAF的要求会因研究样本的规模和基因型数据质量的不同而不同，一般在0.01或0.05以上。

哈迪-温伯格平衡（Hardy-Weinberg equilibrium，HWE）是基因型频率的理论分布，指在一个理想的自由交配种群中，各基因型的频率不会随着时间的推移而发生变化。如果某个SNP的等位基因频率在不同的群体间存在差异，且所研究的疾病发病率在两个群体间也存在差异，那么GWAS将错误地使它看起来像是邻近SNP的一个基因导致或参与，HWE就可以避免相似错误，因此HWE假设是GWAS中的一个重要前提。常用卡方检验的方法进行HWE检验，其具体方法：根据基因型数据计算每个等位基因的频率，并使用这些频率计算出每个基因型的期望频率。然后，对于每个基因型，使用卡方（χ^2）检验：

$$\chi^2=\sum_{X=\{\mathrm{AA},\mathrm{AB},\mathrm{BB}\}}^{X}\frac{(\text{Observed } X-\text{Expected } X)^2}{\text{Expected } X} \tag{4-2}$$

其中，Observed AA、Observed AB和Observed BB是对应基因型的实际频数，Expected AA、Expected AB和Expected BB是对应基因型的期望频数。如果基因型频率符合HWE，则χ^2值接近0，P值接近1。如果χ^2值过大，则P值会很小，表示该位点不符合HWE。通常认为，当P值小于0.05时，表明GWAS中的基因型分布与HWE不符合。

4.2.2　连锁不平衡系数计算

在分析GWAS数据时，通常会关注某个SNP和疾病或特征之间的关联，但不知道这个SNP的关联是否可以反映其他SNP与疾病或特征之间的关联，LD则可说明两个或多个遗传标记（SNP）之间的关联程度。

假设有两个位点SNP1和SNP2，每个位点都有两个等位基因，SNP1等位基因为A1和B1，SNP2等位基因为A2和B2。如果两个基因座之间存在非随机的关联，就可以认为SNP1和SNP2存在连锁不平衡。连锁不平衡主要用D值（D'）与R^2值衡量，D值反映了不同位点间的紧密程度，R^2值也可以表示不同位点间的关联性。

首先D的计算如下：

$$D = P_{\mathrm{A1A2}} - P_{\mathrm{A2A1}} \tag{4-3}$$

然后对D值进行标准化：

$$D' = \frac{D}{D_{\max}} \tag{4-4}$$

其中$D_{\max}$取值为

$$D_{\max} = \begin{cases} \min\left(P_{\mathrm{A1}}P_{\mathrm{B2}}, P_{\mathrm{B1}}P_{\mathrm{A2}}\right) & D > 0 \\ \max\left(-P_{\mathrm{A1}}P_{\mathrm{A2}}, -P_{\mathrm{B1}}P_{\mathrm{B2}}\right) & D < 0 \end{cases} \tag{4-5}$$

D'的范围是0～1。

R^2的计算如下：

$$R^2 = \frac{D^2}{P_{\mathrm{A1}}P_{\mathrm{A2}}P_{\mathrm{B1}}P_{\mathrm{B2}}} \tag{4-6}$$

R^2的范围是0～1。

在GWAS中，通常使用D值和R^2值来评估两个SNP之间的关联程度。如果两个SNP之间的D值或R^2值很高，那么它们可能会对疾病或特征的风险产生类似的影响。D'和R^2越趋近于1，说明位点间连锁不平衡程度越强。取值为0时表示连锁完全平衡；取值为1时表示连锁完全不平衡。这些信息有助于确定潜在的功能区域，以及考虑是否需要对结果进行调整。

4.2.3 关联分析统计方法介绍

关联分析根据使用的数据类型的不同需要不同的统计方法，本部分主要介绍卡方检验、线性回归检验、Logistic回归检验三种不同的检验方法。

卡方检验是一种基于频数的统计方法，简单有效，适用于二分类表型数据，用于检验两个变量之间的关联性。在GWAS中，卡方检验一般用于检测单个位点与疾病之间的关联性，从而筛选与疾病或特征相关的SNP。卡方检验适用于分析离散数据，对于二分类的病例-对照基因型数据，通常转化为二元变量，以进行卡方检验。假设基因型数据为AA、AB和BB三种基因型，其中A和B表示不同等位基因，通常使用2×2的列联表来表示SNP基因和疾病或特征之间的关系，如表4-1所示：

表4-1 等位基因-表型列联表

	病例	对照
A	a	b
B	c	d

其中a、b、c、d分别为病例组与对照组中基因A、B出现的频数。则卡方统计量为

$$\chi^2 = \frac{(a+b+c+d)(ad-bc)^2}{(a+b)(c+d)(a+c)(b+d)} \tag{4-7}$$

OR值计算如下：

$$\mathrm{OR}^2 = \frac{a/c}{b/d} \tag{4-8}$$

如果OR值大于1，则说明SNP变异是疾病的风险因素；如果OR值等于1，则说明SNP变异对疾病没有影响；如果OR值小于1，则说明SNP变异是疾病的保护因素。

CI表示OR的可信度（$1-\alpha$）%的置信区间，表示真实值有（$1-\alpha$）%的可能在这个区间内。置信区间计算如下：

$$\mathrm{CI} = \mathrm{OR} \pm z_{\alpha/2} \times \mathrm{SE}(\mathrm{OR}) \tag{4-9}$$

其中，SE（OR）为OR的标准误，$z_{\alpha/2}$为置信水平对应的标准正态分布分位数，取95%（$\alpha=0.05$）的置信区间时，$z_{\alpha/2}$取值为1.96。

根据计算出的卡方统计值、P值、OR值及95%置信区间，可以确定位点和疾病之间的关联性。

线性回归检验是GWAS中最常用的检验方法之一，其适用性广泛，通常适用于遗传变异为连续型数据（如等位基因数目），表型特征为连续型数据（如身高、体重、血糖、血压等）的情况。其基本原理是通过建立线性模型，来评估单个遗传变异与某个表型特征之间的线性关系。线性回归模型计算公式如下：

$$Y=\beta_0+\beta_1 x+e \tag{4-10}$$

其中，Y指表型特征，β_0、β_1指回归系数，e为随机误差项。

在GWAS中，因变量通常为表型数据，如某种疾病的发病率或某种性状的表现值，自变量则是单个基因或某个SNP的基因型。由于线性回归模型的输入数据要求为数值，因此在进行数据的处理后，需要将SNP的基因型进行编码转换。假设对于某个SNP其基因型数据分别为AA、AB、BB，则在数据输入时，若其基因型为AA（major基因），则该SNP对应的自变量取值为0；若其基因型为AB（杂合基因型），则取值为1；若其基因型为BB（minor基因），则取值为2。然后使用最小二乘法来计算线性回归系数、标准误差及P值。

Logistic回归（逻辑回归）是回归分析的一种，与线性回归分析类似，其主要目的是研究两个或多个变量之间的关系，不同的是逻辑回归的因变量是离散的。在GWAS中，逻辑回归分析通常用于研究某个SNP与疾病之间的关联，即SNP是否与疾病风险相关。逻辑回归分析适用于多种类型的数据，如二元变量的分类问题，如疾病或者健康状态、药物反应或者非反应等；分类结果是两个或多个离散值的问题，如血型分类、基因型分类等；存在多个共同作用因素的问题，如疾病发病率与环境因素、遗传因素等的关系。其模型如下：

$$\log\frac{P(Y_i=1\mid xi)}{1-(Y_i=1\mid xi)}=\beta_0+\beta_1 xi \tag{4-11}$$

逻辑回归的输入变量为基因型，输出变量为患病的发生概率，与线性回归一样，逻辑回归模型的建立需要对样本进行基因型分型，然后将每个SNP的基因型进行编码转换，将基因型数据转化为数值型数据，并进行基因型与患病状态之间的关联分析，然后计算出相关的逻辑回归系数，从而得到基因型与疾病之间的关系。逻辑回归模型用于二分类表型数据时，其检验效果与卡方检验相似，也可以与其他检验方法结合使用，更好地控制基因型频率分布不平衡、小样本量等因素的影响，调整一些潜在的混淆因素，用于复杂疾病的分析。

4.3 全基因组关联分析软件

在过去20年中，用于大量基因型和表型数据遗传关联分析的工具取得了很大进步，也耗费了巨大的经济成本。GWAS用于检测整个基因组中多个个体的遗传变异多态性，获得基因型，然后根据统计量或P值在人群水平分析基因型和表型，筛选出影响该性状的最可能的遗传变异，并挖掘与该性状变异相关的基因。标准GWAS独立检测SNP或基因，仅识别一些最重要的SNP。但是这些重要的SNP无法清楚地解释其致病机制。一些工具开发了新的关联统计模型，将生物学知识（如通路）与GWAS相结合，以提高GWAS的效能。值得注意的是，表型和基因型之间的关联无法满足研究人员的需求，尚需分析SNP的因果变异和相互作用来检测真正的致病变异。

4.3.1 GWAS的常用分析软件

有许多通用的GWAS分析工具，如PLINK和SNPassoc等。PLINK（一种由C/C++编写的开源软件）是迄今为止使用最广泛的GWAS软件，它可以分析全基因组数据，包括数据处理、汇总统计、种群分层、关联分析、单倍型分析、IBD分析等。PLINK的源代码可以在GitHub网站上下载（https://github.com/chrchang/plink-ng）。SNPassoc R软件包可以自动进行GWAS的常见分析，包括描述性统计、缺失值的填补、Hardy-Weinberg平衡检验、基于广义线性模型（针对定量或二元性状）的关联分析、单倍型和上位性分析等。

大多数用于GWAS的软件不能直接用于芯片数据分析，甚至需要特定格式的数据输入，这对用户来说十分不方便。SNPTransformer软件是一款功能强大、用户友好且简便的程序，用于GWAS数据格式转换。它可以将基因分型输入数据转换为经典遗传程序（如PLINK和Haploview）的输入格式。它还提供了其他方便的功能，如对ID的关系操作、预览数据文件、重新编码数据格式等。但是，不同GWAS的基因型数据往往是通过不同的基因分型平台、阵列或SNP分析方法生成的，从而导致很多研究都使用了不同的基因组版本和等位基因定义。为应对这一问题，研究人员开发了一个具有强大功能的网络服务器GACT（基因组构建和等位基因定义转换工具），可准确进行任何常见等位基因定义之间及基因组版本之间的相互转换。

4.3.2 基因组meta分析相关软件

近年来，关联研究的数量迅速增加。但是，由于实验设计、较低的样本量或其他错误，GWAS研究的结果并非总是可重复的。meta分析可以提高检测与表型相关新变异的能力，目前已成为一种非常流行的方法。它可以汇总多个研究结果，并分析多个遗传关联研究中的差异，从而提高统计效能，有助于识别基因型与表型之间的关联。

MetaGenyo是可以进行遗传关联研究meta分析的网络服务器，它实现了完整而全面的工作流，无须编程知识即可轻松便捷地使用。MetaGenyo的开发旨在通过GWAS meta分析的主要步骤指导用户，包括Hardy-Weinberg检验、不同遗传模型的统计关联、异质性分析、发表偏倚检测、结果的亚组分析和鲁棒性测试。

在GWAS的meta分析中，经常有重叠的研究出现，即在不同的关联研究中的样本是同一个体。FOLD（重叠数据的全功能分析方法）基于summary统计信息，与传统的重叠拆分方法相比，提高了效能，降低了阳性率。

4.4　GWAS的扩展分析

由于常规GWAS特别是单位点检验具有一定的局限性，一些工具将生物学知识（如通路和蛋白质-蛋白质相互作用网络）引入GWAS中，开展GWAS下游分析。

4.4.1　基于通路的GWAS分析

为了提高GWAS的能力，在单位点关联分析的基础上，通常使用基于基因和基于通路的检测方法来识别更多的因果变异，由此扩展出基于通路的关联分析。基因集富集分析（GSEA）可以识别通路/基因集与性状之间的相关性，以克服标准GWAS方法的局限性。但是，对基因型数据的严重依赖限制了其应用的发展（基因型原始数据对于大多数已发表的GWAS而言并不容易获得）。i-GSEA4GWAS（改进的GSEA）网络服务器为研究人员提供了一个开放的平台来分析GWAS数据。该网络服务器通过使用summary数据中SNP标签的P值来进行GSEA分析，以解决难以获得GWAS原始样本基因分型数据的问题，并着重于通路/基因集，以提高GWAS的能力。ICSNPathway是一个在线Web服务器，通过在GWAS中引入通路分析（PBA），为遗传变异提供合理的生物机制解释。通过结合LD分析，将候选SNP从其对应的候选因果通路中识别出来。ICSNPathway通过生成SNP→基因→通路假设，在GWAS与疾病机制之间架起桥梁，提供了一种可行的解决方案。

4.4.2　结合蛋白互作网络的GWAS

基因之间存在协同互作关系，物理互作的基因很可能具有相同或者相似的生物学功能，因此产生了GWAS和蛋白质互作网络相结合的方法。ancGWAS将来自GWAS数据的关联信号整合到人类蛋白质-蛋白质互作（PPI）网络中，从而识别出重要的疾病子网络。dmGWAS工具类似于ancGWAS，二者都是将SNP映射到基因，并在基因或子网级别分析GWAS数据。但是与ancGWAS相比，基于贪婪搜索算法的dmGWAS没有利用生物网络的拓扑特性。

参考文献

Altshuler DM，Gibbs RA，Peltonen L，et al，2010. Integrating common and rare genetic variation in diverse human populations. Nature，467（7311）：52-58.

Anderson CA，Pettersson FH，Clarke GM，et al，2010. Data quality control in genetic case-control association studies. Nat Protoc，5（9）：1564-1573.

Chen H，Wang C，Conomos MP，et al，2016. Control for population structure and relatedness for binary traits in genetic association studies via logistic mixed models. Am J Hum Genet，98（4）：653-666.

Chen WP，Hung CL，Lin YL，2013. Efficient haplotype block partitioning and tag SNP selection algorithms under various constraints. Biomed Res Int，2013：984014.

Deng HW，Chen WM，Recker S，et al，2000. Genetic determination of Colles' fracture and differential bone mass in women with and without Colles' fracture. J Bone Miner Res，15（7）：1243-1252.

Gabriel SB，Schaffner SF，Nguyen H，et al，2002. The structure of haplotype blocks in the human genome. Science，296（5576）：2225-2229.

Gibson J，Tapper W，Ennis S，et al，2013. Exome-based linkage disequilibrium maps of individual genes：functional clustering and relationship to disease. Hum Genet，132（2）：233-243.

Lippert C，Listgarten J，Liu Y，et al，2011. FaST linear mixed models for genome-wide association studies. Nat Methods，8（10）：833-835.

Marees AT，de Kluiver H，Stringer S，et al，2018. A tutorial on conducting genome-wide association studies：quality control and statistical analysis. Int J Methods Psychiatr Res，27（2）：e1608.

Purcell S，Neale B，Todd-Brown K，et al，2007. PLINK：a tool set for whole-genome association and population-based linkage analyses. Am J Hum Genet，81（3）：559-575.

Song C，Chen GK，Millikan RC，et al，2013. A genome-wide scan for breast cancer risk haplotypes among African American women. PLoS One，8（2）：e57298.

Visscher PM，Brown MA，McCarthy MI，et al，2012. Five years of GWAS discovery. Am J Hum Genet，90（1）：7-24.

Visscher PM，Wray NR，Zhang Q，et al，2017. 10 Years of GWAS discovery：biology，function，and translation. Am J Hum Genet，101（1）：5-22.

Wang K，Dickson SP，Stolle CA，et al，2010. Interpretation of association signals and identification of causal variants from genome-wide association studies. Am J Hum Genet，86（5）：730-742.

Wang M，Chen X，Zhang H，2010. Maximal conditional chi-square importance in random forests. Bioinformatics，26（6）：831-837.

Wigginton JE，Cutler DJ，Abecasis GR，2005. A note on exact tests of Hardy-Weinberg equilibrium. Am J Hum Genet，76（5）：887-893.

Yang J，Benyamin B，McEvoy BP，et al，2010. Common SNPs explain a large proportion of the heritability for human height. Nat Genet，42（7）：565-569.

Yang J，Lee SH，Goddard ME，et al，2011. GCTA：a tool for genome-wide complex trait analysis. Am J Hum Genet，88（1）：76-82.

Zhou W，Nielsen JB，Fritsche LG，et al，2018. Efficiently controlling for case-control imbalance and sample relatedness in large-scale genetic association studies. Nat Genet，50（9）：1335-1341.

第五章　全表观基因组关联分析

5.1　简介

“epigenetics”（表观遗传学）一词是Waddington在1942年提出的，源于希腊语单词“epigenesis”，该词最初描述的是遗传过程对发育的影响。目前，DNA甲基化是研究最广泛、特征最明确的表观遗传修饰之一，可以追溯到1969年Griffith和Mahler的研究，他们认为DNA甲基化可能在长期记忆功能中起重要作用。其他主要的修饰包括染色质重塑、组蛋白修饰和非编码RNA机制。表观遗传学的新兴导致了对表观遗传学变化和一系列疾病之间关系的新发现，包括各种癌症、智力迟钝相关的疾病、免疫疾病、神经精神疾病和儿科疾病。

全表观基因组关联分析（EWAS）的概念引入至今已有10余年，由Rakyan等首次提出，是表观基因组研究中的一种有效方法，通常被用于定义DNA甲基化的分析。与GWAS类似，EWAS是一种广泛使用的方法，用于识别人群中的生物标志物和发现疾病风险的分子机制。EWAS旨在利用多种基于阵列或基于测序的分析技术来获得表观遗传标记与表型之间的关联，最终可以更好地解释复杂疾病的发病机制，促进新疗法和诊断方法的发展。

近年来，表观基因组变异分析已经成为一个新的热门研究方向，主要用于分析甲基化、组蛋白修饰等，但由于分析手段的限制，目前最典型的是DNA甲基化相关分析。随着高通量测序技术的不断发展，EWAS研究逐年增加（图5-1），并且取得了许多进展。

目前，最常用的DNA甲基化数据是Illumina Infinium 450Bead芯片（Illumina 450K）微阵列，因为它的覆盖面很广，包含超过485 000个甲基化位点，覆盖94%的Illumina 27K微阵列，涉及CpG岛岸的CpG位点、人类干细胞中的非CpG甲基化位点、正常组织和癌变组织中的差异甲基化位点，以及miRNA启动子区的位点。经过几年的应用，EWAS研究在疾病识别、早期诊断、药物靶点的寻找和药物反应的监测等方面也发挥着重要作用。目前，EWAS相关研究已经在自身免疫性疾病（如哮喘和类风湿关节炎）、代谢性疾病（如肥胖和2型糖尿病）、精神类疾病（如抑郁和精神分裂）、癌症等方面取得了重要进展。比如，在类风湿关节炎（RA）方面，通过对RA的EWAS研究，发现cg18972751和cg03055671（*CD1C*和*TNFSF10*）两个位点的异常高甲基化和低甲基化与RA有关；在B细

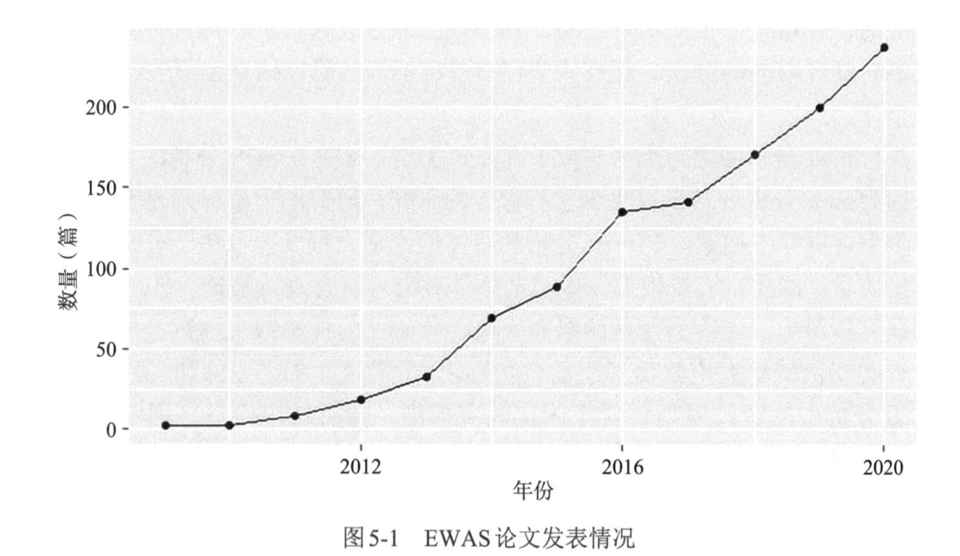

图5-1　EWAS论文发表情况

胞中，*CD1C*的过表达增强了自身抗原反应性，这是RA发病的主要原因之一；*TNFSF10*（又称*TRAIL*）属于肿瘤坏死因子（TNF）超家族，已证明*TRAIL*是RA自身免疫的屏障。在糖尿病方面，一项基于外周血单个核细胞（PBMC）的研究中，发现参与瘦素和胰岛素信号调控的*SOCS3*基因位点（cg18181703）的甲基化状态与肥胖显著相关。

5.2　表观基因组meta分析

生物医学研究的数量呈指数型增长，随着数据量的增大，研究方法也应该与时俱进，不断更新。单项研究的结果通常不足以令人信服，因为当对研究结果进行再现时，得到的结果不会始终如一。许多研究结果具有假阳性，或因为无法检测到效应较小的标志物而得到假阴性结果。因此，当已发表的数据结果有冲突或因为样本量太小结果不可靠时，临床决策尤为困难。通常情况下，针对一些没有定论的研究，有两种方法可以得到更确切的结果：第一种是通过大量取样进行实验，第二种是运用meta分析的方法。

meta分析也称荟萃分析，是一种统计方法，用于分析来自不同研究的合并数据，通过合并研究结果增加了统计强度和评估效应的精确度，解决了研究之间的冲突，得出更加简明扼要的综合分析结果。meta分析正在被各个组学研究广泛使用，并在医学研究中发挥着重要的作用。在没有大量的样本，也没有足够的实验条件时，可以通过meta分析得到一个更加稳健的结果。meta分析的主要优势在于，它可以精确估计效应大小，并具有显著提高统计功效的作用。但是meta分析也不是万能的，它是有一定使用条件的，有一些已经通过大量实验得到明确结果的研究就不需要再用meta分析，还有一些存在严重偏倚的研究结果也不适合用meta分析来整合。

进行meta分析时需重点考虑以下几点：①纳入研究是meta分析的关键组成部分，因为meta分析的结果取决于它所包含的研究，研究的搜索必须是全面的，可以在多个数据库中搜索。②meta分析的总体结论很大程度上取决于分析中包含的研究的质量。因此，需要根据一些筛选条件对纳入研究进行筛选。③纳入meta分析的研究资料中，连续型变量的研究应包含各研究的样本数、均数、标准差或方差。分类变量的研究应给出各组的OR或相对危险度（RR）及标准误（SE）等。④meta分析中的统计模型包含了固定效应模型、随机效应模型。固定效应模型假设各研究来源于统一总体的独立样本，差异仅来自抽样误差，不同研究间变异小。随机效应模型是指各研究效应指标不同质，是来自不同总体的独立样本，研究间变异较大。

假设有k项相同目的的独立研究，第i（$i=1, \dots, k$）项研究中试验组的样本数、样本均值和标准差分别为n_{1i}、$\overline{X}_{1i}$、S_{1i}^2，对照组则为n_{2i}、$\overline{X}_{2i}$、S_{2i}^2，meta分析主要计算过程如下：

1.计算各研究的均值差和标准差

$$d_i=\overline{X}_{1i}-\overline{X}_{2i} \tag{5-1}$$

$$S_i=\sqrt{\frac{S_{1i}^2}{n_{1i}}+\frac{S_{2i}^2}{n_{2i}}} \tag{5-2}$$

2.计算d_i的加权均数$\overline{d}$和权重ω_i

$$\omega_i=\frac{1}{S_i^2} \tag{5-3}$$

$$\overline{d}=\frac{\sum\omega_i d_i}{\sum\omega_i} \tag{5-4}$$

3.异质性检验

H_0: $\mu_{d_1}=\mu_{d_2}=\dots=\mu_{d_k}$，即$k$个研究的均值差的总体均数相同。

H_1: k个研究的均值差的总体均数不全相同。

异质性检验统计量为

$$Q=\sum\omega_i(d_i-\overline{d})^2=\sum\omega_i d_i^2-(\sum\omega_i)\overline{d}^2 \tag{5-5}$$

4.基于固定效应模型的合并效应量$\overline{d}$的95%置信区间

$$\text{该95\%置信区间}=\overline{d}\pm 1.96S_{\overline{d}} \tag{5-6}$$

$$S_{\overline{d}}=\sqrt{\frac{1}{\sum\omega_i}} \tag{5-7}$$

5.基于随机效应模型合并效应量$\overline{d}_{\mathrm{DL}}$及其95%置信区间

（1）合并效应量$\overline{d}_{\mathrm{DL}}$及其标准误$S_{\overline{d}_{\mathrm{DL}}}$：

$$\overline{d}_{\mathrm{DL}}=\frac{\sum\omega_i' d_i}{\sum\omega_i'} \tag{5-8}$$

$$S_{\overline{d}_{\mathrm{DL}}}=\sqrt{\frac{1}{\sum\omega_i'}} \tag{5-9}$$

其中，

$$\omega_i'=\frac{1}{\dfrac{1}{\omega_i}+\tau^2} \tag{5-10}$$

$$\tau^2=\begin{cases}\dfrac{Q-(k-1)\sum\omega_i}{(\sum\omega_i)^2-\sum\omega_i^2} & \text{当}Q\geqslant k-1\text{时}\\ 0 & \text{当}Q<k-1\text{时}\end{cases} \tag{5-11}$$

（2）$\overline{d}_{\mathrm{DL}}$的95%置信区间：

$$\text{该95\%置信区间}=\overline{d}_{\mathrm{DL}}\pm 1.96S\overline{d}_{\mathrm{DL}} \tag{5-12}$$

若95%置信区间包含0，则表示试验组与对照组间的差异无统计学意义，反之有统计学意义。

5.3　表观基因组关联分析软件的开发与应用

5.3.1　EWAS软件概述

EWAS软件旨在帮助科研人员利用甲基化芯片数据进行相关分析，解读DNA甲基化与复杂疾病或者表型之间的关联。EWAS是基于Java 1.8编写的Java应用程序，可以在http://www.ewas.org.cn免费获得。目前该软件已经升级到2.0版本，有命令行版及界面版（EWAS-GUI），还有详细的使用说明指南（详见www.bioapp.org/ewas）。EWAS能够快速识别甲基化基因型与疾病或者复杂性状之间的联系，还可以分析邻近甲基化位点的连锁情况及互作关系，并进行关联分析，为解读复杂疾病及表型提供新思路。

EWAS 1.0主要通过广义甲基化单倍型关联研究，寻找与疾病或者表型相关的甲基化水平组合。EWAS 1.0主要有如下功能：①根据用户给定的阈值将甲基化表达值转换为甲基化表达水平（H和L）；②根据待分析CpG位点所在基因组位置进行排序，从而进行连锁扫描分析；③扫描所有CpG位点识别广义甲基化连锁不平衡块；④进行广义甲基化单倍型关联分析。

目前EWAS 2.0版本主要功能包括：①基于甲基化表达值的单位点关联分析；②基于甲基化基因型的单位点关联分析；③基于多位点的甲基化连锁不平衡分析，计算甲基化连锁不平衡系数，并识别甲基化连锁不平衡块；④基于多位点的甲基化单倍型关联分析，识别甲基化连锁不平衡块内的甲基化单倍型，计算不同群体中的单倍型频率，并进行单倍型关联分析；⑤全表观基因组范围内的meta分析：计算不同研究结果间异质性，选择固定效应模型或者随机效应模型计算合并效应量及*P*值；⑥基于多位点的甲基化交互作用分析；⑦遗传与表观遗传调控分析；⑧基于甲基化表达值的常规统计分析，如基于连续型变量的线性回归分析、Pearson相关分析，基于二值型变量的*T*检验、Logistic回归分析等。此外，EWAS提供了一些辅助功能，如甲基化表达值转换为甲基化基因型、大数据快速排序等（表5-1）。最后，将上述所有功能都封装到了表观基因组关联分析软件EWAS 2.0中，集成了软件jar包，利用命令行即可实现相应功能（图5-2）。EWAS软件可以在http://www.ewas.org.cn或http://www.bioapp.org/ewas免费获得，为用户使用提供了便利，同时笔者团队也开发了界面版软件EWAS-GUI，直接点击功能按钮即可进行分析。

表5-1 EWAS 2.0的参数及功能介绍

功能目录	功能说明
t.test	对二分类表型进行*T*检验
linear	对连续型表型进行线性回归分析
logistic	对二分类表型进行Logistic回归分析
cor	计算甲基化位点β值与连续型表型的Pearson相关系数
SMP.convert	将DNA甲基化β值转化为单甲基化多态性（SMP）基因型数据（MM MU UU）
SMP.allele_chisq	对甲基化等位基因M、U进行卡方检验
SMP.aa	识别甲基化等位关系：协同、排斥
SMP.HW	计算最小等位基因频率，进行Hardy-Weinberg平衡检验
SMP.summary	对甲基化位点进行总体分析

续表

功能目录	功能说明
meplotype	全表观组范围内甲基化单倍型关联分析
MD（matrix）	计算连锁不平衡系数D'、R^2，并以矩阵的形式展示
MD（list）	计算连锁不平衡系数D'、R^2，并以列表的形式展示
block	识别甲基化连锁不平衡块并计算甲基化单倍型频率
meta	进行全表观组范围内的meta分析
450KSNPProbe	对450K人类甲基化芯片中的SNP位点进行分型
mQTLs	通过线性回归分析识别mQTL
interaction	分析甲基化位点间的相互作用
MR	进行孟德尔随机化分析

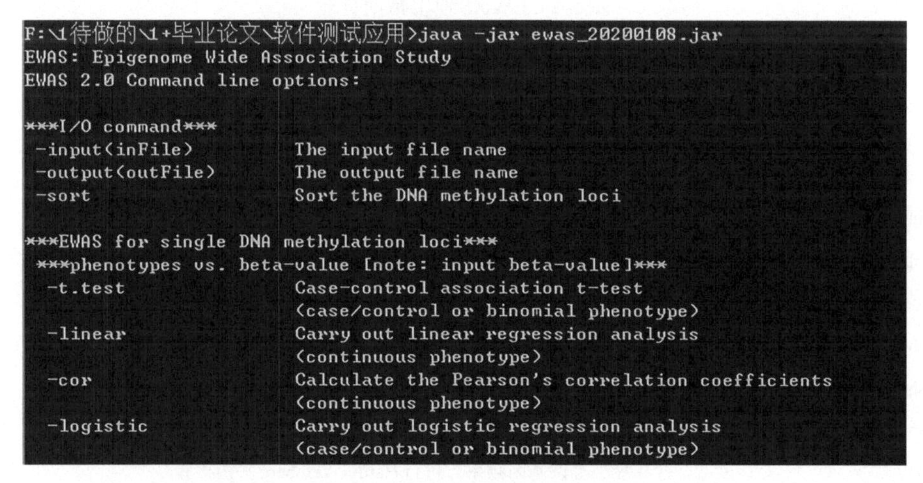

图5-2　EWAS软件jar包界面

5.3.2　EWAS-GUI

为了使用方便，EWAS软件还配有详细的使用说明指南（图5-3），可以在www.bioapp.org/ewas网站上查看。指南中详细说明了每个功能的使用方法，并提供了示例数据及运行结果。用户可以自行下载测试使用。表5-2为EWAS-GUI提供的功能简介。

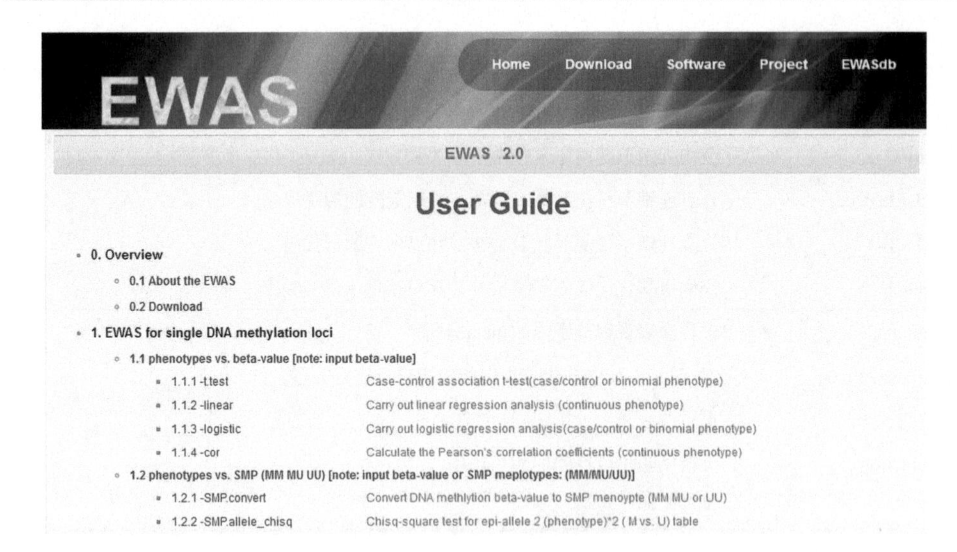

图5-3　EWAS使用指南页面

表5-2　EWAS-GUI的功能介绍

功能目录	功能说明
t.test	对二分类表型进行T检验
linear	对连续型表型进行线性回归分析
logistic	对二分类表型进行Logistic回归分析
cor	计算甲基化位点β值与连续型表型的Pearson相关系数
SMP.convert	将DNA甲基化β值转化为SMP基因型数据（MM MU UU）
SMP.allele_chisq	对甲基化等位基因M、U进行卡方检验
SMP.aa	识别甲基化等位关系：协同、排斥
HW	计算最小等位基因频率，进行Hardy-Weinberg平衡检验
SMP.summary	对甲基化位点进行总体分析
meplotype	全表观组范围内甲基化单倍型关联分析
MD（matrix）	计算连锁不平衡系数D'、R^2，并以矩阵的形式展示
MD（list）	计算连锁不平衡系数D'、R^2，并以列表的形式展示
block	识别甲基化连锁不平衡块并计算甲基化单倍型频率
meta	进行全表观组范围内的meta分析
450KSNPProbe	对450K人类甲基化芯片中的SNP位点进行分型
mQTLs	通过线性回归分析识别mQTL
interaction	分析甲基化位点间的相互作用
MR	进行孟德尔随机化分析

图5-4为EWAS-GUI的软件界面。

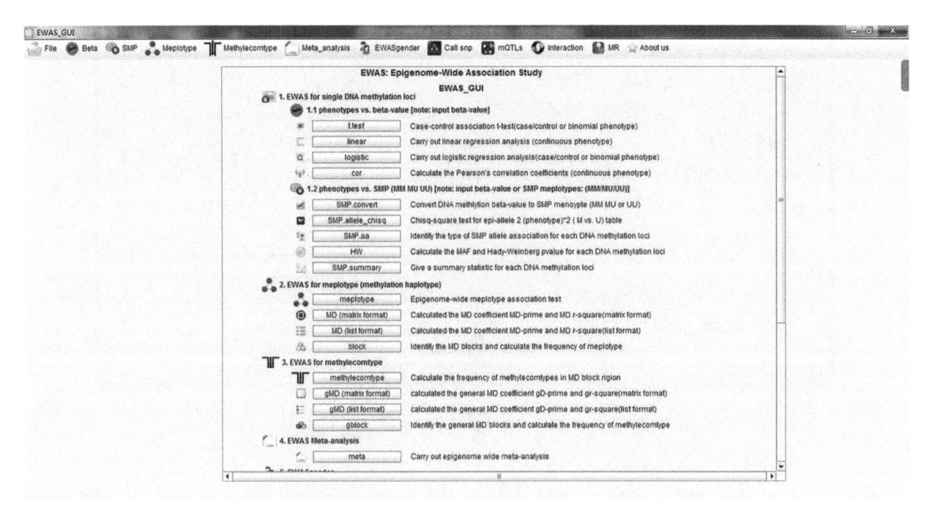

图5-4　EWAS-GUI软件界面

5.3.3　EWAS-GUI数据的输入输出

点击T检验的功能按钮，会弹出导入T检验分析所需数据的界面，可以从“data format and help see”链接的网页上查看导入的数据格式和例子文件运行的结果数据，以及数据的解释说明。可以点击T检验的例子“example of result see”对应的按钮，查看完整的例子（包括输入数据和结果数据）。可根据数据的实际情况设置合适的阈值。通过“import”按钮选择本地数据，点击“Run”按钮进行T检验分析（图5-5）。

EWAS-GUI在进行功能分析时，若分析数据所需的时间较长，会显示数据处理的进度条，可查看程序运行的进程。运行结束后会弹出展示结果的界面，点击“show raw data”查看导入的数据，点击“how result data”查看结果数据，点击“sort result data”对结果数据根据染色体上的位置进行排序，点击“save as”将结果数据另存为其他文件。在该界面的下方可翻页查看数据：点击“first”查看第一页数据，点击“back”返回上一页，点击“next”查看下一页，在文本框中填入页码，点击“skip”查看该页码对应的数据，点击“final”查看最后一页的数据。

T检验输出结果的界面展示如图5-6所示，各列依次表示行号、甲基化位点ID、染色体号、物理位置、有效的病例样本数、有效的正常对照样本数、病例样本β值的均值、对照样本β值的均值、差异倍数、T统计量和P值。

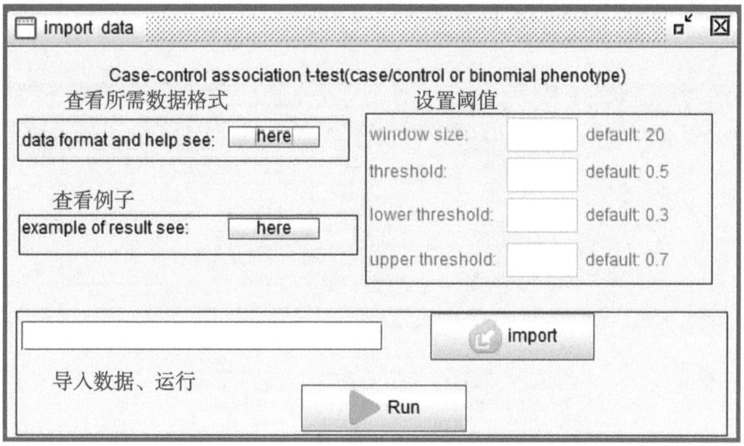

import data
Case-control association t-test(case/control or binomial phenotype)
查看所需数据格式
data format and help see: here
查看例子
example of result see: here
设置阈值
window size: default: 20
threshold: default: 0.5
lower threshold: default: 0.3
upper threshold: default: 0.7
import
导入数据、运行
Run

图5-5　EWAS-GUI导入数据的界面

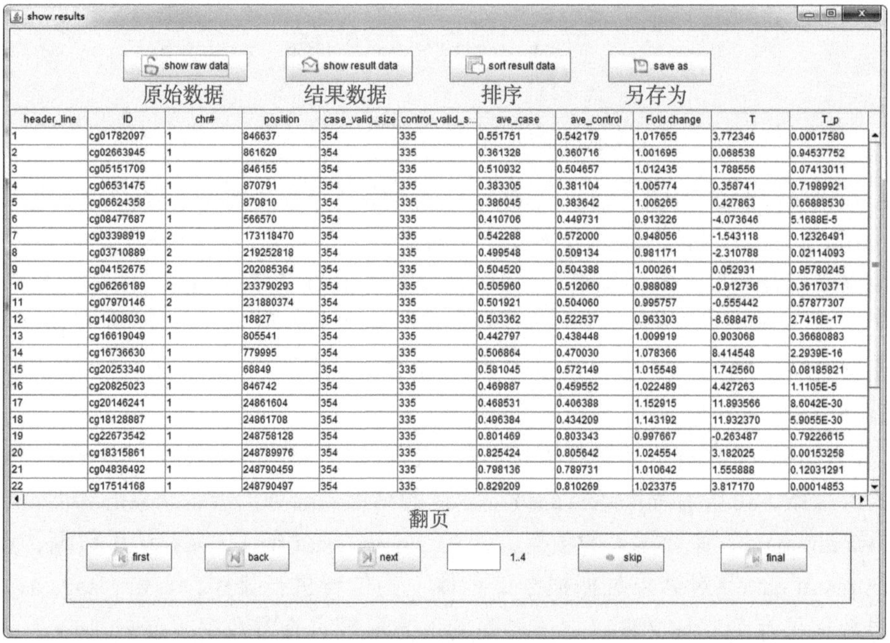

show results
show raw data　原始数据
show result data　结果数据
sort result data　排序
save as　另存为

header_line	ID	chr#	position	case_valid_size	control_valid_s...	ave_case	ave_control	Fold change	T	T_p
1	cg01782097	1	846637	354	335	0.551751	0.542179	1.017655	3.772346	0.00017580
2	cg02663945	1	861629	354	335	0.361328	0.360716	1.001695	0.068538	0.94537752
3	cg05151709	1	846155	354	335	0.510932	0.504657	1.012435	1.788556	0.07413011
4	cg06531475	1	870791	354	335	0.383305	0.381104	1.005774	0.358741	0.71989921
5	cg06624358	1	870810	354	335	0.386045	0.383642	1.006265	0.427863	0.66888530
6	cg08477687	1	566570	354	335	0.410706	0.449731	0.913226	-4.073646	5.1688E-5
7	cg03398919	2	173118470	354	335	0.542288	0.572000	0.948056	-1.543118	0.12326491
8	cg03710889	2	219252818	354	335	0.499548	0.509134	0.981171	-2.310788	0.02114093
9	cg04152675	2	202085364	354	335	0.504520	0.504388	1.000261	0.052931	0.95780245
10	cg06266189	2	233790293	354	335	0.505960	0.512060	0.988089	-0.912736	0.36170371
11	cg07970146	2	231880374	354	335	0.501921	0.504060	0.995757	-0.555442	0.57877307
12	cg14008030	1	18827	354	335	0.503362	0.522537	0.963303	-8.688476	2.7416E-17
13	cg16619049	1	805541	354	335	0.442797	0.438448	1.009919	0.903068	0.36680883
14	cg16736630	1	779995	354	335	0.506864	0.470030	1.078366	8.414548	2.2939E-16
15	cg20253340	1	68849	354	335	0.581045	0.572149	1.015548	1.742560	0.08185821
16	cg20825023	1	846742	354	335	0.469887	0.459552	1.022489	4.427263	1.1105E-5
17	cg20146241	1	24861604	354	335	0.468531	0.406388	1.152915	11.893566	8.6042E-30
18	cg18128887	1	24861708	354	335	0.496384	0.434209	1.143192	11.932370	5.9055E-30
19	cg22673542	1	248758128	354	335	0.801469	0.803343	0.997667	-0.263487	0.79226615
20	cg18315861	1	248789976	354	335	0.825424	0.805642	1.024554	3.182025	0.00153258
21	cg04836492	1	248790459	354	335	0.798136	0.789731	1.010642	1.555888	0.12031291
22	cg17514168	1	248790497	354	335	0.829209	0.810269	1.023375	3.817170	0.00014853

翻页
first　back　next　1..4　skip　final

图5-6　*T*检验输出结果的界面展示

甲基化单倍型关联分析输出结果的界面展示如图5-7所示，各列依次表示行号、block编号、染色体号、起始位置、终止位置、meplotype、meplotype在所有样本中的频率、meplotype在病例中的频率、meplotype在对照中的频率、meplotype在病例中的数目、meplotype在对照中的数目、χ^2统计量、*P*值、OR值、

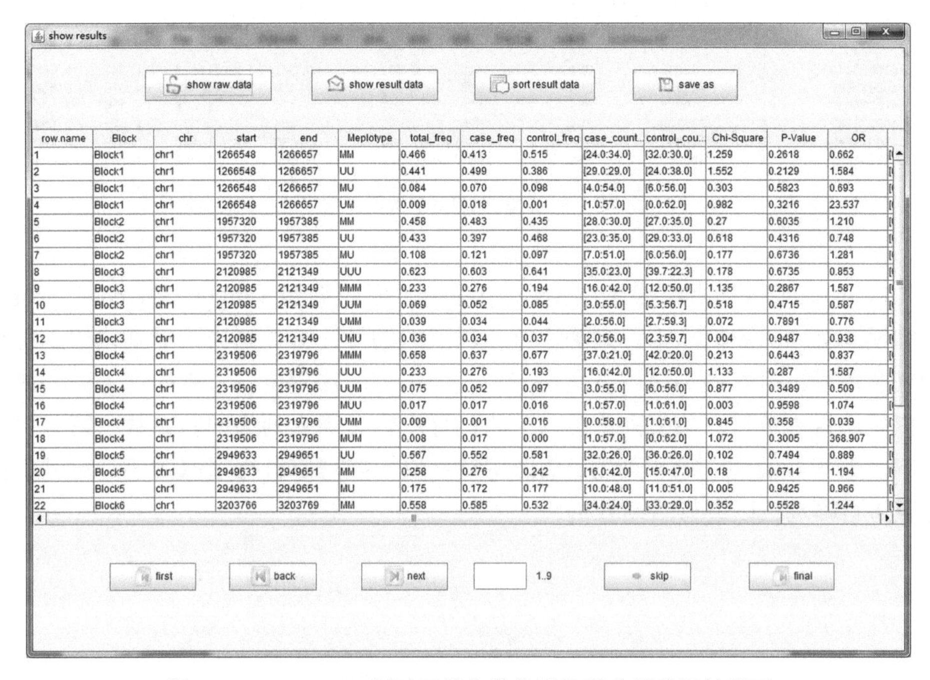

row.name	Block	chr	start	end	Meplotype	total_freq	case_freq	control_freq	case_count...	control_cou...	Chi-Square	P-Value	OR
1	Block1	chr1	1266548	1266657	MM	0.466	0.413	0.515	[24.0:34.0]	[32.0:30.0]	1.259	0.2618	0.662
2	Block1	chr1	1266548	1266657	UU	0.441	0.499	0.386	[29.0:29.0]	[24.0:38.0]	1.552	0.2129	1.584
3	Block1	chr1	1266548	1266657	MU	0.084	0.070	0.098	[4.0:54.0]	[6.0:56.0]	0.303	0.5823	0.693
4	Block1	chr1	1266548	1266657	UM	0.009	0.018	0.001	[1.0:57.0]	[0.0:62.0]	0.982	0.3216	23.537
5	Block2	chr1	1957320	1957385	MM	0.458	0.483	0.435	[28.0:30.0]	[27.0:35.0]	0.27	0.6035	1.210
6	Block2	chr1	1957320	1957385	UU	0.433	0.397	0.468	[23.0:35.0]	[29.0:33.0]	0.618	0.4316	0.748
7	Block2	chr1	1957320	1957385	MU	0.108	0.121	0.097	[7.0:51.0]	[6.0:56.0]	0.177	0.6736	1.281
8	Block3	chr1	2120985	2121349	UUU	0.623	0.603	0.641	[35.0:23.0]	[39.7:22.3]	0.178	0.6735	0.853
9	Block3	chr1	2120985	2121349	MMM	0.233	0.276	0.194	[16.0:42.0]	[12.0:50.0]	1.135	0.2867	1.587
10	Block3	chr1	2120985	2121349	UUM	0.069	0.052	0.085	[3.0:55.0]	[5.3:56.7]	0.518	0.4715	0.587
11	Block3	chr1	2120985	2121349	UMM	0.039	0.034	0.044	[2.0:56.0]	[2.7:59.3]	0.072	0.7891	0.776
12	Block3	chr1	2120985	2121349	UMU	0.036	0.034	0.037	[2.0:56.0]	[2.3:59.7]	0.004	0.9487	0.938
13	Block4	chr1	2319506	2319796	MMM	0.658	0.637	0.677	[37.0:21.0]	[42.0:20.0]	0.213	0.6443	0.837
14	Block4	chr1	2319506	2319796	UUU	0.233	0.276	0.193	[16.0:42.0]	[12.0:50.0]	1.133	0.287	1.587
15	Block4	chr1	2319506	2319796	UUM	0.075	0.052	0.097	[3.0:55.0]	[6.0:56.0]	0.877	0.3489	0.509
16	Block4	chr1	2319506	2319796	MUU	0.017	0.017	0.016	[1.0:57.0]	[1.0:61.0]	0.003	0.9598	1.074
17	Block4	chr1	2319506	2319796	UMM	0.009	0.001	0.016	[0.0:58.0]	[1.0:61.0]	0.845	0.358	0.039
18	Block4	chr1	2319506	2319796	MUM	0.008	0.017	0.000	[1.0:57.0]	[0.0:62.0]	1.072	0.3005	368.907
19	Block5	chr1	2949633	2949651	UU	0.567	0.552	0.581	[32.0:26.0]	[36.0:26.0]	0.102	0.7494	0.889
20	Block5	chr1	2949633	2949651	MM	0.258	0.276	0.242	[16.0:42.0]	[15.0:47.0]	0.18	0.6714	1.194
21	Block5	chr1	2949633	2949651	MU	0.175	0.172	0.177	[10.0:48.0]	[11.0:51.0]	0.005	0.9425	0.966
22	Block6	chr1	3203766	3203769	MM	0.558	0.585	0.532	[34.0:24.0]	[33.0:29.0]	0.352	0.5528	1.244

图5-7　EWAS-GUI展示甲基化单倍型关联分析结果的界面

95%置信区间和包含在该block中的甲基化位点。

5.3.4　EWAS功能模块——单甲基化位点关联研究

EWAS软件中提供了针对二分类表型及连续型表型的关联分析方法。

（1）针对二分类表型，如性别、病例对照等，EWAS软件可以通过*T*检验或者Logistic回归分析进行全表观组扫描，识别出与该表型显著相关的CpG位点，并给出相应的统计量、*P*值等，供后续分析。

（2）针对连续型表型，如年龄、体重等，EWAS软件可以通过线性回归、Pearson相关分析等，计算出待分析的CpG位点与该表型之间的关联强度，并筛选与该表型显著相关的甲基化位点。

EWAS软件基于甲基化表达值进行二分类表型数据的关联分析，可以通过如下命令行实现：

1）*T*检验分析：java-jar ewas.jar-t.test-input inFile-output outFile。

2）Logistics回归分析：java-jar ewas.jar-logistic-input inFile-output outFile。

其中，inFile和outFile分别表示用户指定的输入数据文件名和输出结果文件名。*T*检验的结果（图5-8）中包括*T*统计量和*P*值。

ID	chr#	position	case_size	control_size	ave_case	ave_control	Fold change	T	T_p
cg14008030	1	18827	354	335	0.503	0.523	0.963	-8.688	0.000
cg20253340	1	68849	354	335	0.581	0.572	1.016	1.743	0.082
cg08477687	1	566570	354	335	0.411	0.450	0.913	-4.074	0.000
cg16736630	1	779995	354	335	0.507	0.470	1.078	8.415	0.000
cg09139287	1	787398	354	335	0.393	0.404	0.973	-1.412	0.158
cg16619049	1	805541	354	335	0.443	0.438	1.010	0.903	0.367
cg05151709	1	846155	354	335	0.511	0.505	1.012	1.789	0.074

图5-8　EWAS 2.0 T检验结果

Logistic回归分析结果（图5-9）中提供了回归系数（regression_coefficient）、标准误（SE）及P值。第一列为甲基化位点的编号，第二列为该甲基化位点所在的染色体号，第三列为该甲基化位点在基因组上的物理位置，第四列为输入数据中提供的样本数目，第五列为参与分析的样本数，第六列为回归系数，第七列为回归系数的标准误，第八列为P值。用户可以根据需要自行选取阈值，对甲基化位点进行筛选，以进行后续分析。

ID_REF	chr	position	sampleSize	validSampleSize	coefficient	SE	Pvalue
cg00050873	1	846637	689	689	-0.070	0.238	0.769
cg00212031	1	861629	689	689	-0.594	0.355	0.095
cg00213748	1	846155	689	689	0.071	0.219	0.747
cg00214611	1	870791	689	689	-0.366	0.310	0.237
cg00455876	1	870810	689	689	-0.004	0.269	0.988
cg01707559	1	566570	689	689	-0.309	0.925	0.738
cg02004872	1	787398	689	689	0.424	1.016	0.676

图5-9　EWAS 2.0进行Logistic回归分析的结果

对于连续型表型数据，EWAS软件基于甲基化表达值进行关联分析可以通过如下命令行进行：

1）线性回归分析：java-jar ewas.jar-linear-input inFile-output outFile。

2）Pearson相关分析：java-jar ewas.jar-cor-input inFile-output outFile。

其中，inFile和outFile分别表示用户指定的输入数据文件名和输出结果文件名。

线性回归分析结果（图5-10）中包含每个位点的回归系数（regression_coefficient）、标准误（SE）和P值。第一列为甲基化位点的编号，第二列为该甲基化位点所在的染色体号，第三列为该甲基化位点在基因组上的物理位置，第四列为输入数据中提供的样本数目，第五列为参与分析的样本数，第六列为样本缺失率，第七列为回归系数，第八列为回归系数的标准误，第九列为P值。

ID_REF	chr	position	sampleSize	validSampleSize	missing_rate	regression_coefficient	SE	Pvalue
cg00000236	8	42263294	71	70	0.014	-156.483	36.111	4.96E-05
cg00000292	16	28890100	71	71	0.000	44.423	19.904	0.02887
cg00000321	8	41167802	71	68	0.042	-4.811	59.893	0.936214
cg00001099	8	87081553	71	71	0.000	87.534	27.061	0.00187
cg00001245	3	15106710	71	71	0.000	-51.554	379.616	0.892369
cg00001249	14	60389786	71	71	0.000	46.120	19.811	0.02285
cg00001269	20	48959004	71	71	0.000	35.044	14.064	0.01512

图5-10　EWAS 2.0线性回归分析结果

Pearson相关分析结果（图5-11）中会给出每个位点的Pearson相关系数、*Z*值及其标准误、*P*值。研究人员可以根据研究需要选择合适的阈值，进行显著甲基化位点的筛选。

ID_REF	chr	position	sampleSize	validSampleSize	missing_rate	corr_coef	corr_95%CI	Z	Z_95%CI	Z_SE	p-value
cg00000236	8	42263294	71	70	0.014	-0.465	[-0.631,-0.258	-0.504	[-0.743,-0.264]	0.122	0.000
cg00000292	16	28890100	71	71	0.000	0.259	[0.028,0.465]	0.266	[0.028,0.503]	0.121	0.029
cg00000321	8	41167802	71	68	0.042	-0.010	[-0.248,0.229]	-0.010	[-0.253,0.233]	0.124	0.936
cg00001099	8	87081553	71	71	0.000	0.363	[0.142,0.550]	0.380	[0.143,0.618]	0.121	0.002
cg00001245	3	15106710	71	71	0.000	-0.016	[-0.249,0.218]	-0.016	[-0.254,0.221]	0.121	0.893
cg00001249	14	60389786	71	71	0.000	0.270	[0.039,0.473]	0.277	[0.039,0.514]	0.121	0.022
cg00001269	20	48959004	71	71	0.000	0.287	[0.058,0.488]	0.296	[0.058,0.533]	0.121	0.015
cg00001349	1	166958439	71	71	0.000	0.132	[-0.105,0.354]	0.132	[-0.105,0.370]	0.121	0.275
cg00001364	1	214170376	71	71	0.000	0.198	[-0.037,0.413]	0.201	[-0.037,0.439]	0.121	0.097

图5-11　EWAS 2.0 Pearson相关分析结果

5.3.5　EWAS功能模块——多位点甲基化单倍型关联研究

复杂疾病的发病机制较为复杂，通常是多种因素共同作用的结果。EWAS可以进行多位点的甲基化单倍型关联分析，寻找与疾病相关的甲基化单倍型，尝试从甲基化连锁的角度来解读疾病与甲基化之间的关系。

如果用户已经准备好甲基化基因型数据和每个样本的表型或状态信息，按照如下流程进行甲基化单倍型关联分析：

（1）对用户输入的甲基化基因型数据，按照每个甲基化位点所在染色体及物理位置进行排序，排序的同时，删除性染色体上的甲基化位点，以备后续扫描分析。

（2）使用用户定义的滑动窗口扫描全基因组，对于任意窗口，计算窗口内任意两个甲基化位点之间的甲基化连锁不平衡系数mD'和mr^2。

（3）识别甲基化连锁不平衡块：EWAS使用Gabriel等的算法来识别甲基化连锁不平衡块，如果该区域内计算的两两甲基化连锁不平衡系数中有95%都满足强甲基化连锁不平衡，则认为该区域是一个甲基化连锁不平衡块；对于较大的块，设定一个弹性窗口，以避免在扫描过程中破坏真正的甲基化连锁不平衡块。

（4）根据极大似然估计（MLE）方法估计甲基化连锁不平衡块内的单倍型

频率。

（5）如果是病例对照数据或者二分类表型数据，还可以分别估算不同群体内的甲基化单倍型频率，并进行关联检验，识别疾病或者表型相关的甲基化单倍型（meplotype）。EWAS在进行关联检验时使用的是卡方检验，结果中会给出每种甲基化单倍型对应的风险OR值及95%置信区间，用户可以根据研究需要选择合适的阈值进行筛选，以供后续研究。

EWAS 2.0中已经将甲基化单倍型关联分析流程集成封装，用户输入甲基化基因型数据之后，只需要通过参数meplotype，即可在命令行运行，对待测数据进行甲基化单倍型关联分析。具体命令如下：

```
java-jar-ewas.jar-meplotype-input inFile-output outFile
```

运行结果中，包括识别出的甲基化连锁不平衡块、块内包含的甲基化位点、块内出现的甲基化单倍型、每种单倍型出现的频率、单倍型关联分析结果（单倍型频数表、卡方检验统计量、*P*值、OR值、95%置信区间）。具体结果如图5-12所示。

Block	chr	start	end	Meplotype	total_freq	case_freq	control_freq	case_count	control_count	Chi-Square	P-Value	OR	OR_95%CI	Methylation_markers
Block1	chr1	1266548	1266657	MM	0.466	0.413	0.515	[24.0:34.0]	[32.0:30.0]	1.259	0.262	0.662	[0.322, 1.363]	[cg24252805, cg07346648]
Block1	chr1	1266548	1266657	UU	0.441	0.499	0.386	[29.0:29.0]	[24.0:38.0]	1.552	0.213	1.584	[0.767, 3.272]	[cg24252805, cg07346648]
Block1	chr1	1266548	1266657	MU	0.084	0.070	0.098	[4.0:54.0]	[6.0:56.0]	0.303	0.582	0.693	[0.186, 2.577]	[cg24252805, cg07346648]
Block1	chr1	1266548	1266657	UM	0.009	0.018	0.001	[1.0:57.0]	[0.0:62.0]	0.982	0.322	23.537	[0.003, 2.21E5]	[cg24252805, cg07346648]
Block2	chr1	1957320	1957385	MM	0.458	0.483	0.435	[28.0:30.0]	[27.0:35.0]	0.270	0.604	1.21	[0.589, 2.484]	[cg23288755, cg24105782]
Block2	chr1	1957320	1957385	UU	0.433	0.397	0.468	[23.0:35.0]	[29.0:33.0]	0.618	0.432	0.748	[0.362, 1.544]	[cg23288755, cg24105782]
Block2	chr1	1957320	1957385	MU	0.108	0.121	0.097	[7.0:51.0]	[6.0:56.0]	0.177	0.674	1.281	[0.404, 4.064]	[cg23288755, cg24105782]
Block3	chr1	2120985	2121349	UUU	0.623	0.603	0.641	[35.0:23.0]	[39.7:22.3]	0.178	0.674	0.853	[0.408, 1.786]	[cg20300514, cg26227225, cg05337761]
Block3	chr1	2120985	2121349	MMM	0.233	0.276	0.194	[16.0:42.0]	[12.0:50.0]	1.135	0.287	1.587	[0.676, 3.727]	[cg20300514, cg26227225, cg05337761]
Block3	chr1	2120985	2121349	UUM	0.069	0.052	0.085	[3.0:55.0]	[5.3:56.7]	0.518	0.472	0.587	[0.136, 2.540]	[cg20300514, cg26227225, cg05337761]
Block3	chr1	2120985	2121349	UMM	0.039	0.034	0.044	[2.0:56.0]	[2.7:59.3]	0.072	0.789	0.776	[0.121, 4.991]	[cg20300514, cg26227225, cg05337761]
Block3	chr1	2120985	2121349	UMU	0.036	0.034	0.037	[2.0:56.0]	[2.3:59.7]	0.004	0.949	0.938	[0.136, 6.498]	[cg20300514, cg26227225, cg05337761]
Block4	chr1	2319506	2319796	MMM	0.658	0.637	0.677	[37.0:21.0]	[42.0:20.0]	0.213	0.644	0.837	[0.393, 1.781]	[cg11676291, cg26542461, cg04292672]
Block4	chr1	2319506	2319796	UUU	0.233	0.276	0.193	[16.0:42.0]	[12.0:50.0]	1.133	0.287	1.587	[0.676, 3.726]	[cg11676291, cg26542461, cg04292672]
Block4	chr1	2319506	2319796	UUM	0.075	0.052	0.097	[3.0:55.0]	[6.0:56.0]	0.877	0.349	0.509	[0.121, 2.138]	[cg11676291, cg26542461, cg04292672]
Block4	chr1	2319506	2319796	MUU	0.017	0.017	0.016	[1.0:57.0]	[1.0:61.0]	0.003	0.960	1.074	[0.066, 17.424]	[cg11676291, cg26542461, cg04292672]
Block5	chr1	2949633	2949651	UU	0.567	0.552	0.581	[32.0:26.0]	[36.0:26.0]	0.102	0.749	0.889	[0.432, 1.831]	[cg06201717, cg19825898]
Block5	chr1	2949633	2949651	MM	0.258	0.276	0.242	[16.0:42.0]	[15.0:47.0]	0.180	0.671	1.194	[0.527, 2.705]	[cg06201717, cg19825898]
Block5	chr1	2949633	2949651	MU	0.175	0.172	0.177	[10.0:48.0]	[11.0:51.0]	0.005	0.943	0.966	[0.376, 2.479]	[cg06201717, cg19825898]
Block6	chr1	3203766	3203769	MM	0.558	0.585	0.532	[34.0:24.0]	[33.0:29.0]	0.352	0.553	1.244	[0.604, 2.562]	[cg05098425, cg02295527]
Block6	chr1	3203766	3203769	UU	0.374	0.396	0.354	[23.0:35.0]	[22.0:40.0]	0.222	0.638	1.194	[0.570, 2.504]	[cg05098425, cg02295527]

图5-12　甲基化单倍型关联分析结果

用户可以根据OR值、*P*值等筛选出与疾病或者表型显著相关的甲基化单倍型，进行后续深入研究。对于基础科研工作者，EWAS-GUI同样可以进行如上分析，只需要点击“meplotype”按钮，导入甲基化基因型数据，点击“运行”，既可以进行甲基化单倍型关联分析，还可以在结果页面进行筛选、排序、保存等操作。

如果用户没有样本状态信息，无法进行关联分析，也可以只进行甲基化连锁不平衡相关的分析。

（1）计算任意两个甲基化位点之间的连锁不平衡系数mD'和mr^2。对于用户输入的一串甲基化位点，EWAS软件可以通过如下命令计算这些位点两两之间的甲基化连锁不平衡系数，具体命令如下：

```
java-jar ewas.jar-MD-input example_md.txt
```

结果见表5-3。

表5-3　mD'和mr^2结果列表格式

ID1	ID2	D_prime	r_square
cg00009523	cg00883689	0.29	0.05
cg00009523	cg01017244	0.33	0.05
cg00009523	cg20146241	1.00	0.05
cg00009523	cg18128887	1.00	0.18
cg00009523	cg01727431	0.44	0.13
cg00883689	cg01017244	1.00	0.25

注：第一、二列表示两个甲基化位点，第三、四列表示这两个甲基化位点之间的mD'和mr^2。

EWAS软件默认的结果输出形式是列表，如果用户想要矩阵形式的结果，可以通过参数gMDFormat进行调整，具体命令如下：

java-jar ewas.jar-MD-input example_md.txt-MDFormat matrix

结果见表5-4和表5-5。

表5-4　mD'结果矩阵格式

ID	cg14008030	cg21870274	cg03130891	cg24335620	cg17866181
cg14008030	—	1	1	0.598	0.003
cg21870274	1	—	0.243	1	0.081
cg03130891	1	0.243	—	1	0.081
cg24335620	0.598	1	1	—	0.104
cg17866181	0.003	0.081	0.081	0.104	—

注：矩阵的第一行和第一列是DNA甲基化位点，矩阵中的数据为两个甲基化位点之间的连锁不平衡系数mD'。

（2）根据用户输入的一串甲基化位点，识别甲基化连锁不平衡块，该过程不需要用户给出样本的标签、状态信息。EWAS可以通过block参数来实现甲基化连锁不平衡块的识别工作，具体命令如下：

java-jar ewas.jar-block-input inFile-output outFile

表5-5　mr^2结果矩阵格式

ID	cg14008030	cg21870274	cg03130891	cg24335620	cg17866181
cg14008030	—	0.024	0.024	0.206	0
cg21870274	0.024	—	0.059	0.042	0.005
cg03130891	0.024	0.059	—	0.042	0.005
cg24335620	0.206	0.042	0.042	—	0.003
cg17866181	0	0.005	0.005	0.003	—

注：矩阵的第一行和第一列是DNA甲基化位点，矩阵中的数据为两个甲基化位点之间的连锁不平衡系数mr^2。

结果中包含识别到的甲基化连锁不平衡块、块内的甲基化单倍型、块内包含的甲基化位点，详细结果见表5-6。

同样，也可以使用EWAS-GUI，通过点击首页“block”功能按钮，导入甲基化基因型数据实现甲基化连锁不平衡块的识别。

表5-6　识别甲基化连锁不平衡块结果

连锁不平衡块	染色体	起始位置	终止位置	甲基化单倍型	频率	甲基化位点
Block2	chr1	1957320	1957385	MM	0.458	[cg23288755, cg24105782]
Block2	chr1	1957320	1957385	UU	0.433	[cg23288755, cg24105782]
Block2	chr1	1957320	1957385	MU	0.108	[cg23288755, cg24105782]
Block3	chr1	2120985	2121349	UUU	0.623	[cg20300514, cg26227225, cg05337761]
Block3	chr1	2120985	2121349	MMM	0.233	[cg20300514, cg26227225, cg05337761]
Block3	chr1	2120985	2121349	UUM	0.069	[cg20300514, cg26227225, cg05337761]
Block3	chr1	2120985	2121349	UMM	0.039	[cg20300514, cg26227225, cg05337761]
Block3	chr1	2120985	2121349	UMU	0.036	[cg20300514, cg26227225, cg05337761]
Block13	chr1	19600719	19600730	UM	0.142	[cg12798157, cg11376198]
Block14	chr1	19971790	19971792	UU	0.775	[cg18923740, cg00755546]
Block14	chr1	19971790	19971792	MM	0.15	[cg18923740, cg00755546]
Block14	chr1	19971790	19971792	MU	0.075	[cg18923740, cg00755546]

注：第一列为甲基化连锁不平衡块的名称，第二列为块所在的染色体，第三列为块的起始位置，第四列为块的终止位置，第五列为块的甲基化单倍型，第六列为甲基化单倍型频率，第七列为块内的甲基化位点。

5.3.6 EWAS功能模块——全表观组范围内的meta分析

随着近年来甲基化芯片技术不断发展，越来越多的表观基因组关联研究得到开展，为了保证疾病相关甲基化位点的可靠性，对不同结果进行整合显得尤为重要。为了满足这一需求，EWAS软件中加入了全表观组范围内meta分析模块，只需要用户输入不同研究得到的效应量（如*T*统计量、线性回归系数、卡方检验值等）及其标准误，即可以进行meta分析，得到每个位点的合并效应量及其*P*值，具体输入数据格式见表5-7。

表5-7　meta分析输入数据格式

ID_REF	染色体	位置	数据1效应量	数据1标准误	数据2效应量	数据2标准误
cg00000029	chr16	53468112	−0.986 97	0.164 399	−0.029 19	0.121 268
cg00000108	chr3	37459206	0.110 523	0.164 399	−0.038 38	0.121 268
cg00000109	chr3	171916037	−0.148 64	0.164 399	0.109 241	0.122 169
cg00000165	chr1	91194674	0.324 34	0.164 399	0.131 392	0.121 268
cg00000236	chr8	42263294	−0.856 66	0.164 399	−0.505 17	0.121 268
cg00000289	chr14	69341139	−0.631 83	0.164 399	0.056 718	0.121 268
cg00000292	chr16	28890100	−0.736 05	0.164 399	0.256 767	0.121 268
cg00000321	chr8	41167802	0.072 087	0.166 667	−0.003 98	0.124 035

注：第一、二、三列分别表示甲基化位点号、所在染色体号、基因组上的物理位置，从第四列开始，每两列为一个研究的输入数据，前一列为效应量，后一列为对应的标准误。

根据用户输入的不同研究的效应量和标准误数据，EWAS可以快速进行全扫描，计算*Q*统计量和I^2，并以此来衡量不同研究结果间的异质性，随后选择固定效应模型或者随机效应模型来计算每个甲基化位点的合并效应量*T*值、*Z*值及其标准误，以及最终的*P*值。

在EWAS软件中，可以通过meta参数来实现全表观组范围内的meta分析，具体命令如下：

java-jar ewas.jar-meta-input inFile-output outFile

分析结果如表5-8所示。

结果中，*Q*、*Q*_*P*value分别表示*Q*统计量及其*P*值，I^2可以用来衡量不同研究之间的异质性，研究人员可以根据*Q*、*Q*_*P*value和I^2来选择后续进行分析的模型，如果异质性较高，则选择随机效应模型；异质性较低，则选择固定效应模型。*T*_

表 5-8　meta 分析结果

ID_REF	chr	position	Q	Q_Pvalue	I^2	T_fixed	T_fixed_95%CI	S_fixed	Z_fixed	Z_fixed Pvalue	T_random	T_random 95%CI	S_random	Z_random	Z_random _Pvalue
cg00000029	16	53468112	508.4724	2.76e-12	74.43%	−0.147 13	[−0.161, −0.134]	0.0069	−21.3769	0.0000	−0.1200	[−0.151,−0.089]	0.0160	−7.5084	0.0000
cg00000108	3	37459206	245.3955	2.91e-09	47.43%	−0.013 23	[−0.027, 0.000]	0.0069	−1.9068	0.056 538	−0.0125	[−0.035, 0.010]	0.0116	−1.0772	0.2814
cg00000109	3	171916037	265.7257	1.54e-11	51.45%	−0.010 83	[−0.024, 0.003]	0.0069	−1.5703	0.116 335	−0.0056	[−0.029, 0.018]	0.0119	−0.4680	0.6398
cg00000165	1	91194674	259.7102	1.12e-10	49.94%	0.094 935	[0.081, 0.108]	0.0069	13.7923	0.0000	0.0892	[0.066, 0.112]	0.0117	7.5926	0.0000
cg00000236	8	42263294	367.9414	1.00e-14	64.40%	−0.008 89	[−0.022, 0.005]	0.0069	−1.2924	0.196 201	−0.0242	[−0.051, 0.003]	0.0138	−1.7576	0.0788
cg00000289	14	69341139	303.7024	1.00e-14	57.19%	−0.058 2	[−0.072, −0.045]	0.0069	−8.4551	0.0000	−0.0504	[−0.075, 0.026]	0.0127	−3.9736	0.0001
cg00000292	16	28890100	452.4907	1.00e-14	72.60%	−0.068 29	[−0.082, −0.054]	0.0071	−9.5922	0.0000	−0.0589	[−0.091, 0.027]	0.0161	−3.6507	0.0003

注：第一、二、三列表示甲基化位点号、所在染色体号、基因组上的物理位置，第四列为Q检验统计量，第五列为Q检验P值，第六列为I^2值，第七列至第十一列分别为固定效应模型的合并效应统计量、95%置信区间、标准误、Z检验统计量、Z检验P值，第十二列至第十六列分别为随机效应模型的合并效应统计量、95%置信区间、标准误、Z检验统计量、Z检验P值。

fixed、T_fixed_95%CI、S_fixed、Z_fixed、Z_fixed_Pvalue为固定效应模型计算出来的合并效应量、合并效应量对应的95%置信区间、标准误、Z值及其P值；T_random、T_random_95%CI、S_random、Z_random、Z_random_Pvalue为随机效应模型计算出来的合并效应量、合并效应量对应的95%置信区间、标准误、Z值及其P值。研究人员可以根据研究需要，选择Z_fixed_Pvalue或者Z_random_Pvalue来筛选显著相关的甲基化位点。

除了命令行以外，也可以选择使用EWAS-GUI中的“meta”按钮来进行全表观组范围内的meta分析，结果可以自行保存到本地，以便于进行后续分析。

5.3.7　EWAS功能模块——甲基化交互作用分析

复杂疾病或者表型往往不是由单一位点的变化引起的，它们的发生往往与多个位点、多种因素相关，所以，研究人员需要从多位点交互作用的角度来对复杂疾病或者性状进行解读。因此，EWAS便引入了甲基化交互作用分析模块，为研究人员提供便利。

目前，EWAS进行甲基化交互作用主要是基于甲基化表达谱数据，即甲基化表达值（β值）数据。通过计算两个甲基化位点对之间的Pearson相关系数来衡量位点对之间的交互作用，具体计算公式如下：

$$\mathrm{PCC}(i,j)=\frac{1}{n-1}\sum_{i=1}^{n}\left(\frac{b_{i,k}-\overline{b}}{S_i}\right)\left(\frac{b_{j,k}-\overline{b_j}}{S_j}\right) \tag{5-13}$$

其中，PCC（i，j）表示位点i和位点j之间的Pearson相关系数，n是参与计算的样本数，$b_{i,k}$表示第k个样本的位点i的甲基化表达值，$b_{j,k}$表示第k个样本的位点j的甲基化表达值，$\overline{b}_i$、$\overline{b}_j$分别表示位点i、位点j在所有参与计算的n个样本中的甲基化表达值的平均值，S_i、S_j分别表示位点i、位点j在所有参与计算的n个样本中的甲基化表达值的标准差。

PCC的取值范围是［-1，1］。如果PCC（i，j）＞0，则表示位点i和位点j之间是正相关的关系，它们趋向于同时甲基化或者非甲基化；如果PCC（i,j）＜0，则表示位点i和位点j之间是负相关的关系，它们中有一个甲基化时，另一个趋向于非甲基化。PCC的绝对值越大，相关性越强。

如果用户输入一串甲基化位点，EWAS软件可以通过参数-interaction来计算任意两个甲基化位点之间的交互作用，具体命令如下：

```
java-jar ewas.jar-interaction-input inFile-output outFile
```

结果见表5-9。

用户可以根据研究需要设定阈值，筛选强相关的甲基化互作关系，做进

表5-9　甲基化交互作用分析结果

ID_REF1	ID_REF2	PCC
cg00000029	cg00000108	0.067
cg00000029	cg00000109	0.068
cg00000029	cg00000165	0.26
cg00000029	cg00000236	0.398
cg00000029	cg00000289	0.159
cg00000029	cg00000292	0.108
cg00000029	cg00000321	0.072
cg00000029	cg00000363	0.085

注：第一、二列表示甲基化位点号，第三列为两个甲基化位点的Pearson相关系数。

一步分析。同样，用户还可以使用EWAS-GUI，在软件界面上，点击按钮“interaction”，即可完成交互作用分析。结果还可以本地保存，以供后续研究。

5.3.8　EWAS功能模块——mQTL分析

复杂疾病往往是遗传与表观遗传因素共同作用的结果，而其中表观遗传很大程度上会受到遗传因素的影响，如SNP基因型会影响上游CpG甲基化程度，从而对表型或者疾病发生造成影响。为了探索遗传与表观遗传调控关系在疾病和表型中扮演的角色，EWAS软件中引入了甲基化与SNP调控关系分析模块，即识别mQTL的模块。

利用EWAS软件进行mQTL分析，需要用到甲基化表达值数据、SNP基因型数据。SNP基因型数据见表5-10。

表5-10　SNP基因型数据

rs#	GSM1	GSM2	GSM3	GSM4
rs12400029	AA	AT	AA	AA
rs00000029	AT	TT	TT	TT
rs03456701	CG	CC	GG	GG
rs01293453	TT	AA	AT	AT
rs09371689	AA	AT	AT	AT

注：第一列为SNP的rs号，第二列至最后一列为样本的SNP基因型。

需要注意的是，分析时输入的甲基化数据和SNP数据的样本应该是一一对应的，必须是相同样本的甲基化表达水平数据和SNP基因型数据。

EWAS软件针对用户给定的一组甲基化位点（可以是感兴趣的甲基化位点或者某个基因附近的甲基化位点等）和候选SNP，依次对每个甲基化位点和SNP进行线性回归分析，搜寻与该组甲基化位点表达水平显著相关的SNP位点集合。具体操作如下：①将SNP当作自变量x，首先计算出最小等位基因频率，并将其对应的等位纯合子编号为2，将杂合子编号为1，非最小等位基因频率对应的等位纯合子编号为0；②将甲基化表达水平作为因变量y；③对自变量和因变量进行一元线性回归分析，计算出回归系数、标准误及P值；④根据研究需要选择阈值（默认为0.01），筛选出P值小于阈值的SNP位点作为mQTL，并进一步分析甲基化与SNP的调控关系。按照相关SNP与甲基化位点的位置远近，将它们分为顺式mQTL（cis-，距离甲基化位点500kb范围内）和反式mQTL（trans-，距离甲基化位点500kb范围以外或不同的染色体上）。

针对用户输入的甲基化表达谱数据和SNP基因型数据，EWAS可以通过参数mQTL来扫描甲基化数量性状位点mQTL，具体操作如下：

```
java-jar ewas.jar-mQTL-input inFile-output outFile
```

分析结果见表5-11。

表5-11　mQTL分析结果

cg	rs	回归系数	标准误	P值
cg00000109	rs654498	1.546 406	0.570 397	0.006 874
cg00000109	rs1941955	−1.587 403	0.554 555	0.004 331
cg00000109	rs7660805	−1.819 839	0.577 024	0.001 682
cg00000165	rs6982811	2.247 653	0.659 134	0.000 688
cg00000292	rs10846239	2.602 939	0.924 700	0.005 019
cg00000292	rs10774834	3.507 022	1.154 815	0.002 481
cg00000321	rs877309	−1.611 243	0.499 365	0.001 312

注：第一列为DNA甲基化位点号，第二列为SNP的rs号，第三列至第六列分别为DNA甲基化位点与SNP进行一元线性回归的回归系数、标准误及P值。

mQTL分析也可以通过点击EWAS-GUI软件界面中的“mQTL”按钮来实现，操作更加简单快捷。

5.3.9　EWAS软件应用——类风湿关节炎表观组单倍型关联研究

作为表观遗传关联研究软件EWAS的一个应用，以类风湿关节炎（rheumatoid arthritis，RA）为例进行类风湿关节炎表观组单倍型关联研究，尝试从甲基化表达、甲基化状态及连锁不平衡的角度对类风湿关节炎发生发展过程中甲基化的变化模式进行解读，以期为类风湿关节炎研究工作提供新的思路。

（1）类风湿关节炎数据集及预处理：在此，笔者团队主要从GEO数据库下载了类风湿关节炎450K芯片数据（GSE42861），共包括689个样本，其中类风湿关节炎样本354个，正常样本335个，数据集中共包含485 577个甲基化位点。SNP数据是该数据集中内嵌的65个SNP数据。此外，为了对甲基化位点进行注释，还从GEO数据库中下载了GPL13534平台的450K甲基化芯片注释数据，版本为37。

从GEO数据库中直接获取的甲基化表达谱矩阵数据已经是甲基化表达值。所以，首先将数据中的头行都去除，只留下疾病状态信息，并整理为0、1、2的形式，其中正常样本编号为1，类风湿关节炎样本编号为2，缺失信息编号为0。其次，去除性染色体上的甲基化位点，去除内置的65个SNP数据。最后保留470 870个常染色体上的甲基化位点。每条染色体上甲基化位点数目如表5-12所示：

表5-12　染色体上甲基化位点分布情况

染色体	数目	染色体	数目	染色体	数目	染色体	数目
1	46 567	7	29 844	13	12 175	19	25 449
2	34 501	8	20 787	14	14 987	20	10 302
3	24 996	9	9736	15	15 146	21	4205
4	20 276	10	24 212	16	21 876	22	8502
5	24 168	11	28 654	17	27 775		
6	36 438	12	24 385	18	5889		

注：每两列分别为染色体及其上的甲基化位点数目。

由于连锁分析需要考虑位点之间的距离，而且是在相同染色体之间进行的，所以需要对每个甲基化位点进行基因组注释，添加染色体和基因组上物理位置信息（表5-13）。随后，利用EWAS软件将甲基化表达值转为甲基化基因型，以进行后续的甲基化连锁分析。在此，选用EWAS软件的默认阈值（0.3，0.7）对甲基化表达值进行转换，即表达值小于0.3的转换为基因型UU；表达值介于0.3和0.7之间的，转换为基因型MU；表达值大于0.7的，转换为基因型MM。

最后，在识别甲基化连锁不平衡块之前，需要根据最小等位基因频率（MAF）和Hardy-Weinberg平衡检验对甲基化位点进行筛选。首先计算每个位点的MAF，将MAF＜0.01的343 898个甲基化位点删除，然后对剩下的甲基化位点进行Hardy-Weinberg平衡检验，将84 626个不满足Hardy-Weinberg平衡检验的甲基化位点删除，最终保留42 346个甲基化位点。

表5-13　22条常染色体上甲基化位点分布情况

染色体	数目	染色体	数目
1	4107	12	2151
2	3154	13	1195
3	2297	14	1299
4	1900	15	1436
5	2430	16	1779
6	3345	17	2253
7	2871	18	503
8	2065	19	1950
9	879	20	876
10	2336	21	386
11	2502	22	632

注：每两列分别为染色体及其上的甲基化位点数。

（2）单位点甲基化关联检验：因为类风湿关节炎是一个二分类表型，所以先选用*T*检验对甲基化表达和类风湿关节炎之间的关联进行分析，利用EWAS软件对470 870个甲基化位点进行全扫描，计算它们的*T*统计量和*P*值。

采用Bonferroni多重检验校正的方法来降低假阳性率，并最终选择阈值1.06e-07＝0.05/470 870来筛选与类风湿关节炎显著相关的甲基化位点。在$P<1.06\text{e-}07$的显著性水平下，最终筛选出108 375个显著相关的甲基化位点，具体见表5-14。可以看出，1号染色体上显著位点最多（11 397个），2号染色体次之

表5-14　22条染色体上显著位点分布情况

染色体	数目（*T*）	数目（Logistic）	染色体	数目（*T*）	数目（Logistic）
1	11 397	10 752	12	5 275	4 950
2	8 206	7 762	13	2 642	2 490
3	6 108	5 756	14	3 494	3 293
4	4 636	4 390	15	3 448	3 246
5	5 380	5 097	16	4 856	4 572
6	7 970	7 457	17	6 660	6 336
7	6 608	6 214	18	1 349	1 264
8	4 876	4 593	19	5 119	4 816
9	2 246	2 116	20	2 382	2 259
10	5 584	5 245	21	975	924
11	7 155	6 771	22	2 009	1 890

注：每三列分别为染色体号、该染色体上经过*T*检验筛选得到的显著甲基化位点数、该染色体上经过Logistic回归筛选得到的显著甲基化位点数。

（8206个），最少的是21号染色体，只有975个显著位点。6号染色体上显著位点也比较多，有7970个。具体的位点筛选情况如图5-13所示。

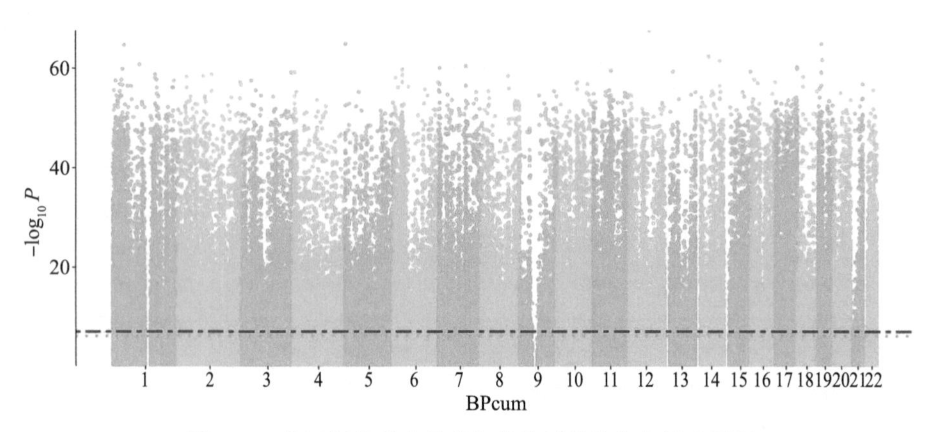

图5-13　类风湿关节炎显著相关的甲基化位点曼哈顿图

此外，还选用Logistic回归进行了关联分析，在同样的阈值下，共筛选出102 193个显著相关的甲基化位点。其中，有101 639个甲基化位点，既在*T*检验中显著，又在Logistic回归分析中显著，占比为99.46%。

对于转换好的甲基化基因型数据，首先利用EWAS软件对这22条染色体上的所有甲基化位点（42 346个）进行总体描述分析，计算每个位点在类风湿关节炎样本和正常样本中的甲基化基因型频率、等位基因频率等，并采用卡方检验进行等位基因关联检验，识别类风湿关节炎相关的甲基化位点。SMP等位基因关联检验结果中给出了每个位点的卡方统计量、*P*值、OR值、95%置信区间。采用Bonferroni多重检验校正的方法来降低假阳性率，并最终选择阈值1.18e-06＝0.05/42 346，来筛选与类风湿关节炎显著相关的甲基化位点。在$P＜1.18e\text{-}06$的显著性水平下，最终筛选出3584个与类风湿关节炎显著相关的甲基化位点。其中，1号染色体中显著位点最多，有422个；6号染色体次之，303个；18号染色体最少，只有24个。表5-15中展示了显著性最强的前10个甲基化位点的具体信息。这10个甲基化位点分别分布在基因*PRDM8*、*HIPK2*、*USP36*、*SEC1*、*RAB27A*、*CHN2*、*FAM63A*、*PNPLA2*、*CAMK2G*、*C10orf55*、*PLAU*上。

表5-15　显著性最强的前10个甲基化位点

ID_REF	染色体	位置	卡方检验统计量	卡方检验*P*值	基因名称
cg04858148	4	81117016	64.7407	1.11e-16	*PRDM8*
cg19246654	7	139320460	67.0472	1.11e-16	*HIPK2*
cg23898320	17	76818733	64.6912	1.11e-16	*USP36*
cg27262821	19	49184628	68.8787	1.11e-16	*SEC1*
cg04072771	15	55574912	68.1013	2.22e-16	*RAB27A*
cg15030712	7	29304984	68.1669	2.22e-16	*CHN2*
cg21937128	1	150971889	66.4827	2.22e-16	*FAM63A*
cg22016649	11	818917	67.6406	2.22e-16	*PNPLA2*
cg25252561	10	75610927	69.1962	2.22e-16	*CAMK2G*
cg04084348	10	75677011	65.2041	3.33e-16	*C10orf55*，*PLAU*

注：第一列至第三列为DNA甲基化位点、所在的染色体号、物理位置，第四列至第五列为卡方检验统计量和*P*值，第六列为DNA甲基化位点所在的基因。

（3）多位点甲基化交互作用分析：为了探索不同甲基化位点之间交互作用对类风湿关节炎的影响，在该研究中，根据*T*检验和Logistic回归共同筛选出来的甲基化位点，分别计算类风湿关节炎群体和正常群体中任意两个甲基化位点之间的Pearson相关系数，并比较甲基化交互作用在类风湿关节炎样本和正常样本中的差别。

一共选择了101 639个甲基化位点，计算了5 165 192 341对甲基化位点的相关系数，其中前10个强显著的甲基化位点相关系数具体见图5-14。

随后，选择PCC绝对值大于0.9作为阈值，在类风湿关节炎样本中提取出469 649个甲基化位点对，在正常样本中提取出111 378个甲基化位点对，一共涉及2946个甲基化位点。其中，类风湿关节炎中筛选出来的强互作关系对中，有467 509对正相关，有2140对负相关，占比分别为99.54%和0.46%，在正常样本中筛选出来的强互作关系对中，有111 319对（占比99.95%）正相关，只有59对（0.05%）负相关。在类风湿关节炎样本和正常样本中都强互作的有87 181对甲基化位点，在这些甲基化互作关系对中，互作关系在类风湿关节炎样本和正常样本中都是相同的（相关系数为93.56%，$P<2.2e\text{-}16$）。其中，有87 153对甲基化位点是正相关的，有28对是负相关的，其中前10对强负相关甲基化位点对见表5-16，前10对强正相关甲基化位点对见表5-17。

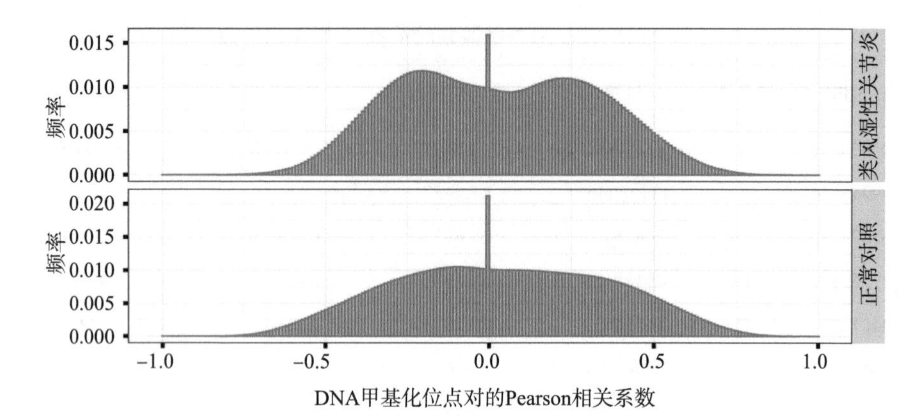

图5-14　显著性最强的前10个甲基化位点

表5-16　前10对强负相关甲基化位点对

cg1	cg2	PCC_RA	PCC_Normal
cg04520396	cg08052428	−0.9301	−0.9191
cg00026033	cg17756730	−0.9275	−0.9152
cg00026033	cg06987246	−0.9258	−0.9167
cg11893955	cg18447740	−0.9241	−0.9012
cg25837350	cg22870994	−0.9229	−0.9098
cg15065069	cg14313398	−0.9223	−0.9295
cg04520396	cg16925090	−0.9207	−0.9102
cg04520396	cg09379601	−0.9201	−0.9078
cg04520396	cg01092528	−0.9196	−0.9012
cg06513149	cg22870994	−0.9175	−0.9008

注：第一列至第二列为DNA甲基化位点，第三列至第四列分别为类风湿关节炎和正常样本中两个甲基化位点的Pearson相关系数。

表5-17　前10对强正相关甲基化位点对

cg1	cg2	PCC_RA	PCC_Normal
cg18052547	cg25372449	0.9857	0.9835
cg19739596	cg26981076	0.9711	0.9664
cg04688450	cg25372449	0.9705	0.9646
cg00500359	cg15964132	0.9682	0.9488
cg04425551	cg11327408	0.9681	0.9525
cg16651347	cg15015109	0.9680	0.9513

续表

cg1	cg2	PCC_RA	PCC_Normal
cg06032479	cg10765922	0.9674	0.9780
cg12204732	cg25984344	0.9670	0.9692
cg08425760	cg05436845	0.9664	0.9446
cg24035447	cg27250236	0.9664	0.9685

注：第一列至第二列为DNA甲基化位点，第三列至第四列分别为类风湿关节炎和正常样本中两个甲基化位点的Pearson相关系数。

（4）识别甲基化连锁不平衡块：利用EWAS软件分别扫描22条染色体上的所有甲基化位点，共识别出451个甲基化连锁不平衡块（表5-18）。对于识别出来的这451个甲基化连锁不平衡块，利用EWAS 2.0软件识别其中的单倍型，共计1983个，22条染色体上甲基化单倍型的详细分布情况见表5-18。其中，甲基化连锁不平衡块数目最多的是6号染色体，最少的是9号染色体，分别有72个和4个。并且，14号染色体上的甲基化连锁不平衡块平均长度最长，为3354bp，22号染色体上甲基化连锁不平衡块的平均长度最短，为110bp。

表5-18　22条染色体上甲基化不平衡块信息

染色体	甲基化连锁不平衡块数目	块的平均长度[min, max]	块内平均位点数[min, max]	涉及的平均基因数[min, max]
1	38	1508[4, 17 280]	3[2, 7]	1[0, 2]
2	23	798[10, 7773]	2[2, 5]	1[0, 2]
3	10	250[11, 784]	2[2, 3]	1[0, 1]
4	24	1070[5, 11 770]	2[2, 4]	1[0, 1]
5	16	1721[4, 12 098]	3[2, 8]	1[0, 2]
6	72	1407[2, 27 532]	3[2, 19]	1[0, 2]
7	43	1292[4, 22 616]	2[2, 10]	1[0, 2]
8	24	1839[4, 17 909]	2[2, 5]	1[0, 1]
9	4	720[133, 1281]	2[2, 2]	1[0, 1]
10	25	2160[2, 15 451]	3[2, 7]	1[0, 1]
11	20	863[5, 13 407]	3[2, 7]	1[0, 2]
12	22	638[2, 3702]	3[2, 8]	1[0, 2]
13	13	1714[20, 10 370]	2[2, 5]	1[0, 1]
14	9	3354[52, 16 649]	3[2, 6]	1[0, 3]
15	14	597[15, 3387]	3[2, 5]	1[0, 2]

续表

染色体	甲基化连锁不平衡块数目	块的平均长度[min, max]	块内平均位点数[min, max]	涉及的平均基因数[min, max]
16	16	827[61, 9903]	2[2, 3]	1[0, 2]
17	19	217[15, 878]	3[2, 6]	1[0, 1]
18	7	442[7, 1448]	3[2, 4]	1[1, 2]
19	28	995[3, 10 134]	2[2, 5]	1[0, 2]
20	12	1501[2, 16 182]	2[2, 3]	1[0, 2]
21	7	347[86, 977]	2[2, 4]	1[0, 1]
22	5	110[7, 290]	2[2, 2]	1[0, 2]

注：第一列为染色体号，第二列为甲基化不平衡块数，第三列为连锁不平衡块的平均长度（单位为bp），第四列为块内甲基化位点数目的平均数，第五列为甲基化块涉及的基因数目的平均数。

在这些甲基化连锁不平衡块中，最短的只有2bp，也就是只有两个甲基化位点，这样的块一共有7个，分别是由cg17099072和cg10234998、cg07017114和cg25590181、cg23319477和cg23625628、cg09393254和cg26466587、cg03161190和cg17894755、cg20704159和cg01119407、cg07871947和cg11301556组成的甲基化连锁不平衡块，这些甲基化位点位于*GABBR1*、*HLA-H*、*TAPBP*、*RGL2*、*MCHR2*、*C10orf26*、*RPH3A*、*SLC12A5*这几个基因上；最长的块有27 532bp，这样的块有1个，位于6号染色体的29 635 507 ～ 29 663 039bp，包含的甲基化位点有cg04627110、cg00359010、cg26021304、cg25978138、cg10648573、cg22494932、cg25699073、cg07134666、cg06032337、cg20228636、cg11383134、cg03198009、cg03449857、cg15570656、cg02157626、cg08041448、cg24100841、cg19636627、cg06458771，块内一共包含52个甲基化单倍型。其中，前两个甲基化位点cg04627110、cg00359010坐落在基因*MOG*上，第三个甲基化位点cg26021304坐落于基因*ZFP57*上，其余的甲基化位点均映射在已知基因上。

从块内的甲基化位点数目来看，这些甲基化连锁不平衡块中，最小的块只包含2个甲基化位点，这样的块一共有327个，占所有块的72.51%。另外，找出来的块中，包含的甲基化位点数目分别为3、4、5、6、7、8、10、15、19个，对应的块的数目为76、20、12、4、5、1、1、1个。包含超过10个甲基化位点的块只有3个，其中最大的两个块都位于6号染色体上，其中一个包含19个甲基化位点，也就是上文所说的最长的块，部分位点在*MOG*和*ZFP57*基因上。比它小一点的块包含15个甲基化位点，也位于6号染色体上，在染色体上的30 039 130 ～ 30 040 291bp，块内一共有28种甲基化单倍型，包含的甲基化位点为cg08491487、cg23712018、cg00947782、cg18930910、cg03343571、cg13185413、 cg06249604、cg20249327、cg15877520、cg07382347、cg13401893、cg12633154、cg10930308、cg07179033、cg03570263，这15个位点都位于基因*RNF39*上。还有一个块包含10个甲基化位点，位于7号染色体上，块内有22种甲基化单倍型，块中包含的甲基化位点是cg14058329、cg13512268、cg23454797、cg08070327、cg14658493、cg09880291、cg20817131、cg14013695、cg09343092、cg24040595，这些位点都位于基因*HOXA5*和*HOXA6*上。

从块内甲基化位点所在基因区域来看，有113个甲基化连锁不平衡块中的甲基化位点没有在已知基因区域上。此外，大多数甲基化位点都在同一个基因座上，一共有314个，占比69.62%；有23个甲基化连锁不平衡块中的甲基化位点与2个已知基因区域有关；有1个块内甲基化位点与3个基因区域有关，这个块就是上述最长也是最大的甲基化连锁不平衡块，位于6号染色体上。

（5）类风湿关节炎甲基化单倍型关联分析：对于前期识别出来的451个甲基化连锁不平衡块，继续利用EWAS进行甲基化单倍型的扫描，并估算甲基化单倍型频率。一共识别出1983个甲基化单倍型，其中最长的是位于6号染色体上的甲基化单倍型，包括19个甲基化位点。为了避免假阳性，通过Bonferroni校正方法，选定阈值$P<2.52e\text{-}05=0.05/1983$，筛选出120个与类风湿关节炎显著相关的甲基化单倍型，涉及68个甲基化连锁不平衡块、153个甲基化位点。其中，6号染色体上数目最多，一共有18个，15、18号染色体上最少，都只有1个。

识别到的与类风湿关节炎最显著相关（$P=4.9809e\text{-}16$）的甲基化单倍型是12号染色体上的3个甲基化位点cg06653632、cg09001549、cg02555727组成的甲基化连锁不平衡块内的MMM。这个块位于12号染色体上的129 281 444～129 281 546bp区域，长度为102bp，块内的3个甲基化位点都位于基因*SLC15A4*区域内。这个甲基化单倍型在类风湿关节炎样本中的频率（0.983）要比正常样本中的频率（0.870）高一些。除了这个甲基化单倍型，在该块内还有其他4个甲基化单倍型，分别为UMM、UUU、UUM、UMU，这4个甲基化单倍型也是比较显著的，*P*值分别为1.0684e-07、2.9116e-05、9.0267e-05、7.4700e-02，比较下来，单倍型UMU的显著性较弱一些。对比它们在类风湿关节炎样本和正常样本中出现的频率，可以发现，当单倍型中存在一个以上U时，该单倍型在类风湿关节炎样本中出现的频率都要低一些；相反，3个位点都是M时，在类风湿关节炎样本中出现的频率较正常样本高一些。由此可以推测，这个甲基化连锁不平衡块在类风湿关节炎样本中更倾向于表现为MMM单倍型，也就是块内的3个甲基化位点倾向于同时被甲基化。

第二显著相关的甲基化单倍型所在的甲基化连锁不平衡块位于13号染色体上（114 875 170～114 875 282bp区域），长度为112bp。这个块内一共包含3个甲基化位点，分别是cg04118910、cg24113818、cg00732810，这3个甲基化位点都位于基因*RASA3*区域内。这个块内一共出现了6种甲基化单倍型，甲基化单倍型MMM是与类风湿关节炎最显著相关的单倍型，显著性*P*值为8.8778e-16。甲基化单倍型MMM在类风湿关节炎样本中出现的频率为0.966，相对于正常样本（0.838）来说较高一些。另外，这个块内还有3个甲基化单倍型也较为显著，分别是单倍型MUM、单倍型MUU和单倍型UUU，它们的显著性*P*值分别为3.7456e-07、1.0000e-04和2.9257e-05。比较这几个单倍型在类风湿关节炎样本和正常样本出现的频率发现，单倍型MUM、MUU和UUU在正常样本中出现的频率要高于类风湿关节炎样本，而单倍型MMM在类风湿关节炎样本中出现的频率高于正常样本。由此可以猜测，*RASA3*基因座上cg04118910、cg24113818、cg00732810这3个甲基化位点同时甲基化，出现甲基化单倍型MMM，很有可能是类风湿关节炎患病的征兆。

与上边两种模式不同，有的甲基化单倍型是在类风湿关节炎样本中倾向于同时去甲基化的，如第三显著的甲基化单倍型UU。这个单倍型位于1号染色体上的23 496 304 ～ 23 496 648bp区域，一共长344bp。这个块内包含两个甲基化位点cg26530485和cg01435109，这两个甲基化位点都位于*LUZP1*基因区域内。甲基化单倍型UU在类风湿关节炎样本中出现的频率（0.986）要高于正常样本中的频率（0.881），显著性*P*值为2.6645e-15。这个块内还有两种甲基化单倍型UM、MM，这两种单倍型的显著性也比较高，分别为3.7477e-13和3.0000e-03。与单倍型UU相反，UM和MM在类风湿关节炎中出现的频率要低于正常样本，如单倍型MM在类风湿关节炎样本中的频率为0.004，在正常样本中的频率为0.22。综上，可以推断，在基因*LUZP1*上的两个甲基化位点cg26530485和cg01435109同时去甲基化，也就是出现单倍型UU，很有可能是类风湿关节炎的一个风险因素。

其他单倍型的详细结果见表5-19，表中列出了与类风湿关节炎最显著相关的前20个甲基化单倍型。

表5-19　前20个与类风湿关节炎显著相关的甲基化单倍型

甲基化单倍型	染色体	起始位置	终止位置	对照组频率	病例组频率	*P*值
MMM	12	129281444	129281546	0.87	0.983	4.98e-16
MMM	13	114875170	114875282	0.838	0.966	8.88e-16
UU	1	23496304	23496648	0.881	0.986	2.66e-15
MM	17	80829261	80829309	0.864	0.977	4.18e-15
UUUU	7	149569998	149570071	0.841	0.965	7.46e-15
UU	7	139333352	139333410	0.844	0.966	8.08e-15

续表

甲基化单倍型	染色体	起始位置	终止位置	对照组频率	病例组频率	P值
UM	6	32301513	32305990	0.345	0.549	2.30e-14
MM	2	218734017	218741790	0.876	0.98	3.82e-14
MM	11	128337228	128350635	0.842	0.959	2.52e-13
UM	1	23496304	23496648	0.097	0.01	3.75e-13
MM	16	87734816	87734877	0.866	0.972	3.81e-13
MMM	10	72360348	72360448	0.865	0.97	8.01e-13
UU	7	105319615	105319679	0.894	0.984	1.32e-12
UU	2	9235898	9235972	0.841	0.955	2.66e-12
MM	3	52302150	52302252	0.843	0.955	4.33e-12
UU	10	104535792	104535794	0.881	0.976	4.56e-12
UU	1	32707210	32707303	0.851	0.959	5.29e-12
MM	16	30485684	30485966	0.873	0.972	5.33e-12
UU	7	150786044	150786082	0.855	0.96	9.34e-12
MU	6	30114886	30115028	0.091	0.011	1.17e-11

注：第一列为甲基化单倍型，第二列为染色体号，第三列为起始位置，第四列为终止位置，第五列为对照组甲基化单倍型频率，第六列为病例组甲基化单倍型频率，第七列为P值。

（6）类风湿关节炎相关mQTL分析：对于筛选出来的120个类风湿关节炎相关SMP甲基化单倍型，用EWAS 2.0软件对这120个甲基化单倍型涉及的153个甲基化位点（利用整理好的65个候选SNP位点）进行分析，识别与这些甲基化位点相关的mQTL。一共扫描了9486个甲基化cg-SNP关系对，按照阈值0.05进行筛选，一共筛选出482个mQTL，其中回归系数为正相关的有253个，负相关的有229个。表5-20中展示了正相关的mQTL位点中最显著的前5个，表5-21中展示了负相关的mQTL位点中显著的前5个。

表5-20　前5个显著的正相关mQTL

SNP	cg	染色体_SNP	染色体_cg	回归系数	P值
rs5987737	cg07950786	1	X	2.5820	0.0010
rs5987737	cg06281016	1	X	2.2085	0.0038
rs5987737	cg07443748	22	X	2.1473	0.0013
rs1414097	cg03865667	13	9	1.8093	0.0044
rs5987737	cg00732810	13	X	1.8022	0.0022

注：第一列为SNP名，第二列为DNA甲基化位点，第三列与第四列分别为SNP与DNA甲基化位点所在的染色体号，第五列与第六列分别为DNA甲基化位点与SNP线性回归的回归系数和P值。

表5-21 前5个显著的负相关mQTL

SNP	cg	染色体_SNP	染色体_cg	回归系数	*P*值
rs6626309	cg06281016	1	X	−1.8801	0.0159
rs6991394	cg24210813	17	8	−1.7188	0.0126
rs654498	cg26132588	2	1	−1.7031	0.0158
rs5987737	cg04437762	1	X	−1.6824	0.0045
rs6991394	cg03865667	13	8	−1.6579	0.0046

注：第一列为SNP名，第二列为DNA甲基化位点，第三列与第四列分别为SNP与DNA甲基化位点所在的染色体号，第五列与第六列分别为DNA甲基化位点与SNP线性回归的回归系数和*P*值。

查看每条染色体上的mQTL数目之后，发现X性染色体、8号染色体上的mQTL最多，分别为129个、123个，这两条染色体上的mQTL数目占筛选出的mQTL数目的一半。显然，这与类风湿关节炎常见于女性患者有很大的关系。随后，根据甲基化位点和SNP位点的距离，查看了mQTL位点的调控方式，发现只有7个位于同一条染色体上的顺式调控mQTL，其余mQTL均为反式调控关系。这7个位于同一条染色体上的mQTL分别为“rs3818562，cg07950786”“rs213028，cg06281016”“rs10846239，cg02555727”“rs6982811，cg14917244”“rs9839873，cg12048331”“rs6991394，cg08594681”“rs1520670，cg07065220”，其中距离最近的是“rs3818562，cg07950786”，只有7131bp，相关的基因是*EPS8L3*。

进一步结合甲基化单倍型分析结果，可以具体分析某一个单倍型块内甲基化位点相关mQTL的情况。比如，与类风湿关节炎最显著相关的甲基化单倍型是来自于甲基化连锁不平衡块cg06653632、cg09001549、cg02555727的甲基化单倍型MMM，这3个甲基化位点都位于12号染色体上的基因*SLC15A4*区域。这个甲基化单倍型是类风湿关节炎风险单倍型，当这3个位点同时甲基化时，倾向于是类风湿关节炎患者。与这3个甲基化位点相关的mQTL，为与其位于同一条染色体上的rs10846239，位于8号染色体上的rs6991394、rs6982811，位于X性染色体上的rs5987737、rs798149、rs6626309。接下来，分别查看了SNP基因型与块内甲基化位点的甲基化表达之间的关系。

图5-15展示了甲基化位点cg06653632与mQTL之间的关系。图中横轴是甲基化位点对应的mQTL的SNP基因型组合，纵轴每个箱块代表该基因型组合对应的甲基化表达情况。可以看出，SNP位点rs6982811为TT时，类风湿关节炎患者中甲基化水平普遍偏高，且rs6991394、rs5987737、rs798149、rs6982811基因型组合为TT、CC、GG、TT时，cg06653632的甲基化水平普遍偏高。

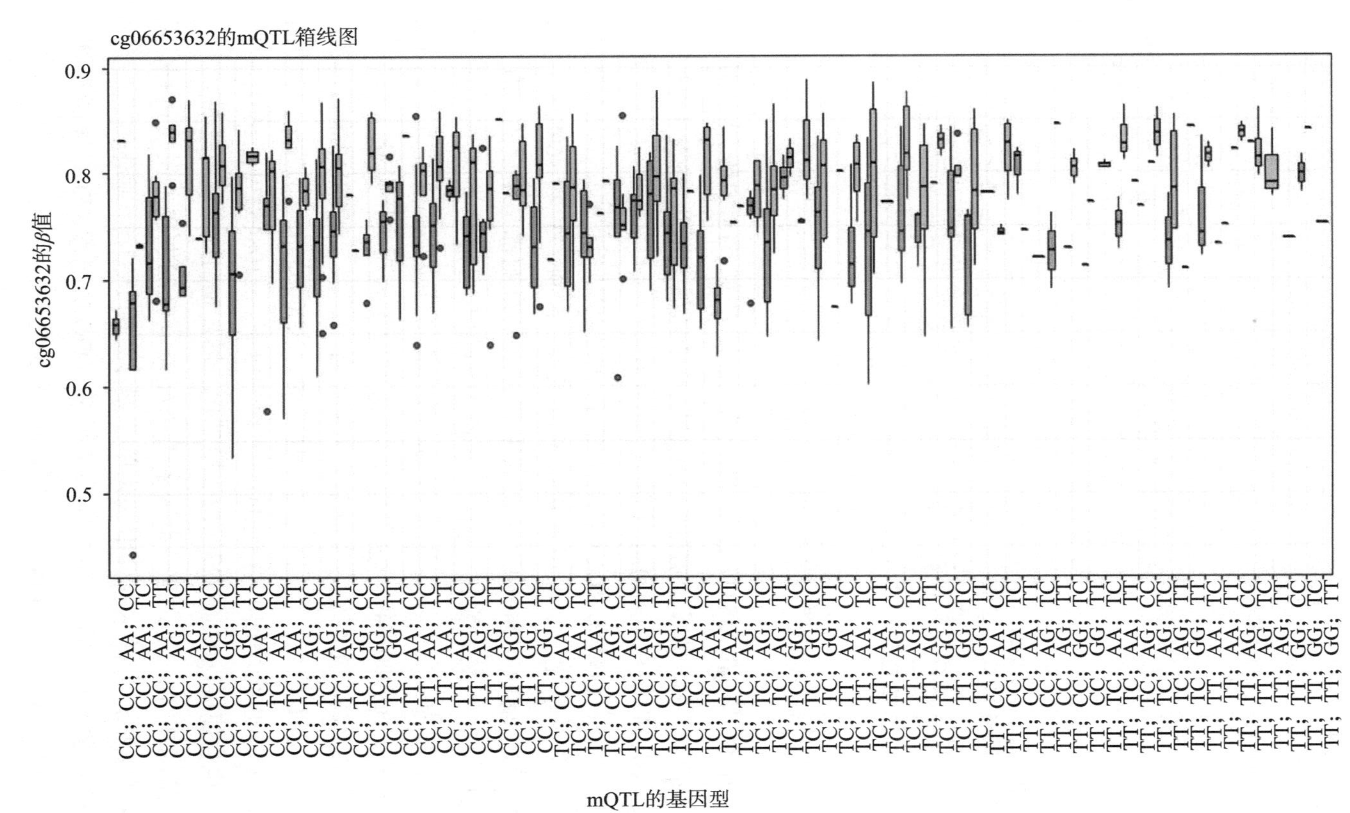

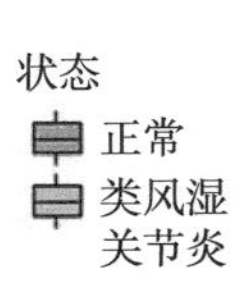

图 5-15　cg06653632 甲基化水平值与 mQTL 基因型之间的关系

甲基化位点cg09001549与mQTL之间的关系如图5-16所示。可以看出，rs6991394为TT基因型时，cg09001549位点甲基化水平偏高；rs5987737为CC基因型时，cg09001549位点甲基化水平偏高；rs6982811为TT基因型时，cg09001549位点甲基化水平偏高。

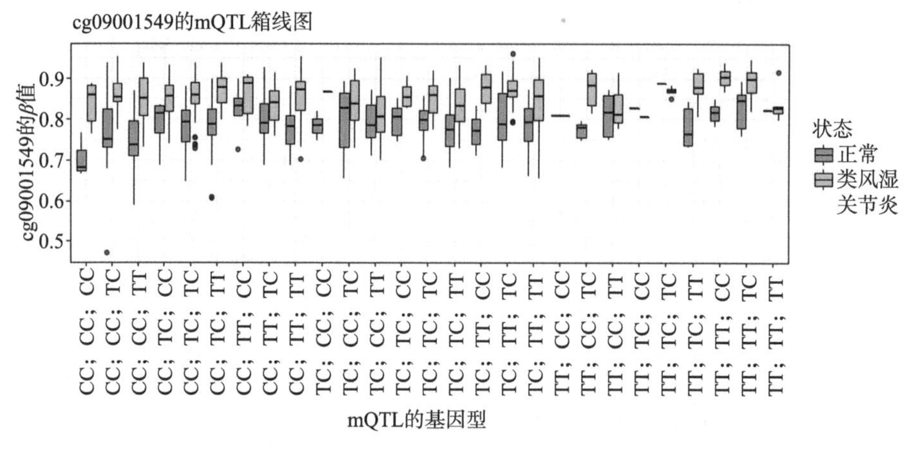

图5-16　cg09001549甲基化水平值与mQTL基因型之间的关系

甲基化位点cg02555727与mQTL之间的关系如图5-17所示。可以看出，rs10846239为CC基因型时，cg09001549位点甲基化水平偏高；rs6991394为TT基因型时，cg09001549位点甲基化水平偏高；rs6626309为CC基因型时，cg09001549位点甲基化水平偏高；rs798149为GG基因型时，cg09001549位点甲基化水平偏高。

结合三个甲基化位点的甲基化水平值来看，rs5987737和rs6982811的基因型对cg06653632、cg09001549两个位点的甲基化水平影响都是相反的，有可能不会使甲基化水平发生太大变化。相反，rs6991394很有可能是类风湿关节炎的风险mQTL位点，因为当它的基因型为TT时，类风湿关节炎风险单倍型块内甲基化位点cg06653632、cg09001549、cg02555727都更倾向于表现为甲基化，单倍型MMM的出现频率会更高，更容易为类风湿关节炎患者。其次，rs798149也可能为类风湿关节炎风险mQTL位点，当它为基因型GG时，cg06653632、cg02555727的甲基化水平同时偏高，也会增加单倍型MMM出现的概率。rs10846239、rs6626309的基因型为CC时也会使得cg02555727倾向于甲基化，增加MMM出现的概率。

（7）基因注释：为了进一步探索类风湿关节炎的发生、发展过程，将类风湿关节炎样本和正常样本差异甲基化单倍型涉及的153个甲基化位点映射到基因（一共63个相关基因）上，并对这些基因进行GO功能和KEGG通路注释，进一步从生物学层面分析甲基化改变与类风湿关节炎之间的关系。

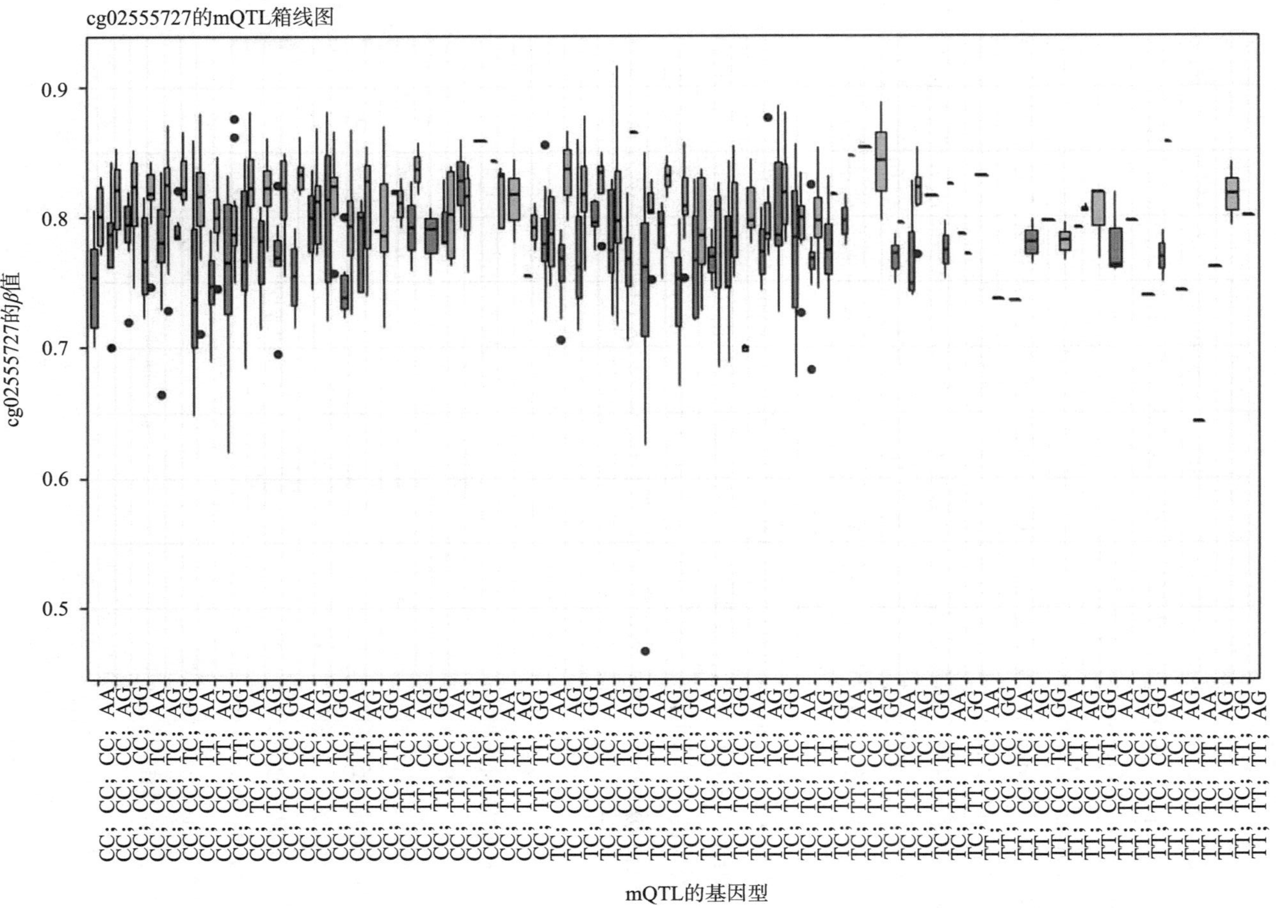

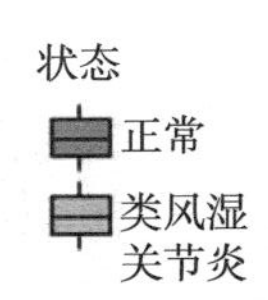

图 5-17　cg02555727 甲基化水平值与mQTL 基因型之间的关系

基因本体论（gene ontology，GO）是目前世界上最大的关于基因功能注释信息的数据资源库。GO提供了一个定义术语的本体论（共享词汇表）来对生物学领域存在的基因及其功能产物进行体系化的描述，而且可以用计算机来分析基因产物之间的关系，进而可以揭示以前未知的功能。GO主要具有三级语言结构，分别是基因产物的相关分子功能（MF，molecular function）、生物学途径（BP，biological process）、细胞组分（CC，cellular component）。本部分主要采用R包"clusterProfier"来进行GO功能的注释，从BP、MF、CC三个层面分别进行了注释、富集分析，并对结果进行了可视化。

首先用"clusterProfier"包中的"enrichGO"函数对所有基因进行了GO功能注释，选用Benjamini校正方法，以$P<0.05$为阈值，识别出了97个与类风湿关节炎显著相关的GO节点，其中有60个MF、37个CC，没有注释到BP。详细结果见图5-18A。图中，颜色代表的是P值大小，颜色从红色到蓝色分别表示显著性逐渐降低，气泡的大小表示参与注释的基因中，注释到每个GO功能节点上的基因数目。注释到的60个分子功能中，有12个是与物质跨膜运动或者跨膜转运蛋白活性相关的，如注释结果最显著的GO功能节点GO:0042887，就是"酰胺跨膜转运蛋白活性"（amide transmembrane transporter activity）。主要组织相容性复合体（MHC）是可以参与免疫细胞，与其他细胞之间相互识别，并诱导和调控免疫应答反应的一组基因群，在人类中称作*HLA*基因，分为Ⅰ、Ⅱ、Ⅲ类分子，Ⅱ类基因包括*HLA-DP*、*DQ*、*DR*等亚区，研究已发现*HLA-DR4*与类风湿关节炎相关。

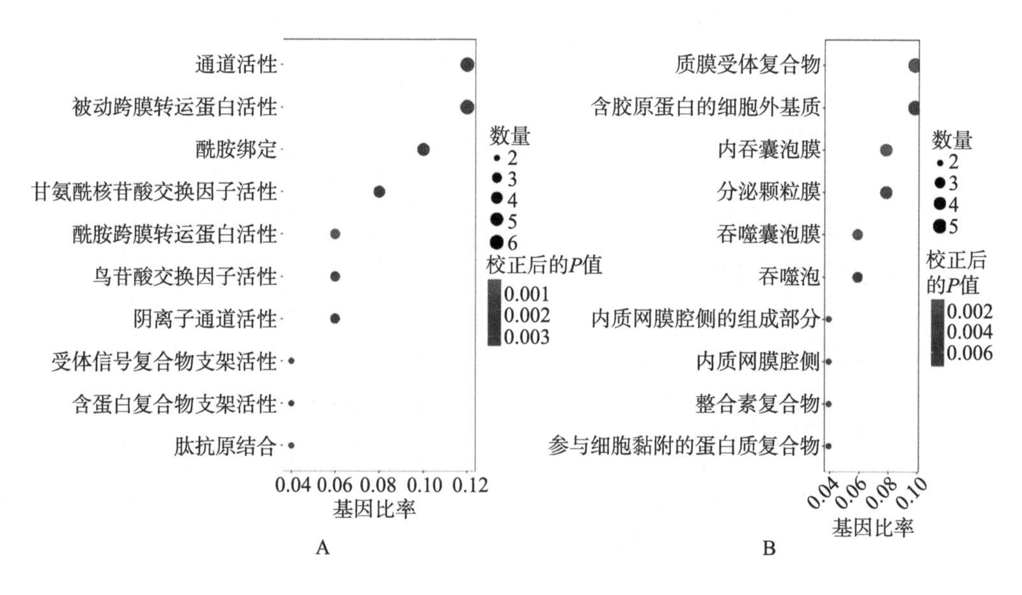

图5-18　GO注释结果中10个分子功能（A）和10个细胞组分（B）

在此，GO也注释到了分子功能“MHC Ⅱ类受体活性”（GO:0032395，MHC class Ⅱ receptor activity）。

此外，GO注释到的分子功能中，还包括“病毒体结合”“离子通道活性”“*N*-甲基转移酶活性”“雌二醇17-β-脱氢酶活性”“前列腺素受体活性”“电压门控氯离子通道活性”“5S rRNA结合”“磷脂酰乙醇胺结合”“苯二氮䓬类受体活性”“水通道活性”“氯离子跨膜转运蛋白活性”“水跨膜转运蛋白活性”“叶酸结合”“碱性氨基酸跨膜转运蛋白活性”“胰岛素样生长因子1结合”“伴侣结合”“GABA门控氯离子通道活性”“1-酰基甘油-3-磷酸*O*-酰基转移酶活性”“类花生酸受体活性”“钙激活钾离子通道活性”“甘氨酸结合”“Ral GTPase结合”“溶血磷脂酸酰基转移酶活性”“GTP酶激活剂活性”“ATPase活性”“抑制性细胞外配体门控离子通道活性”“组蛋白甲基转移酶活性（H3-K4特异性）”“溶血磷脂酰基转移酶活性”“电压门控阴离子通道活性”“Rac胍基核苷酸交换因子活性”“P-P键水解驱动的跨膜转运蛋白活性”“初级活性跨膜转运蛋白活性”。这表明在类风湿关节炎的发生发展进程中，有许多分子功能都发生了改变，其中跨膜转运蛋白的活性、酸性氨基酸相关酶活性与类风湿关节炎的发生有很强大关联。

GO注释结果中，显著富集到的细胞组分（CC）一共有37个，详细结果见图5-18B。图中，颜色代表的是*P*值大小，颜色从红色到蓝色分别表示显著性逐渐降低，气泡的大小表示参与注释的基因中，注释到每个GO功能节点上的基因数目。注释到的细胞组分中有一个MHC相关细胞组分，为“MHC Ⅱ类蛋白复合物”（GO:0042613，MHC class Ⅱ protein complex）。在30个细胞组分中，大部分都是“膜”相关的细胞组分，如“内吞囊泡膜”“质膜受体复合物”“吞噬囊泡膜”“内质网膜腔侧的组成部分”“内质网膜腔侧”“分泌颗粒膜”“质膜的外侧”“特定颗粒膜”“顶端等离子体膜”；一部分是与“黏附、连接”作用有关的，如“参与细胞黏附的蛋白质复合物”“黏着斑”“细胞基质黏结”“双细胞的紧密连接”“紧密连接”；一部分是与“突触”有关的，如“突触后密度”“不对称突触”“突触后专业化”“神经元到神经元突触”“GABA-ergic突触”“顶树突”；还有一部分与“细胞基质有关”，如“含胶原蛋白的细胞外基质”“细胞外基质成分”“细胞基质结”“胞质部分”；其他的分别是“整合素复合物”“吞噬泡”“内吞作用的泡”“微纤维”“质子运输V型ATP酶，V0域”“纤维胶原三聚物”“内含伴侣蛋白的T复合物”“带状胶原原纤维”“Set1C/COMPASS复合物”“静纤毛提示”“胶原三聚体的复合物”。最后，观察了前10个GO功能节点中基因交叠情况，如图5-19所示。

京都基因与基因组百科全书（KEGG，Kyoto Encyclopedia of Genes and Genomes）是一个系统的分析基因功能的知识库，库中整合了基因及基因产物信

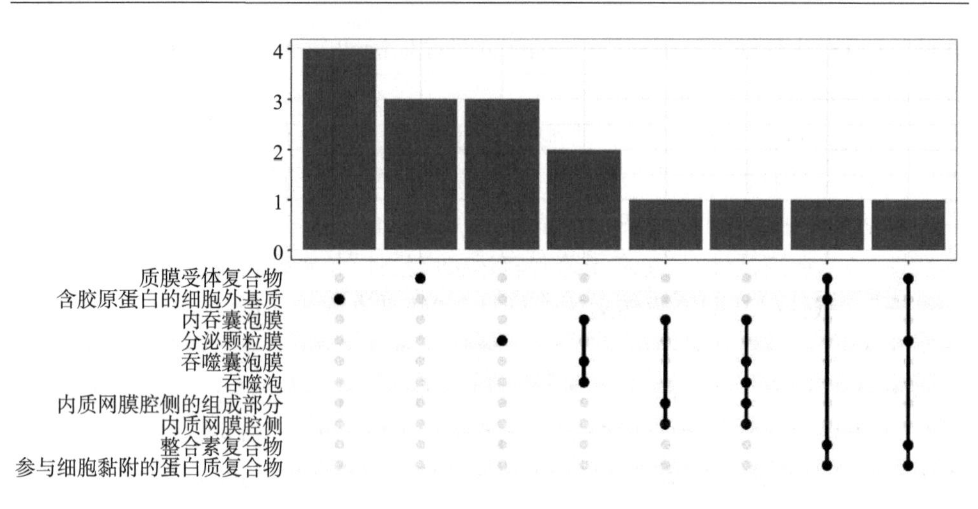

图5-19　前10个GO节点中的基因数目

息、化学物质信息及生物学功能信息。基因组信息存储在基因数据库中，该数据库是对已完全测序基因组和部分具有新基因功能注释基因组的基因目录的集合。高层次功能信息存储在通路数据库中，其中包含了细胞过程的图形表示，如代谢、膜运输、信号转导和细胞周期。KEGG中第三个数据库是化合物、酶分子和酶反应信息的配体。通过KEGG的注释，可以清楚地查看各种分子参与的代谢途径及各个途径之间的关系。此外，KEGG中还通过对药物标签的系统分析，完善了疾病和药物数据库，使疾病和药物更好地与KEGG分子网络整合。

在此，使用“clusterProfier”包中的“enrichKEGG”函数对所有基因进行了KEGG功能注释，选用Benjamini校正方法，以$P<0.05$为阈值，识别出了8个与类风湿关节炎显著相关的风险通路，见图5-20，分别是“病毒性心肌炎”（hsa05416，Viral myocarditis）、“类风湿关节炎”（hsa05323，Rheumatoid arthritis）、“造血细胞谱系”（hsa04640，Hematopoietic cell lineage）、“同种异体移植排斥”（hsa05330，Allograft rejection）、“移植物抗宿主病”（hsa05332，Graft-versus-host disease）、“1型糖尿病”（hsa04940，Type 1 diabetes mellitus）、“自身免疫性甲状腺疾病”（hsa05320，Autoimmune thyroid disease）、“细胞黏附分子”（hsa04514，Cell adhesion molecules），其中大部分是免疫相关通路。注释结果进一步证实了类风湿关节炎、1型糖尿病及自身免疫性甲状腺疾病之间的疾病特征相关通路具有一定的共同特性。

富集到的通路中，移植物抗宿主病是一种多系统疾病，由移植物抗宿主反应引起，常见于接受骨髓移植的患者或者有大量淋巴组织的实质性器官移植受者。它几乎影响了全身所有器官，其特征与自身免疫性疾病很相似。此外，结果中还富集到了病毒性心肌炎、造血细胞谱系等，提示病毒性心肌炎、血液类疾病或许也会参与类风湿关节炎相关疾病的发生发展进程，详细结果见图5-20。图中，颜色代表的是P值大小，从红色到蓝色分别表示显著性逐渐降低，条柱的长度表示参与注释的基因中，注释到每个GO功能节点上的基因数目。

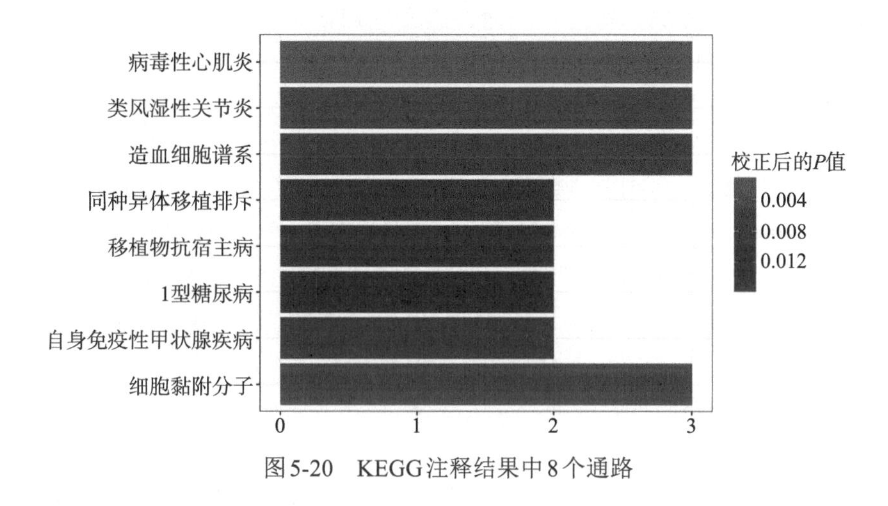

图5-20　KEGG注释结果中8个通路

随后，利用emapplot()函数绘制KEGG通路富集网络图，展示了各富集功能之间共有基因关系，具体见图5-21。

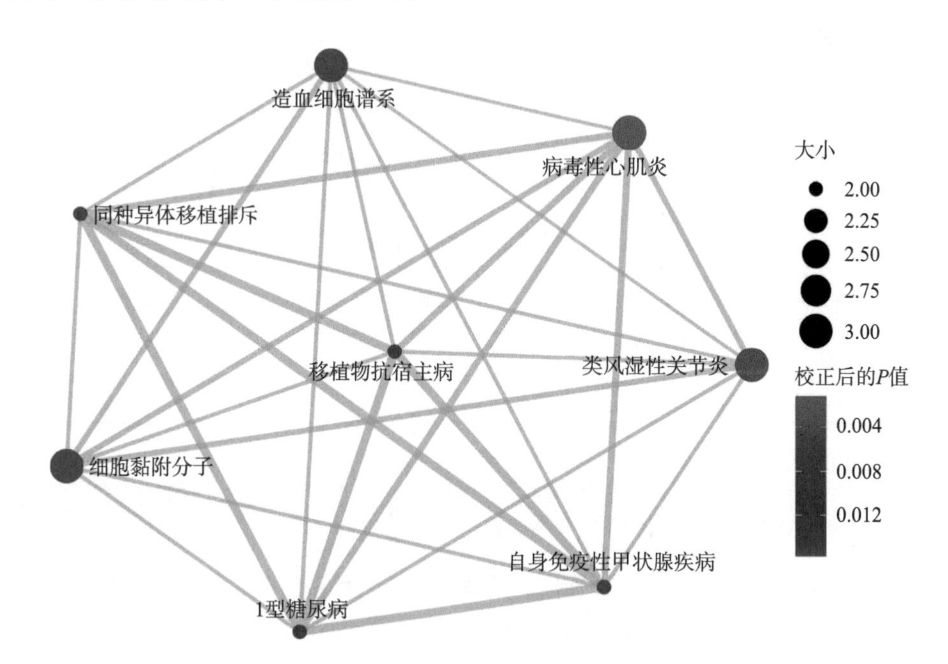

图5-21　KEGG富集结果网络图

5.4 表观组关联研究数据库

随着高通量测序技术的不断发展，如450K（Illumina HumanMethylation450）和850K芯片（Illumina Infinium MethylationEPIC Bead Chip）数据的不断增加，完成大规模EWAS扫描成为可能。然而，通过对EWAS数据资源的全面调查发现，当前几乎没有存储EWAS结果的综合数据库，这使研究人员很难直观地看到疾病或表型与表观遗传变异之间的关联。为了DNA甲基化公开数据资源能够被充分利用，促进EWAS的发展并填补研究空白，笔者团队对DNA甲基化公开数据资源进行了整理与分析，并开发了EWASdb（EWAS database），使EWASdb成为第一个能够全面存储EWAS结果并进行查询、浏览和下载的综合数据库。

EWASdb是“EWAS项目”的一部分，“EWAS项目”是在2015年提出的一个旨在开发EWAS分析工具和数据资源的项目，笔者团队构建了一套表观遗传学统计模型，尝试探索DNA甲基化与重大疾病或表型之间的关系。EWASdb中的数据分析是基于EWAS软件完成的。

当前版本（1.0版本）的EWASdb存储了1319个EWAS，涵盖了302种疾病或表型，1000多个GSE（表5-22）。数据库中整理了三种类型的EWAS结果：①EWAS的单个标志物的结果；②EWAS的KEGG通路的结果；③EWAS的GO节点的结果。除了可以通过单个标志物、KEGG通路、GO节点这三种不同类型EWAS结果进行查询外，还可以通过类别和字母表进行检索。每种查询中可按照更详细类别进行查询。EWASdb的下载界面中，包含了表型信息、单标志物、KEGG通路和GO节点的详细结果，用户可以根据相应的说明充分利用这些分析结果。EWASdb可以在http://www.bioapp.org/ewasdb中免费使用。

表5-22 样本信息表

芯片	平台	研究数目	样本数目
450K	GPL13534	961	91 766
850K	GPL21145	64	2 995

5.4.1 EWASdb功能介绍

EWASdb主要包括界面和数据。界面主要包括主界面、查询界面、下载界面等。主界面包括查询、下载、EWAS软件、联系方式等链接、EWASdb的简介、EWAS研究的曼哈顿图、EWASdb的相关论文等。为了使用户查询更加方便，EWASdb提供了三种搜索界面：①按照单个标志物进行EWAS查询；②按照KEGG通路进行EWAS查询；③按照GO节点进行EWAS查询。EWASdb主要提供查询及下载表型信息功能。在查询方面，EWASdb提供了单标志物、KEGG通路和GO节点这三种查询方式。每一种都包含了细致的查询条件。用户可以通过提供的查询参考列表进行查询。在下载方面，可以在数据库页面上下载，也可以通过百度网盘链接进行下载，多种下载方式为用户提供了更多选择。供下载的数据非常全面，包括与疾病或表型显著相关的单标志物、KEGG通路和GO节点的详细信息与表型信息。其中，表型信息表的生成可以使用户直接获得想要的信息，避免重复劳动，为研究人员节省了大量时间。

单个标志物的EWAS查询：在此搜索模块中，EWASdb提供了5种不同的方法来搜索疾病或表型相关的单个DNA甲基化位点的详细信息。①通过输入某种疾病或表型进行搜索：用户可以通过输入一种疾病或表型，如“胶质瘤”，来获得所有与这种疾病或表型相关的EWAS结果信息。为了给用户带来便利，EWASdb在搜索框下方提供了所有疾病和表型列表，用户可以根据该列表中提供的疾病或表型进行搜索；②通过EWAS ID进行搜索：EWASdb给每一个EWAS研究定义了编号，用户可以输入从EWAS1到EWAS1319中的任何一项来获得该项EWAS的所有风险位点的详细信息；③通过基因搜索：用户可以输入他们感兴趣的基因，如“*TTTY18*”或“*TMSB4Y*”，从所有EWAS中获得映射在该基因上位点的详细信息，EWASdb还在搜索框下方提供了所有基因的列表；④通过DNA甲基化位点进行搜索：用户可以通过查询某个CpG位点来获得每个EWAS研究中该CpG位点的所有信息，EWASdb在搜索框下方提供了所有DNA甲基化CpG位点的列表；⑤通过染色体位置进行搜索：用户可以在搜索框中输入染色体号及染色体起始和终止位置来查看所有EWAS中这个区域的显著位点的详细信息。

疾病或表型的单标志物查询结果（图5-22）包含了涉及该疾病或表型的每个EWAS的详细信息：“EWAS ID”（EWAS ID为超链接形式，可以点击某个EWAS ID跳转到这个EWAS的详细查询结果，结果中包含了EWAS ID、GSE ID、EWAS标题、疾病或表型、组一名称、组二名称、组一样本数、组二样本数、总结、研究作者、研究发表日期、PubMed ID、所有风险标志物的结果的超链接、所有风险KEGG通路相关结果的超链接、所有风险GO节点相关结果的超链接）、“研究类别”、“疾病或表型的名称与包含的样本数”、“组一名称及样本数”、“组二名称及样本数”、“风险标志物的详细结果”。由于页面的限制，EWASdb通过超链接来展示详细结果，所有风险标志物的结果包括EWAS ID、DNA甲基化CpG位点、染色体号、CpG位点在染色体上的位置信息、基因名、研究类别、疾病或表型及样本量、组一名称及样本量、组二名称及样本量、组一样

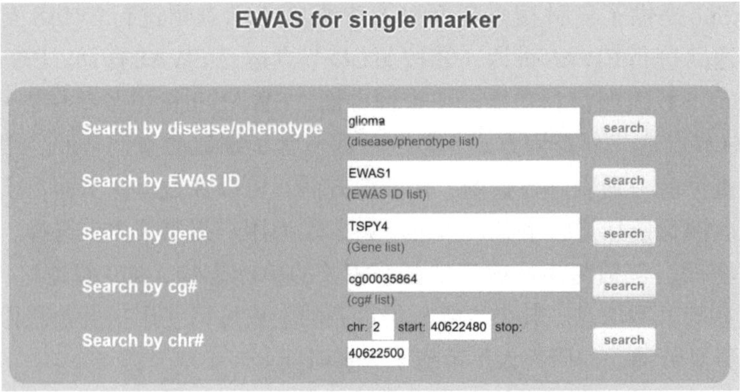

图5-22　通过单标志物进行EWAS查询示例

本β值的均值、组二样本β值的均值、T统计量、关联检验P值。其中EWAS ID和基因名都是超链接的形式，点击CpG位点对应的基因名，可以跳转到NCBI的基因数据库中，查看该基因的详细信息（包括基因全称、基因所属的物种、基因ID、该基因转录的RNA、调控的蛋白质、相关文献等信息）。在查询过程中，如果因为数据量的原因查询结果显示较慢，会在网页上提示“数据量较大，请稍等片刻”。

通过EWAS ID、基因名、DNA甲基化CpG位点或染色体位置进行单标志物查询的结果包含了该EWAS的“EWAS ID”“DNA甲基化的CpG位点”“染色体号”“CpG位点在染色体上的位置信息”“基因名”“研究类别”“疾病或表型及样本量”“组一名称及样本量”“组二名称及样本量”“组一样本β值的均值”“组二样本β值的均值”“T统计量”“关联检验P值”。

KEGG通路的EWAS查询（图5-23）：在EWASdb中，用户可以获得和疾病或表型显著相关的KEGG通路。KEGG通路查询包含两类，分别是单条件查询和多条件查询。在单条件查询中，EWASdb提供了3种方法来查询和疾病或表型相关KEGG通路的详细信息。①用户可以通过输入KEGG通路ID，如“hsa04510”来获得包含这个通路的EWAS的详细信息。EWASdb在搜索框下方提供了可供参考的KEGG通路ID列表。②用户可以通过输入KEGG通路名称，如“Galactose metabolism”来获得包含这个通路的EWAS的详细信息。EWASdb在搜索框下方提供了可供参考的KEGG通路名称列表。③用户可以通过输入从EWAS1到EWAS1319之间的EWAS ID来获得特定EWAS的疾病或表型显著相关的KEGG通路的详细信息。在多条件查询中，用户可以输入KEGG通路ID或通路名称，再输入EWAS ID，来查询该EWAS中某个KEGG通路ID或名称的详细结果。

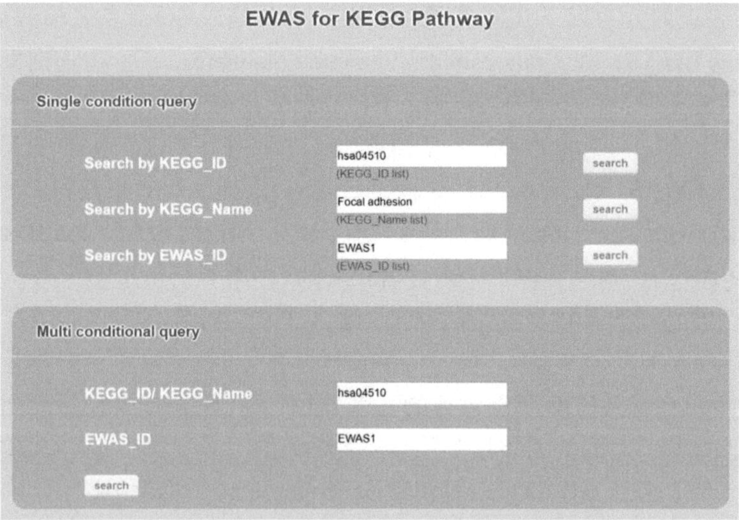

图5-23　通过KEGG通路进行EWAS查询示例

在KEGG通路的EWAS查询结果中，包含了“EWAS ID”“KEGG ID”“研究类别”“疾病或表型及样本量”“组一名称及样本量”“组二名称及样本量”“KEGG通路名称”“KEGG通路上包含的基因数目”“注释在KEGG通路上的基因数目”“关联检验*P*值”等信息。其中EWAS ID和KEGG ID为超链接形式，点击KEGG ID可以跳转到KEGG数据库中该KEGG ID对应的KEGG通路图。

GO类别的EWAS查询（图5-24）：用户可以通过EWASdb获得感兴趣的疾病或表型相关的GO节点。GO类别的EWAS查询也分为单条件查询和多条件查询。

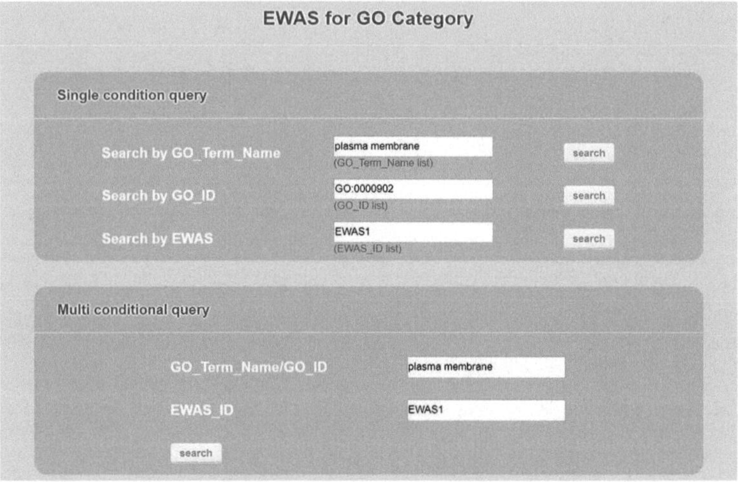

图5-24　通过GO类别进行EWAS查询示例

对于单条件查询分为以下几种情况：①用户可以输入GO节点名称获得与该GO节点相关的EWAS，如“mitochondrial genome maintenance”，在查询框下方提供了GO节点名称列表。②用户可以输入GO节点的ID获得与该GO节点相关的所有EWAS结果，如“GO:0000902”，在搜索框下方提供了GO节点ID的列表。②用户可以输入EWAS1到EWAS1319之间的任意一项EWAS ID来获得和特定EWAS显著相关的GO节点的详细结果。多条件查询是指用户输入GO节点ID或GO节点名称与EWAS ID，得到与该EWAS显著相关的GO节点的信息。

在GO类别的EWAS查询结果中，包含了“EWAS ID”“GO ID”“研究类别”“疾病或表型及样本量”“组一名称及样本量”“组二名称及样本量”“GO类别”“GO节点名称”“GO节点包含的基因数目”“与疾病或表型显著相关的基因映射在该GO节点上的基因数目”“GO注释的P值”等。其中EWAS ID和GO ID是超链接形式，点击GO ID可以跳转到Gene Ontology数据库中该GO ID对应的详细信息。

为了方便用户快速查找想要的信息，在该数据库中，用户可以通过种类或字母表来浏览数据。按种类浏览时，浏览分支上展示了7种类别（图5-25），分别是疾病、性状、药物治疗、组织、细胞系、干细胞和其他。每种类别中包含了该类别下的所有EWAS。用户可以选择任意一种类别来查看与EWAS相关的疾病或表型。此外，用户可以通过点击EWAS ID来获得关于特定EWAS的详细信息。

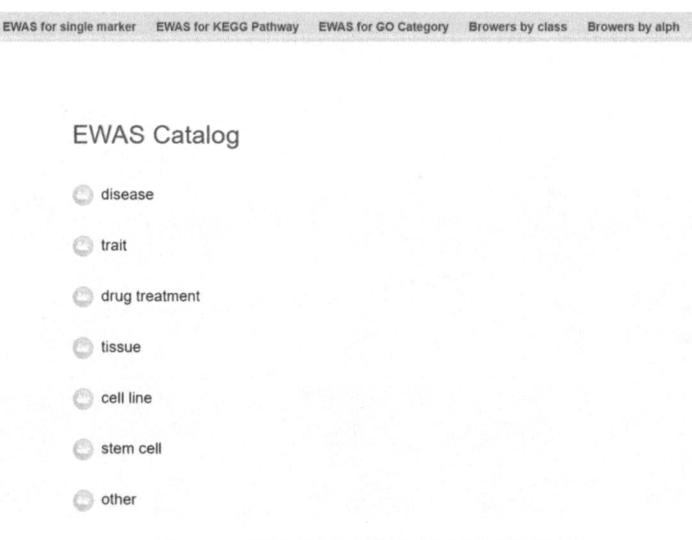

图5-25　通过类别对数据库进行浏览示例

按字母表浏览时（图5-26），用户可以通过点击浏览树上A～Z 26个字母得到EWAS结果的概览，每个字母下包含了以该字母开头的疾病或表型名称，点击疾病或表型，可以展示该疾病或表型相关的EWAS列表。

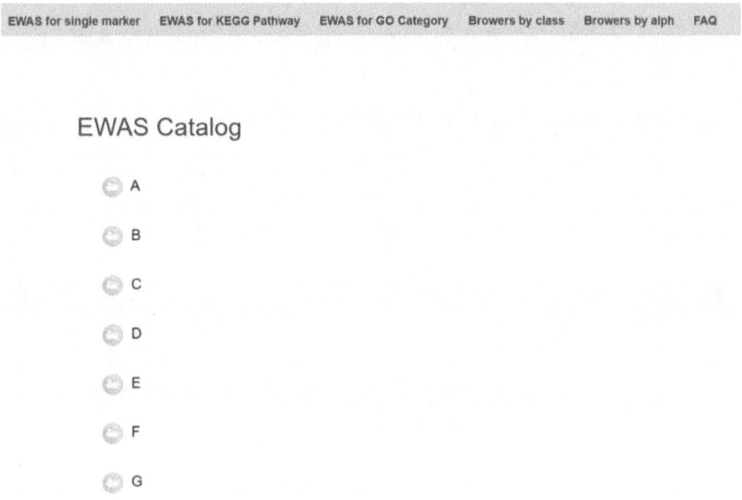

EWAS for single marker　EWAS for KEGG Pathway　EWAS for GO Category　Browers by class　Browers by alph　FAQ

EWAS Catalog

A
B
C
D
E
F
G

图5-26　通过字母表对数据库进行浏览示例

EWASdb中的所有数据均可以在下载页面免费下载。EWASdb的下载界面中包含了4类结果的下载链接（图5-27）：①EWAS的疾病或表型信息；②与疾病或表型显著关联的单个标志物的EWAS结果；③与疾病或表型显著关联的GO节点的EWAS结果；④与疾病或表型显著关联的KEGG通路的EWAS结果。这些结果的压

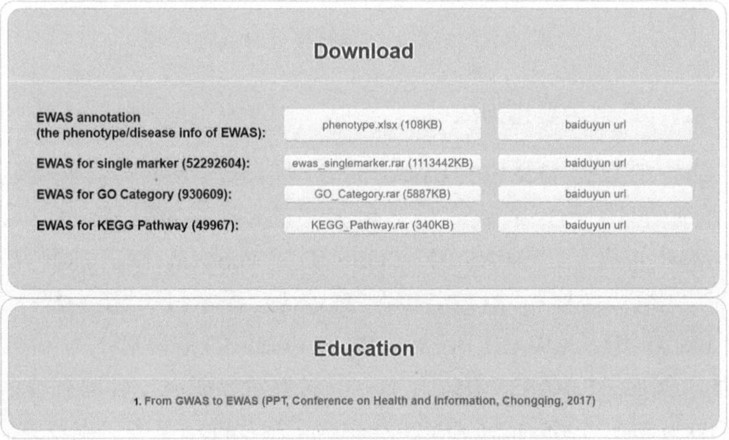

Download

EWAS annotation (the phenotype/disease info of EWAS):	phenotype.xlsx (108KB)	baiduyun url
EWAS for single marker (52292604):	ewas_singlemarker.rar (1113442KB)	baiduyun url
EWAS for GO Category (930609):	GO_Category.rar (5887KB)	baiduyun url
EWAS for KEGG Pathway (49967):	KEGG_Pathway.rar (340KB)	baiduyun url

Education

1. From GWAS to EWAS (PPT, Conference on Health and Information, Chongqing, 2017)

图5-27　表型信息和分析结果的下载

缩文件可以直接在网页上下载，也可以通过点击超链接在百度网盘下载。为了让用户清楚数据大小，估计出下载所需流量和时间，EWASdb在每个下载文件的名称后面均标注了文件大小，表型信息文件的大小为108KB，单标志物的EWAS结果的大小为1 113 442KB，GO节点的EWAS结果大小为5887KB，KEGG通路的结果大小为340KB。另外，用户可以点击EWASdb主页导航栏中的“EWAS软件”链接获取2.0版本EWAS软件来进行自己的表观基因组关联分析。

EWASdb提供了FAQ（常见问题解答），见图5-28，包含了EWAS项目的介绍、EWAS的名词解释、EWASdb的简介、EWAS的类型、EWASdb中包含的数据的统计等。

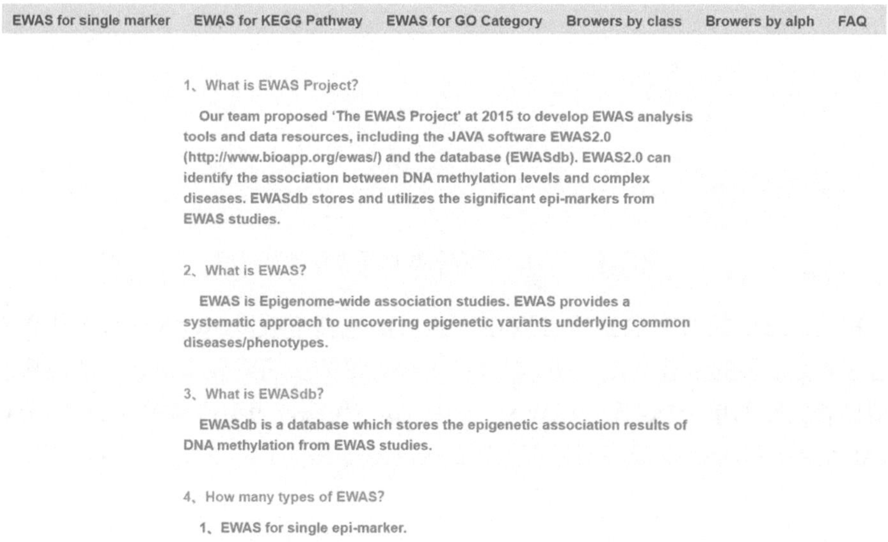

EWAS for single marker EWAS for KEGG Pathway EWAS for GO Category Browers by class Browers by alph FAQ

1、What is EWAS Project?

Our team proposed 'The EWAS Project' at 2015 to develop EWAS analysis tools and data resources, including the JAVA software EWAS2.0 (http://www.bioapp.org/ewas/) and the database (EWASdb). EWAS2.0 can identify the association between DNA methylation levels and complex diseases. EWASdb stores and utilizes the significant epi-markers from EWAS studies.

2、What is EWAS?

EWAS is Epigenome-wide association studies. EWAS provides a systematic approach to uncovering epigenetic variants underlying common diseases/phenotypes.

3、What is EWASdb?

EWASdb is a database which stores the epigenetic association results of DNA methylation from EWAS studies.

4、How many types of EWAS?

1、EWAS for single epi-marker.

图5-28 常见问题解答页面示例

5.4.2 EWASdb的数据组成

EWASdb中的数据主要包含EWAS的表型信息、与疾病或表型显著相关的标志物的详细信息、与疾病或表型显著相关的KEGG通路和GO节点的详细信息。表型信息中包含了“EWAS ID”“GSE ID”“PubMed ID”“总研究类别”“详细研究类别”“组一名称”“组二名称”“EWAS总样本量”“组一样本量”“组二样本量”。EWAS ID从EWAS1到EWAS1319，GSE ID是以GSE号和数字组合在一起命名的。例如，EWAS56中包含了一组病例对照研究（乳腺癌样本和正常样本），GSE ID为GSE37965_1。GSE42921包含了溃疡性结肠炎、克罗恩病和正常样本，GSE42921_1是溃疡性结肠炎和正常样本组成的一组EWAS，GSE42921_2是克罗恩病和正常样本组成的EWAS，GSE42921_3是溃疡性结肠炎和克罗恩病组成的EWAS。总研究类别包含了细胞系、疾病、药物治疗、干细胞、组织、性状及其他。详细研究类别包含在各个总体研究类别中，指的是单个EWAS研究的具体内容。例如，总体研究类别为细胞系，详细研究类别就是指这个研究涉及哪种细胞系。总体研究类别为疾病，详细研究类别就是指这个研究具体是关于哪种疾病，如乳腺癌、胶质瘤、哮喘等。总体研究类别为药物治疗，详细研究类别会标明研究使用了哪种药物。总体研究类别为干细胞，详细研究类别就说明了每个研究涉及哪种干细胞。总体研究类别为组织，详细研究类别中就说明了这个研究中的样本是哪种组织，如血液、肝组织、脑组织或不同组织之间的比较等。总体研究类别为性状，详细研究类别中就标明了该研究具体涉及哪种性状，如不同年龄、不同性别、吸烟饮酒状态等的比较。其他中包含了不属于其他几个总体研究类别的研究，每个研究的详细研究类别概括了EWAS的研究内容。表型表如果得到充分的利用，将为其他研究者节省大量的时间。

单标志物的EWAS结果，把所有与疾病或表型显著关联的EWAS的详细结果进行合并后放在了数据库的后台中，方便查询。每个EWAS中包含了与疾病或表型显著相关的CpG位点，CpG位点对应的基因名、染色体号、在染色体上的位置信息，该EWAS的组一和组二名称及样本量，组一样本β值的均值，组二样本β值的均值，T检验得到的T统计量，以及关联检验P值等结果。

EWASdb共有1319个EWAS，包含750个与复杂疾病相关的研究（图5-29），占比54.64%；156个与性状相关的研究，占比12.58%；54个与药物治疗相关的研究，占比7.28%；44个与组织相关的研究，占比6.29%；181个与细胞系相关的研究，占比10.26%；53个与干细胞相关的研究，占比2.32%；81个类别为“其他”的研究，占比6.63%。可以直观地看出，EWASdb中复杂疾病相关的研究占了很大的比重，

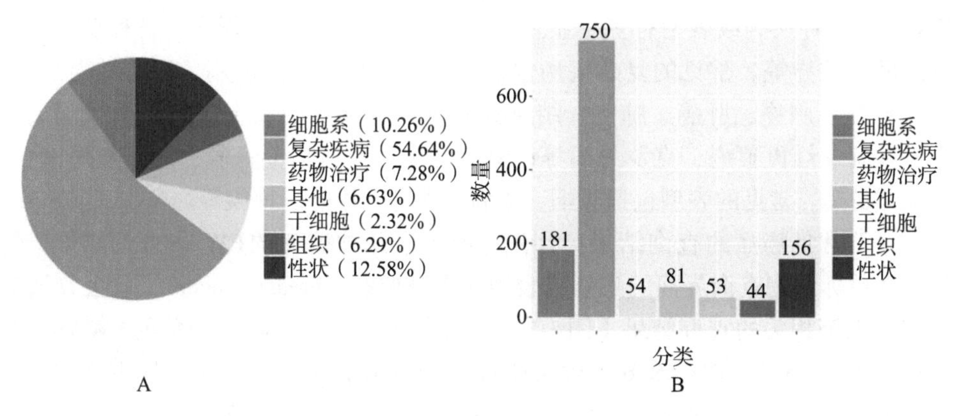

图5-29　EWASdb中疾病或表型的研究数与所占比例

包含乳腺癌、肝细胞癌、结直肠癌、肺癌等癌症，帕金森综合征和阿尔茨海默病等退行性疾病，类风湿关节炎、系统性红斑狼疮等自身免疫性疾病。

EWASdb中按照P值小于1e-7的标准筛选出的与疾病或表型显著相关的单标志物的数目为18 538 029个，按照P值小于1e-3的标准筛选出的单标志物数目为52 292 604个，按照P小于1e-3筛选出了49 967个与疾病或表型显著相关的KEGG通路，按照P小于1e-3筛选出了930 609个显著的GO节点，其中包括686 552个与BP相关的GO节点，141 979个与MF相关的GO节点，102 078个与CC相关的GO节点（表5-23）。EWASdb中涉及27 918个基因，包含了302种疾病或表型。

表5-23　EWASdb详细结果信息统计表

数据类别	数目（个）
EWAS研究	1 319
单个表观遗传标志物的EWAS结果（P＜1e-7）	18 538 029
单个表观遗传标志物的EWAS结果（P＜1e-3）	52 292 604
KEGG通路的EWAS结果（P＜1e-3）	49 967
GO节点的EWAS结果（P＜1e-3）	930 609
GO节点中BP的EWAS结果（P＜1e-3）	686 552
GO节点中MF的EWAS结果（P＜1e-3）	141 979
GO节点中CC的EWAS结果（P＜1e-3）	102 078
基因	27 918
疾病/表型	302

5.4.3　EWASdb的查询样例

在EWASdb中，通过查询可以非常直观地看到每种疾病或表型有多少EWAS、每种疾病或表型有多少显著关联的标志物及其显著程度、各种疾病或表型之间的差异等。常见的复杂疾病包括癌症、自身免疫性疾病、退行性疾病等。癌症包括乳腺癌、肝癌、肺癌、结直肠癌等；自身免疫性疾病包括类风湿关节炎、系统性红斑狼疮、克罗恩病等；退行性疾病包括帕金森病、阿尔茨海默病、骨关节炎等。常见的表型包括吸烟、饮酒、性别、年龄、种族等。

（1）常见癌症的查询结果：首先，展示了几种癌症的EWAS查询结果。例如，在单标志物查询界面的疾病或表型搜索框搜索“breast cancer”，就会看到32条与乳腺癌相关的查询结果（图5-30），说明有32个与乳腺癌相关的EWAS，其中包含了EWAS2、EWAS56、EWAS241等14个乳腺癌样本与正常样本之间的分析，还包含了EWAS242、EWAS243等16个不同亚型的乳腺癌样本之间的比较分

Search Result for EWAS

Total 32 records 2/4 page upPage 1 2 3 4 downPage

EWAS ID	Class	Disease/Phenotype [sample size n]	Sample groups (case/control, trait, cell type etc.)		More Result (Significant marker)
			Group1 [sample size n]	Group2 [sample size n]	
EWAS409	disease	breast cancer [n=32]	Primary Tumor Tissue [n=28]	Normal Breast Tissue [n=4]	more
EWAS410	disease	breast cancer [n=32]	Primary Tumor Tissue [n=28]	Breast Cancer Cell Line [n=4]	more
EWAS411	disease	breast cancer [n=8]	Normal Breast Tissue [n=4]	Breast Cancer Cell Line [n=4]	more
EWAS423	disease	breast cancer [n=68]	Normal [n=46]	Ductal carcinoma in situ (DCIS) [n=22]	more
EWAS424	disease	breast cancer [n=285]	Normal [n=46]	breast cancer [n=239]	more
EWAS425	disease	breast cancer [n=232]	Normal [n=46]	invasive carcinoma of the breast(IBC) [n=186]	more
EWAS426	disease	breast cancer [n=77]	Normal [n=46]	mixed DCIS-invasive [n=31]	more
EWAS427	disease	breast cancer [n=217]	invasive carcinoma of the breast(IBC) [n=186]	mixed DCIS-invasive [n=31]	more
EWAS428	disease	breast cancer [n=208]	invasive carcinoma of the breast(IBC) [n=186]	Ductal carcinoma in situ (DCIS) [n=22]	more
EWAS429	disease	breast cancer [n=53]	mixed DCIS-invasive [n=31]	Ductal carcinoma in situ (DCIS) [n=22]	more

Total 32 records 2/4 page upPage 1 2 3 4 downPage

图5-30　搜索“breast cancer”得到的EWAS结果

析，EWAS410等2个乳腺癌细胞系研究（图5-31）。每个EWAS可以看到两组样本的样本数，如癌症与正常样本分析EWAS241中，组一中包含了40个乳腺癌样本，组二中包含了17个正常样本。按照严格的显著*P*值（小于1.0×10^{-7}）筛选出的与乳腺癌显著相关的CpG位点数为64 526个。其中，CpG位点“cg00000029”位于16号染色体上，位置为“53468112”，映射在“*RBL2*”基因上，该位点对应的癌症样本数据的β值的均值为0.305，正常样本的β值的均值为0.178，*T*检验得到的*T*统计量为−6.493，关联检验*P*值为3.2×10^{-8}（图5-32）。在这组分析中，识别出了64 526个在乳腺癌样本与正常样本之间有显著差异的CpG位点，将这些显著位点映射到基因上，研究人员在识别乳腺癌相关基因时可以优先参考这些筛选出的显著基因。

Search Result

Total 1 records 1/1 page

EWAS ID	EWAS409
GSE ID	GSE59901
EWAS Title	DNA methylation study in breast cancer [methylation]
Disease/Phenotype	breast cancer
Group1	Primary Tumor Tissue
Group2	Normal Breast Tissue
Group1 Sample Size	28
Group2 Sample Size	4
Summary	Addressing the still unresolved question of the existence of CIMP in breast cancer DNA methylation alterations among histological breast cancer subtypes were examined by applying the HM450K BeadChip of Illumina Inc., covering about 480,000 single CpG sites. In addition to the occurrence of the hypermethylator phenotype in breast cancer, its relation to genetic instability and histological subtypes was investigated.
Contributor	Rößler J, Lehmann U, Ammerpohl O, Gutwein J, Steinemann D
Public date	Public on Nov 30, 2014
Citation (PubMed ID)	-
Browse ALL Significant Marker	Browse (the result is searched from a big database. It may be a potentially slow. Please be patient.)
Browse ALL Significant KEGG Pathways	Browse (the result is searched from a big database. It may be a potentially slow. Please be patient.)
Browse ALL Significant GO Categories	Browse (the result is searched from a big database. It may be a potentially slow. Please be patient.)

图5-31　EWAS的详细信息

Search Result for Significant Marker

Total 176341 records 1/17635 page 1 2 3 4 5 downPage >> last

EWAS ID	ID_REF	Chr	Position	Gene	Sample groups (case/control, trait, cell type etc.)		Group1 Average β_value	Group2 Average β_value	T_statistics	T Pvalue
					Group1 [sample size n]	Group2 [sample size n]				
EWAS425	cg00000109	3	171916037	FNDC3B	Normal [n=46]	invasive carcinoma of the breast(IBC) [n=186]	0.800	0.917	16.960	1.400e-24
EWAS425	cg00000165	1	91194674	-	Normal [n=46]	invasive carcinoma of the breast(IBC) [n=186]	0.209	0.328	6.443	7.750e-10
EWAS425	cg00000236	8	42263294	VDAC3	Normal [n=46]	invasive carcinoma of the breast(IBC) [n=186]	0.885	0.932	10.080	3.360e-15
EWAS425	cg00000321	8	41167802	SFRP1	Normal [n=46]	invasive carcinoma of the breast(IBC) [n=186]	0.176	0.284	9.687	7.960e-19
EWAS425	cg00000363	1	230560793	-	Normal [n=46]	invasive carcinoma of the breast(IBC) [n=186]	0.092	0.184	10.678	2.120e-21
EWAS425	cg00000924	11	2720463	KCNQ1;KCNQ1OT1	Normal [n=46]	invasive carcinoma of the breast(IBC) [n=186]	0.438	0.361	-8.230	1.640e-14
EWAS425	cg00000948	8	49890609	-	Normal [n=46]	invasive carcinoma of the breast(IBC) [n=186]	0.969	0.871	-8.604	1.970e-15
EWAS425	cg00001249	14	60389786	-	Normal [n=46]	invasive carcinoma of the breast(IBC) [n=186]	0.765	0.679	-8.536	2.160e-14
EWAS425	cg00001261	16	3463964	-	Normal [n=46]	invasive carcinoma of the breast(IBC) [n=186]	0.493	0.545	6.462	8.680e-10
EWAS425	cg00001269	20	48959004	-	Normal [n=46]	invasive carcinoma of the breast(IBC) [n=186]	0.926	0.792	-13.543	7.230e-31

Total 176341 records 1/17635 page 1 2 3 4 5 downPage >> last

图5-32　EWAS分析结果的详细信息

在KEGG的EWAS查询中搜索EWAS241，可以看到有62条与乳腺癌显著相关的KEGG通路，筛选条件是超几何检验P值小于1.0×10^{-3}。其中KEGG ID为“hsa04514”的KEGG通路的P值为2.42×10^{-4}，通路名称为“Cell adhesion molecules（CAMs）”，即细胞黏附分子，它是在细胞表面表达的（糖）蛋白，在凝血、免疫反应、炎症、肿瘤转移、胚胎发生、神经元组织发育及创伤愈合等多种生物学反应中起着至关重要的作用。研究人员可以在这些显著通路中挖掘乳腺癌相关的通路功能，研究乳腺癌会对身体的各个生物学过程造成怎样的影响。可以通过KEGG ID的超链接得到关于该通路的详细信息，如通路名称、介绍、类别、通路图、相关疾病、相关药物、相关基因等信息（图5-33）。

Search Result for KEGG Pathways

Total 216 records 1/22 page 1 2 3 4 5 downPage >> last

EWAS ID	KEGG ID	Class	Disease/Phenotype [sample size n]	Sample groups (case/control, trait, cell type etc.)		KEGG Pathway Name	Pathway Gene Number	Gene Number Annotated In The KEGG Pathway	Pvalue
				Group1 [sample size n]	Group2 [sample size n]				
EWAS425	hsa00020	disease	breast cancer [n=232]	Normal [n=46]	invasive carcinoma of the breast(IBC) [n=186]	Citrate cycle (TCA cycle)	30	30	0
EWAS425	hsa00030	disease	breast cancer [n=232]	Normal [n=46]	invasive carcinoma of the breast(IBC) [n=186]	Pentose phosphate pathway	29	29	0
EWAS425	hsa00051	disease	breast cancer [n=232]	Normal [n=46]	invasive carcinoma of the breast(IBC) [n=186]	Fructose and mannose metabolism	32	32	0
EWAS425	hsa00052	disease	breast cancer [n=232]	Normal [n=46]	invasive carcinoma of the breast(IBC) [n=186]	Galactose metabolism	29	29	0
EWAS425	hsa00061	disease	breast cancer [n=232]	Normal [n=46]	invasive carcinoma of the breast(IBC) [n=186]	Fatty acid biosynthesis	13	13	0
EWAS425	hsa00072	disease	breast cancer [n=232]	Normal [n=46]	invasive carcinoma of the breast(IBC) [n=186]	Synthesis and degradation of ketone bodies	10	10	0
EWAS425	hsa00100	disease	breast cancer [n=232]	Normal [n=46]	invasive carcinoma of the breast(IBC) [n=186]	Steroid biosynthesis	19	19	0

图5-33　KEGG通路查询结果的详细信息

在GO节点的EWAS搜索的EWAS ID搜索框搜索EWAS241，会得到1667条P值小于1×10^{-3}的与乳腺癌显著相关的GO节点的结果。点开GO ID的超链接跳转到Gene Ontology官网，可以看到该GO节点的详细信息、所有与之相关的直接和间接注释，以及所有基因和基因产物等。例如，GO ID为“GO:0002520”的GO节点，可以在查询结果中看到它属于生物学过程范畴，关联检验P值为9.93×10^{-4}，节点名称为“immune system development”，即免疫系统发育，是生物体对潜在的内部或侵入性威胁做出反应，随着时间推移形成成熟的结构，进而得到生物系统发展的结果。这个通路与乳腺癌显著相关可以说明癌症与免疫系统之间存在着一定的关系。免疫相关研究近年来是一个热点，很多研究者都发现了免疫与癌症之间的关联。其他属于生物学过程的节点还包含了GO ID为“GO:0002544”的chronic inflammatory response（慢性炎症反应），“GO:0002673”的regulation of acute inflammatory response（急性炎症反应的调节）及“GO:0006915”的apoptosis（凋亡）等（图5-34）。除了已被证实与癌症相关的节点外，研究人员还可以参考找到的1667个节点，发现更多与癌症相关的节点，这可能会为癌症的预防和靶向治疗提供帮助。

Search Result for GO Categories

Total 3868 records 1/387 page 1 2 3 4 5 downPage >> last

EWAS ID	GO ID	Class	Disease/Phenotype [sample size n]	Sample groups (case/control, trait, cell type etc.)		Categories	GO Term Name	GO Term Gene Number	Gene Number Annotated In The GO Term	Pvalue
				Group1 [sample size n]	Group2 [sample size n]					
EWAS425	GO:0000002	disease	breast cancer [n=232]	Normal [n=46]	invasive carcinoma of the breast(IBC) [n=186]	biological_process	mitochondrial genome maintenance	10	10	0.000000
EWAS425	GO:0000030	disease	breast cancer [n=232]	Normal [n=46]	invasive carcinoma of the breast(IBC) [n=186]	molecular_function	mannosyltransferase activity	16	16	0.000000
EWAS425	GO:0000038	disease	breast cancer [n=232]	Normal [n=46]	invasive carcinoma of the breast(IBC) [n=186]	biological_process	very long-chain fatty acid metabolic process	24	24	0.000000
EWAS425	GO:0005886	disease	breast cancer [n=232]	Normal [n=46]	invasive carcinoma of the breast(IBC) [n=186]	cellular_component	plasma membrane	3859	3817	0.000258
EWAS425	GO:0000045	disease	breast cancer [n=232]	Normal [n=46]	invasive carcinoma of the breast(IBC) [n=186]	biological_process	autophagic vacuole assembly	15	15	0.000000
EWAS425	GO:0000049	disease	breast cancer [n=232]	Normal [n=46]	invasive carcinoma of the breast(IBC) [n=186]	molecular_function	tRNA binding	23	23	0.000000
EWAS425	GO:0000050	disease	breast cancer [n=232]	Normal [n=46]	invasive carcinoma of the breast(IBC) [n=186]	biological_process	urea cycle	11	11	0.000000
EWAS425	GO:0000060	disease	breast cancer [n=232]	Normal [n=46]	invasive carcinoma of the breast(IBC) [n=186]	biological_process	protein import into nucleus-translocation	26	26	0.000000
EWAS425	GO:0000062	disease	breast cancer [n=232]	Normal [n=46]	invasive carcinoma of the breast(IBC) [n=186]	molecular_function	fatty-acyl-CoA binding	15	15	0.000000
EWAS425	GO:0007059	disease	breast cancer [n=232]	Normal [n=46]	invasive carcinoma of the breast(IBC) [n=186]	biological_process	chromosome segregation	109	109	0.000000

Total 3868 records 1/387 page 1 2 3 4 5 downPage >> last

图5-34　GO节点查询结果的详细信息

EWAS242是一个对乳腺癌的两种不同亚型LumA和LumB进行比较分析的研究，查询结果显示，按照严格的显著P值（小于1.0×10^{-7}），在LumA和LumB之间存在3个具有显著性差异的CpG位点，P值分别为7.13×10^{-8}、3.53×10^{-8}和7.40×10^{-8}，映射于基因*SFRP1*和*TTBK1*上。研究人员在进行不同乳腺癌亚型的研究时，可以着重关注这两个基因，筛选疾病亚型的差异为精准医疗和靶向治疗提供了参考。在乳腺癌和正常样本之间的分析EWAS241中识别出了1667个与乳腺癌相关的风险标志物，而乳腺癌不同亚型LumA和LumB之间只识别出了3个具有显著性差异的CpG位点，这说明疾病和正常样本之间的差异远远大于疾病不同亚型之间的差异，疾病和正常样本之间的差异大说明疾病对很多位点产生了很大的影响，疾病和疾病样本之间差异小说明疾病造成影响的位点很可能大部分是相同的。而不同亚型之间的对比也能更直观地显示哪两种亚型差异更大、哪些亚型更接近。

搜索肺癌会得到24个与其相关的EWAS，其中EWAS42、EWAS332、EWAS527、EWAS574、EWAS910是5个肺癌样本和正常样本之间的病例对照研究，还包含了EWAS1227、EWAS1228等18个与药物治疗相关的研究。EWAS526是肺癌与特发性肺纤维化之间的对比分析。在肺癌与正常样本对照分析EWAS42的搜索结果中，可以看到该分析按照P值小于1.0×10^{-7}的标准识别出了49 479个与肺癌显著相关的GpG位点，其中“cg00001583”位于1号染色体上，位置信息为200011786，映射在基因“*NR5A2*”上，该研究共包含了75个样本，其中6个是正常样本，69个为肺癌样本，该位点对应的组一样本β值的均值为0.141，组二样本β值的均值为0.510，该位点对应的关联检验P值为1.15×10^{-9}。研究人员在查找肺癌相关基因时可以优先参考这些显著位点对应的基因。

在KEGG的EWAS查询中搜索EWAS42，得到了按照P值小于1.0×10^{-3}的标准识别出的47个与肺癌显著相关的KEGG通路。例如，其中KEGG ID为“hsa04550”的KEGG通路，通路名称为“Signaling pathways regulating pluripotency of stem cell”，即调节多能干细胞的通路，P值为2.33×10^{-4}。多能干细胞包括胚胎干细胞和诱导多能干细胞，具有无限自我更新能力，与其相关的信号通路趋向于激活核心转录网络，参与调控通路的转录因子及其下游靶基因能够协同促进自我更新及多能性。该通路可以引发一些思考，如是否因为一些重要的通路被突变因素激活导致了癌症的发生。

在GO节点的EWAS查询中搜索EWAS42，得到了以P值小于1.0×10^{-3}为标准筛选出的1232个与肺癌显著相关的GO节点。例如，GO ID为“GO:0001775”的GO节点，属于生物学过程范畴,GO节点名称为“cell activation”，即细胞活化，该节点的含义是由于暴露于激活因子（如细胞或可溶性配体）而导致的细胞形态或行为变化。GO ID为“GO:0001071”的GO节点，属于分子功能范畴，GO节点名称为“nucleic acid binding transcription factor activity”，即核酸结合转录因子活性。研究人员可以参考这些显著节点去研究肺癌的发病机制。

搜索肝癌会得到24条与肝癌相关的记录。例如，EWAS340是肝癌样本和正常样本之间的分析，共234个样本，含224个肝癌样本、10个正常肝组织样本，以P值小于1.0×10^{-7}为标准，该EWAS有153 158个与肝癌显著相关的CpG位点。其中位点“cg27575890”位于22号染色体上，位置为36907158，映射在基因“*EIF3D*”上，该位点对应的癌症样本β值的均值为0.264，正常样本β值的均值为0.385，T统计量为11.47，关联检验P值为3.02×10^{-10}。

在KEGG通路的EWAS查询中搜索EWAS340，得到了34条记录，说明以P值小于1.0×10^{-3}的标准得到了34个与肝癌显著相关的KEGG通路。其中KEGG ID为“hsa00534”的通路名称为“Glycosaminoglycan biosynthesis-heparan sulfate/heparin”，即糖胺聚糖的生物合成-硫酸乙酰肝素/肝素。另外还有两条与糖胺聚糖相关的显著通路。糖胺聚糖主要存在于高等动物的结缔组织中，结缔组织包含了细胞间质和组织液等，广义的结缔组织包括血液、淋巴、骨等，具有重要的功能意义。在GO节点的EWAS查询中搜索EWAS340，得到了1571条按照P值小于1.0×10^{-3}的标准筛选得到的显著的GO节点。研究人员可以参考该EWAS得到的显著通路和节点进行进一步分析。

搜索结直肠癌会得到22条与其相关的EWAS（包含EWAS103等研究）。在单标志物的EWAS查询界面搜索EWAS103得到了5823条$P<1.0\times10^{-7}$的与结直肠癌显著相关的CpG位点。EWAS103包含63个样本，组一包含44个结直肠癌样本，组二包含19个正常样本。其中，位点“cg00017059”位于2号染色体上，位置信息为45797255，映射在基因“*SRBD1*”上，该位点对应的组一样本β值的均值为0.828，组二样本β值的均值为0.889，T统计量为8.092，关联检验P值为3.05×10^{-11}。研究人员可以在寻找结直肠癌靶向治疗的靶点时将这些位点对应的基因作为参考。在KEGG通路的EWAS界面搜索EWAS103，包含了235条与该研究显著（$P<1.0\times10^{-3}$）相关的KEGG通路。例如，其中KEGG ID为“hsa04977”的通路，KEGG通路名称为“Vitamin digestion and absorption”，即维生素的消化和吸收，显著性P值为0.785×10^{-4}，该通路可以引发一定的思考，为什么该通路在癌症和正常样本之间差异显著，是否因为结直肠癌会影响维生素的消化和吸收。在GO节点的EWAS界面搜索EWAS103，包含了707个与该EWAS显著（$P<1.0\times10^{-3}$）相关的GO节点。例如，其中GO ID为“GO:0002429”的节点，名称为“immune response-activating cell surface receptor signaling pathway”，即免疫应答激活细胞表面受体信号通路。P值为0.603×10^{-4}。

（2）自身免疫性疾病的查询结果：首先，在单标志物的查询界面搜索类风湿关节炎，得到了4条和类风湿关节炎相关的记录。以P值小于1.0×10^{-7}为筛选条件，EWAS104有96 501个与类风湿关节炎显著相关的CpG位点，EWAS1102有2个与类风湿关节炎显著相关的位点，EWAS143和EWAS1022在该筛选条件下没有显著位点。在KEGG的EWAS查询中，以P值小于1.0×10^{-3}为筛选条件，EWAS104有793个与疾病显著相关的KEGG通路。其余3个EWAS没有显著KEGG通路。在GO节点的EWAS查询中，以P值小于1.0×10^{-3}为筛选条件，EWAS104包含2893个与疾病显著相关的GO节点。其余3个EWAS没有显著GO节点。

自身免疫性疾病还包含系统性红斑狼疮，根据提供的参考列表，在EWASdb中搜索"systemic lupus erythematosus（SLE）"，得到了20条与系统性红斑狼疮相关的结果，其中有6条是系统性红斑狼疮患者与正常样本的分析，1条是同时患有其他疾病的SLE患者样本与正常样本的分析，1条是SLE样本与肾炎患者SLE样本的分析，其他研究是SLE不同免疫细胞之间的比较分析。搜索其中的病例对照研究EWAS383，得到了405个显著的CpG位点、35个显著的KEGG通路和395个显著的GO节点。

此外，克罗恩病也是一种自身免疫性肠道疾病。通过搜索得到了9条与克罗恩病相关的EWAS结果，其中8条是病例对照研究，1条是克罗恩病和溃疡性结肠炎之间的比较。EWAS1298是一个克罗恩病的病例对照研究，EWAS查询结果中包含了29 443个显著CpG位点、1553个显著GO节点，无显著相关的KEGG通路。这几种疾病的查询结果表明自身免疫性疾病的这几个EWAS的显著位点、节点和通路比几个癌症研究的要少，那么是不是这两类疾病的其他研究也会出现类似情况？其他类型疾病的查询结果又是怎样的情况？为了得到这个问题的答案，可以对这几类疾病的病例对照研究的显著标志物的数目进行进一步统计和对比。

参考文献

Ashburner M，Ball CA，Blake JA，et al，2000．Gene ontology：tool for the unification of biology．The Gene Ontology Consortium．Nat Genet，25（1）：25-29．

Bakulski KM，Dolinoy DC，Sartor MA，et al，2012．Genome-wide DNA methylation differences between late-onset Alzheimer's disease and cognitively normal controls in human frontal cortex．J Alzheimers Dis，29（3）：571-588．

Bojesen SE，Timpson N，Relton C，et al，2017．AHRR（cg05575921）hypomethylation marks smoking behaviour，morbidity and mortality．Thorax，72（7）：646-653．

Breitling LP，Yang R，Korn B，et al，2011．Tobacco-smoking-related differential DNA methylation：27K discovery and replication．Am J Hum Genet，88（4）：450-457．

Chang K，Yang SM，Kim SH，et al，2014．Smoking and rheumatoid arthritis．Int J Mol Sci，15（12）：22279-22295．

Croft M，Siegel RM，2017．Beyond TNF：TNF superfamily cytokines as targets for the treatment of rheumatic diseases．Nat Rev Rheumatol，13（4）：217-233．

Dick KJ，Nelson CP，Tsaprouni L，et al，2014．DNA methylation and body-mass index：a genome-wide analysis. Lancet, 383 (9933): 1990-1998.

Excoffier L, Slatkin M, 1995. Maximum-likelihood estimation of molecular haplotype frequencies in a diploid population. Mol Biol Evol, 12 (5): 921-927.

Flanagan JM, 2015. Epigenome-wide association studies (EWAS): past, present, and future. Methods Mol Biol, 1238: 51-63.

Gabriel SB, Schaffner SF, Nguyen H, et al, 2002. The structure of haplotype blocks in the human genome. Science, 296 (5576): 2225-2229.

Gene Ontology Consortium, 2015. Gene Ontology Consortium: going forward. Nucleic Acids Res, 43 (Database issue): D1049-D1056.

Genovese MC, McKay JD, Nasonov EL, et al, 2008. Interleukin-6 receptor inhibition with tocilizumab reduces disease activity in rheumatoid arthritis with inadequate response to disease-modifying antirheumatic drugs: the tocilizumab in combination with traditional disease-modifying antirheumatic drug therapy study. Arthritis Rheum, 58 (10): 2968-2980.

Hill WG, Robertson A, 1968. Linkage disequilibrium in finite populations. Theor Appl Genet, 38(6): 226-231.

Holliday R, 2006. Epigenetics: a historical overview. Epigenetics, 1 (2): 76-80.

Hu Z, Hong J, Gao M, 1999. Study on relationship between two different syndromes and three soluble cytokine receptors in patients with rheumatoid arthritis. Zhongguo Zhong Xi Yi Jie He Za Zhi, 19 (12): 718-720.

Hyndman IJ, 2017. Rheumatoid arthritis: past, present and future approaches to treating the disease. Int J Rheum Dis, 20 (4): 417-419.

Ishikawa H, Hirata S, Andoh Y, et al, 1996. An immunohistochemical and immunoelectron microscopic study of adhesion molecules in synovial pannus formation in rheumatoid arthritis. Rheumatol Int, 16 (2): 53-60.

Jordahl KM, Phipps AI, Randolph T, et al, 2019. Differential DNA methylation in blood as a mediator of the association between cigarette smoking and bladder cancer risk among postmenopausal women. Epigenetics, 14 (11): 1065-1073.

Julià A, Absher D, López-Lasanta M, et al, 2017. Epigenome-wide association study of rheumatoid arthritis identifies differentially methylated loci in B cells. Hum Mol Genet, 26 (14): 2803-2811.

Kanehisa M, Furumichi M, Tanabe M, et al, 2017. KEGG: new perspectives on genomes, pathways, diseases and drugs. Nucleic Acids Res, 45 (D1): D353-D361.

Kanehisa M, Goto S, 2000. KEGG: kyoto encyclopedia of genes and genomes. Nucleic Acids Res, 28 (1): 27-30.

Koch A, Joosten SC, Feng Z, et al, 2018. Analysis of DNA methylation in cancer: location revisited. Nat Rev Clin Oncol, 15 (7): 459-466.

Lewontin RC, 1964. The interaction of selection and linkage. Ⅱ. General considerations heterotic models. Genetics, 49 (1): 49-67.

Lu KL, Wu MY, Wang CH, 2019. The role of immune checkpoint receptors in regulating immune reactivity in lupus. Cells, 8 (10): 1213.

McCarthy D, Taylor MJ, Bernhagen J, et al, 1992. Leucocyte integrin and CR1 expression on peripheral blood leucocytes of patients with rheumatoid arthritis. Ann Rheum Dis, 51(3): 307-312.

Mueller JC, 2004. Linkage disequilibrium for different scales and applications. Brief Bioinform, 5(4): 355-364.

Pundt N, Peters MA, Wunrau C, 2009. Susceptibility of rheumatoid arthritis synovial fibroblasts to FasL- and TRAIL-induced apoptosis is cell cycle-dependent. Arthritis Res Ther, 11(1): R16.

Rakyan VK, Down TA, Balding DJ, et al, 2011. Epigenome-wide association studies for common human diseases. Nat Rev Genet, 12(8): 529-541.

Scott DL, Wolfe F, Huizinga TW, 2010. Rheumatoid arthritis. Lancet, 376(9746): 1094-1108.

Seidl C, Donner H, Petershofen E, et al, 1999. An endogenous retroviral long terminal repeat at the HLA-DQB1 gene locus confers susceptibility to rheumatoid arthritis. Hum Immunol, 60(1): 63-68.

Smolen JS, Beaulieu A, Rubbert-Roth A, et al, 2008. Effect of interleukin-6 receptor inhibition with tocilizumab in patients with rheumatoid arthritis (OPTION study): a double-blind, placebo-controlled, randomised trial. Lancet, 371(9617): 987-997.

The Gene Ontology Consortium, 2019. The Gene Ontology Resource: 20 years and still GOing strong. Nucleic Acids Res, 47(D1): D330-D338.

Tufts MH, 2012. Rheumatoid arthritis. Am J Nurs, 112(3): 13.

Varga E, Palkonyai E, Temesvári P, et al, 2003. The role of HLA-DRB1*04 alleles and their association with HLA-DQB genes in genetic susceptibility to rheumatoid arthritis in Hungarian patients. Acta Microbiol Immunol Hung, 50(1): 33-41.

Waddington CH, 2012. The epigenotype. 1942. Int J Epidemiol, 41(1): 10-13.

Wahl S, Drong A, Lehne B, et al, 2017. Epigenome-wide association study of body mass index, and the adverse outcomes of adiposity. Nature, 541(7635): 81-86.

Wendling D, Racadot E, Viel JF, 1994. Leukocyte expression of the LFA-1 adhesion molecule in spondylarthropathies. Rev Rhum Ed Fr, 61(1): 23-28.

Wigginton JE, Cutler DJ, Abecasis GR, 2005. A note on exact tests of Hardy-Weinberg equilibrium. Am J Hum Genet, 76(5): 887-893.

Yu G, Wang LG, Han Y, et al, 2012. clusterProfiler: an R package for comparing biological themes among gene clusters. OMICS, 16(5): 284-287.

Yu G, Wang LG, Yan GR, et al, 2015. DOSE: an R/Bioconductor package for disease ontology semantic and enrichment analysis. Bioinformatics, 31(4): 608-609.

Zhao L, Liu D, Xu J, et al, 2018. The framework for population epigenetic study. Brief Bioinform, 19(1): 89-100.

Zheng WY, Zheng WX, Hua L, 2016. Detecting shared pathways linked to rheumatoid arthritis with other autoimmune diseases in a in silico analysis. Mol Biol (Mosk), 50(3): 530-539.

第六章　全基因组单倍型关联分析

6.1　单倍型介绍

单核苷酸多态性（SNP）及全基因组关联分析（GWAS）相关的研究已经确定了许多SNP和表型之间的关系。相较于传统的基因分析方式，单倍型分析及单倍型关联分析能获得更好的统计结果，可以较好地确定影响疾病易感性的基因组位点，更有利于识别疾病基因。单倍型块测试可以提供一种互补的方法，检测低于GWAS发现阈值的关联。此外，单倍型关联比SNP关联更容易复制。单倍型信息在多种背景下具有重要作用，包括但不限于连锁分析、关联研究、群体遗传学、临床遗传学、基因组学、遗传分析等方面的研究。例如，个体化医疗，肿瘤分析和移植组织分型确定基因组重排的结构，并阐明其关联的变异的顺式和反式关系；研究精细重组和复发性突变的遗传；推断祖源关系、人类迁徙历史及疾病基因进化史；基因表达中的顺式作用调控；检测基因型错误；推断重组点。此外，针对单倍型信息的分析揭示了多种疾病的致病性，这是传统SNP信号不可能完成的。

单倍型推断方法随着测序技术的改进在不断更新。自1990年以来，随着微阵列技术的发展，传统的单倍型推断方法主要是从群体中的基因型推断单倍型。在二代测序（next generation sequencing，NGS）数据盛行的时代下，涌现了许多算法和工具，但都困扰于短读测序无法跨越多个SNP，从而导致重构单倍型的连续性较差。研究人员进行了多次尝试来突破测序技术的限制，目前已经解决了许多困难并相继开发了诸多可用于单倍型装配的方法、方案。随着测序深度增大、覆盖率提高，以及对单倍型鉴定有明显优势的三代测序数据的出现［Pacific Biosciences、PacBio和Oxford Nanopore Technologies（ONT）提供的单分子测序技术，可产生高达100万个碱基的超长读数］，许多已存在的问题或困难得到了有效的改善或解决，第三代测序技术的出现对单倍型的测定大有益处，完全染色体单倍型的准确鉴定这一伟大目标也在逐步实现。从1990年单倍型鉴定技术出现发展至今，已有多种算法及工具被广泛应用，随之产生的单倍型信息也不计其数，研究人员从这些信息中发掘出了许多和表型、基因位点相关的单倍型。随着单倍型分析技术的不断发展，相应的准确的单倍型信息被挖掘出来，随之而来的全基因组单倍型关联研究（genome wide haplotype association study，GWHA）也逐渐走上历史舞台，目前GWHA已经带来了许多新发现。

6.2 单倍型分析

6.2.1 数据准备

（1）表型数据：全基因组单倍型关联研究支持二项式表型（病例对照）和连续表型（定量）。

（2）基因型数据：原始SNP基因型可从SNP阵列（如Affymetrix SNP阵列6.0）或全基因组测序技术（如第二代和第三代测序技术）中获得。SNP阵列可产生数百万个SNP，而测序技术可产生数千万个SNP。

一般来说，表型和基因型数据可以用矩阵表示。假设有m个样本和n个SNP，那么基因型数据由n行（每行为一个SNP）和$k+m$列（前k列为SNP的基本信息，如染色体编号、位置和等位基因，后m列为SNP的基因型）组成。表型数据包括m行（每行为一个样本）和一列（表型）。

6.2.2 质量控制

一般来说，筛选原始SNP基因型数据有三个常用标准：①成功进行基因分型的个体百分比＞75%；②Hardy-Weinberg平衡（P＞0.001）；③最小等位基因频率（MAF，即两个等位基因频率中较小的）＞1%。这些质量控制标准确保研究人员可以使用高质量、稳定、常见的SNP来开展全基因组单倍型关联研究。

6.2.3 连锁不平衡块识别

不同SNP位点上等位基因的非随机关联通常称为连锁不平衡（linkage disequilibrium，LD）。对于处于LD状态的两个SNP，其不同等位基因的关联频率高于或低于随机频率。低密度区块（或单倍型区块）是由一组物理上接近的SNP组成的，这些SNP之间的低密度性很高。换句话说，SNP之间的LD在区块内较高，而在区块间较低。

在全基因组单倍型关联研究中，识别LD区块是一个重要步骤。识别LD区块的方法有很多，如Gabriel置信区间法、四配子检验（FGT）、隐马尔可夫模型和动态编程算法。虽然这些算法能有效识别单倍型区块，但当遇到数百万或数千万个SNP时，这些算法仍会受到限制。这是因为一些区块经常会被有限的计算机内存或固定大小的窗口打断。为了顺利扫描全基因组，Xu等开发了一种弹性滑动窗口法，以避免破坏真实的区块结构。首先，使用固定大小的滑动窗口来识别窗口中的LD块。如果窗口中的最后一个位点不位于已识别的区块中，则将窗口滑动到下一个位点。否则，如果窗口中的最后一个位点位于已识别的区块中，则该区块很可能被窗口的边界打破。接下来将窗口大小增加到原来固定窗口大小的两倍。窗口大小可以逐渐增大，直到最后一个SNP不在已识别的区块中。利用这种策略，可以扫描整个基因组，并利用极少的计算机内存识别LD块。研究人员还可以使用单倍型分析软件HAPLOTYPE 1.0识别全基因组LD块。

6.2.4　单倍型频率估计

目前，SNP微阵列技术和第二代测序技术及第三代测序技术都无法直接检测单倍型。这是因为当个体基因型在两个SNP位点上都是杂合时，配子相位是模糊的。因此，人们开发了几种重要的算法，最初最常用的是期望最大化（EM）算法、贝叶斯方法和马尔可夫模型。时至今日，这些方法对单倍型鉴定仍具有重要意义。随着技术的发展，单个个体单倍型的定义和问题的解决基于功能模型或最小误差校正（minimum error correction，MEC）、加权最小字符翻转（WMLF）和最大片段剪切（MFC）等方法。此外，从头装配等方法也非常有效。

6.2.5　关联检验

在病例对照研究中，可以使用Pearson卡方检验来确定单倍型与表型之间的关联。对于单倍型，可以用上述方法估计病例和对照样本的单倍型频率。

接下来，可以计算病例和对照中的单倍型计数，并构建一个四倍表。单倍型（该单倍型与其他单倍型）与表型的关联检验卡方统计量如下：

$$\chi^2 = \sum \frac{(\text{Observed} - \text{Expected})^2}{\text{Expected}} \tag{6-1}$$

研究人员还可以计算比值比和95%置信区间。对于连续或定量表型，研究人员可通过线性回归和方差分析来确定单倍型与表型之间的关联。

6.2.6　多重检验校正

全基因组单倍型关联研究将扫描所有染色体，识别LD块，并检查每个单倍型与表型/疾病之间的关联。因此，多重检验是全基因组单倍型关联研究中一个具有挑战性的问题。目前，有很多技术可以用来校正多重假设，如Bonferroni校正和Sidak校正。最简单但最严格的校正方法是Bonferroni校正。对于每个单独的假设，研究人员可以通过α/N的显著性水平来获得显著的结果，其中α是总体显著性水平，N是假设的数量（单倍型的数量）。如果研究人员认为阈值过于严格，他们可以选择一个相对宽松的阈值，并使用生物信息学策略来筛选候选基因。

6.3 常用软件

随着单倍型鉴定方法的逐渐成熟，许多相关的工具应运而生并被广泛应用。在本部分，我们将简要介绍一些常用的单倍型分析软件，使用这些软件，可以成功进行单倍型分析。

最经典、最常用的单倍型分析工具是Haploview和PLINK。Haploview是基于Java开发的最经典的单倍型分析软件之一。它支持基因型数据的连锁不平衡分析和单倍型关联测试。Haploview可以采用弹性滑窗方法进行全基因组单倍型关联研究。PLINK是一个免费的、开源的全基因组关联分析工具集，可以对全基因组进行扫描，对基因型数据进行全基因组单倍型关联研究。

随着测序技术的发展，许多新的单倍型分析工具被开发出来用于新一代测序。WhatsHap是适用于高通量测序数据的单倍型分析工具，它考虑了读取长度增加和测序误差对单倍型推断的影响，当处理覆盖率高达15X的数据集时，WhatsHap显示出非常好的统计性能。该算法实现时，第三代测序技术刚开始发展，但是对于第三代测序技术产生的数据，WhatsHap依然能够进行分析，并为单倍型进行分型。HapCUT2是一种针对多种不同数据类型和全基因组测序数据有效且准确的单倍型分析工具，可应用于来自各种测序技术的数据，如全基因组测序数据、近端连接测序和单分子实时测序，并在90X覆盖率的全基因组Hi-C数据集中产生了高分辨率，具有高成对相位精度的单倍型。HapCUT2的准确性很高，同时在速度和可扩展性方面也很出众，它是唯一一个能够合理地对具有大插入尺寸的配对端读取的单倍型进行组装的计算方法，且误差很小。此外，CandiHap是一款友好、快速的GWAS单倍型分析软件，可支持Sanger和二代测序数据。

DCHap适用于三代测序的分治法单倍型定相算法，DCHap实现的是顺序阅读重建个体的两个单倍型，不同于以往的定相策略，DCHap设计了一种分治算法，先识别确定可靠区域，即找到连续的SNP区域，得到相应的单倍型片段和覆盖读数的双分割，但是可靠区域之间仍存在差距。DCHap根据间隙中等位基因的读数计算每个枚举链接的MEC，以MEC记录链接，根据算法自身设定的情况链接好各个区域后，利用所有读取结果进一步完善所得单倍型。最后，通过与部分其他工具对比、模拟数据及真实数据进行基准测试。

参考文献

Andrews SV，Sheppard B，Windham GC，et al，2018．Case-control meta-analysis of blood DNA methylation and autism spectrum disorder．Mol Autism，9：40．

Barrett T，Wilhite SE，Ledoux P，et al，2013．NCBI GEO：archive for functional genomics data sets—update. Nucleic Acids Res, 41 (Database issue): D991-D995.

Cui T, Zhang L, Huang Y, et al, 2018. MNDR v2.0: an updated resource of ncRNA-disease associations in mammals. Nucleic Acids Res, 46 (D1): D371-D374.

Du P, Zhang X, Huang CC, et al, 2010. Comparison of Beta-value and M-value methods for quantifying methylation levels by microarray analysis. BMC Bioinformatics, 11: 587.

Flanagan JM, 2015. Epigenome-wide association studies (EWAS): past, present, and future. Methods Mol Biol, 1238: 51-63.

Gene Ontology Consortium, 2015. Gene Ontology Consortium: going forward. Nucleic Acids Res, 43 (Database issue): D1049-D1056.

Hamidi T, Singh AK, Chen T, 2015. Genetic alterations of DNA methylation machinery in human diseases. Epigenomics , 7 (2): 247-265.

Hayashi Y, Ohnuma K, Furue MK, 2019. Pluripotent stem cell heterogeneity. Adv Exp Med Biol, 1123: 71-94.

Horvath S, 2013. DNA methylation age of human tissues and cell types. Genome Biol, 14 (10): R115.

Illingworth R, Kerr A, Desousa D, et al, 2008. A novel CpG island set identifies tissue-specific methylation at developmental gene loci. PLoS Biol, 6 (1): e22.

Johansson A, Flanagan JM, 2017. Epigenome-wide association studies for breast cancer risk and risk factors. Trends Cancer Res, 12: 19-28.

Jones MJ, Goodman SJ, Kobor MS, 2015. DNA methylation and healthy human aging. Aging Cell, 14 (6): 924-932.

Kanehisa M, Goto S, 2000. KEGG: kyoto encyclopedia of genes and genomes. Nucleic acids research, 28 (1): 27-30.

Karlsson A, Jönsson M, Lauss M, et al, 2014. Genome-wide DNA methylation analysis of lung carcinoma reveals one neuroendocrine and four adenocarcinoma epitypes associated with patient outcome. Clin Cancer Res, 20 (23): 6127-6140.

Kim TK, 2015. T test as a parametric statistic. Korean J Anesthesiol, 68 (6): 540-546.

Kulis M, Esteller M, 2010. DNA methylation and cancer. Adv Genet, 70: 27-56.

Li E, Beard C, Jaenisch R, 1993. Role for DNA methylation in genomic imprinting. Nature, 366 (6453): 362-365.

Li E, Bestor TH, Jaenisch R, 1992. Targeted mutation of the DNA methyltransferase gene results in embryonic lethality. Cell , 69 (6): 915-926.

Linn F, Heidmann I, Saedler H, et al, 1990. Epigenetic changes in the expression of the maize A1 gene in *Petunia hybrida*: role of numbers of integrated gene copies and state of methylation. Mol Gen Genet, 222 (2-3): 329-336.

Moore K, McKnight AJ, Craig D, et al, 2014. Epigenome-wide association study for Parkinson's disease. Neuromolecular Med, 16 (4): 845-855.

Moore LD, Le T, Fan G, 2013. DNA methylation and its basic function. Neuropsychopharmacology, 38 (1): 23-38.

Nakagawa S, Noble DW, Senior AM, et al, 2017. Meta-evaluation of meta-analysis: ten appraisal questions for biologists. BMC Biol, 15 (1): 18.

Okano M, Bell DW, Haber DA, et al, 1999. DNA methyltransferases Dnmt3a and Dnmt3b are essential for *de novo* methylation and mammalian development. Cell, 99 (3): 247-257.

Okugawa Y, Grady WM, Goel A, 2015. Epigenetic alterations in colorectal cancer: emerging biomarkers. Gastroenterology, 149 (5): 1204-1225, e12.

Orozco LD, Morselli M, Rubbi L, et al, 2015. Epigenome-wide association of liver methylation patterns and complex metabolic traits in mice. Cell Metab, 21 (6): 905-917.

Patel CJ, Bhattacharya J, Butte AJ, 2010. An environment-wide association study (EWAS) on type 2 diabetes mellitus. PLoS One, 5 (5): e10746.

Reik W, 2007. Stability and flexibility of epigenetic gene regulation in mammalian development. Nature, 447 (7143): 425-432.

Shirodkar AV, St Bernard R, Gavryushova A, et al, 2013. A mechanistic role for DNA methylation in endothelial cell (EC) -enriched gene expression: relationship with DNA replication timing. Blood, 121 (17): 3531-3540.

Su J, Huang YH, Cui X, et al, 2018. Homeobox oncogene activation by pan-cancer DNA hypermethylation. Genome Biol, 19 (1): 108.

Subramanian A, Tamayo P, Mootha VK, et al, 2005. Gene set enrichment analysis: a knowledge-based approach for interpreting genome-wide expression profiles. Proc Natl Acad Sci U S A, 102 (43): 15545-15550.

Tomczak K, Czerwińska P, Wiznerowicz M, 2015. The Cancer Genome Atlas (TCGA): an immeasurable source of knowledge. Contemp Oncol (Pozn), 19 (1A): A68-A77.

Vedham V, Verma M, 2015. Cancer-associated infectious agents and epigenetic regulation. Methods Mol Biol, 1238: 333-354.

Verma M, 2012. Epigenome-wide association studies (EWAS) in cancer. Curr Genomics, 13 (4): 308-313.

Visscher PM, Brown MA, McCarthy MI, et al, 2012. Five years of GWAS discovery. Am J Hum Genet, 90 (1): 7-24.

Wahl S, Drong A, Lehne B, et al, 2017. Epigenome-wide association study of body mass index, and the adverse outcomes of adiposity. Nature, 541 (7635): 81-86.

Xie Q, Bai Q, Zou LY, et al, 2014. Genistein inhibits DNA methylation and increases expression of tumor suppressor genes in human breast cancer cells. Genes Chromosomes Cancer, 53 (5): 422-431.

Xu J, Liu D, Zhao L, et al, 2016. EWAS: epigenome-wide association studies software 1.0-identifying the association between combinations of methylation levels and diseases. Sci Rep, 6: 37951.

Xu J, Zhao L, Liu D, et al, 2018. EWAS: epigenome-wide association study software 2.0. Bioinformatics, 34 (15): 2657-2658.

Zhao L, Liu D, Xu J, et al, 2018. The framework for population epigenetic study. Brief Bioinform, 19 (1): 89-100.

第七章　全表观组单倍型关联分析

7.1　简介

单条染色体上一个位点是否被甲基化取决于该位点胞嘧啶的第五位碳原子上是否被添加甲基，从某些角度上来说，DNA甲基化是一种离散化的多态。当前，由于技术的限制，单条染色体上一个DNA甲基化位点胞嘧啶的修饰状态是难以被直接观察到的。为了从同源染色体的角度深度理解DNA甲基化的群体特点，观察人群之间是否存在稳定的表观遗传群体特征，笔者团队将群体遗传学的经典框架扩展到了表观遗传学中，开发了一个群体表观遗传框架，并提出了以下一系列新的概念。

7.2　单甲基化多态性

SMP指的是单甲基化多态性，也可以理解为单胞嘧啶修饰多态性，它指的是染色体上特定的一个位置，该位置上的胞嘧啶可以被甲基化，也可以不被甲基化。

7.2.1　SMP等位基因及等位基因频率

（1）SMP等位基因：指染色体特定的胞嘧啶位点上，同源染色体中一条染色单体上的DNA甲基化修饰状态。SMP等位基因共有两种可能情况，如果一个SMP位点被甲基化了，将其定义为M，如果一个SMP位点没有被甲基化，将其定义为U。SMP等位基因示意图见图7-1。

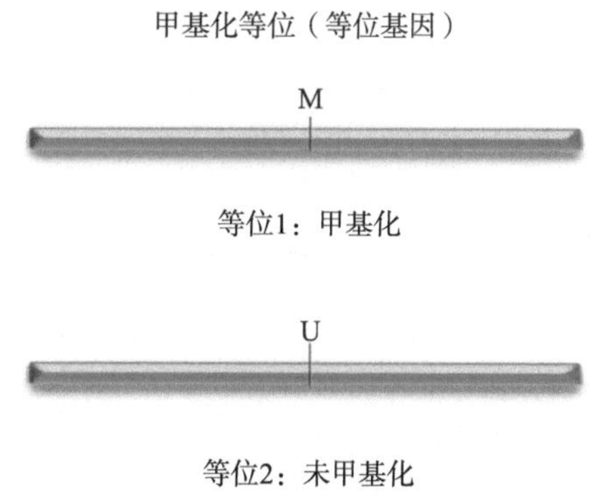

图7-1　SMP等位基因示意图

（2）SMP等位基因频率：指SMP等位基因U和M的频率。对于n个样本，甲基化等位基因M的频率p_M可以计算为

$$p_{\mathrm{M}}=\frac{\text{甲基化等位M的数目}}{\text{样本数}(n)\times 2} \tag{7-1}$$

同理，非甲基化等位基因U的频率p_{U}可以计算为

$$p_{\mathrm{U}}=\frac{\text{未甲基化等位U的数目}}{\text{样本数}(n)\times 2} \tag{7-2}$$

在一个群体中，等位基因M和U的频率和为1，所以p_{U}也可以通过p_{M}计算得到：

$$p_{\mathrm{U}}=1-p_{\mathrm{M}} \tag{7-3}$$

（3）rmSMP：指M等位基因频率小于0.01（$p_{\mathrm{M}}<0.01$）的SMP位点，该位点出现M等位基因的频数少，也被称为稀有M等位基因SMP位点。

（4）ruSMP：指U等位基因频率小于0.01（$p_{\mathrm{U}}<0.01$）的SMP位点，该位点上U等位基因较少，而M等位基因较多。也就是说，在一个ruSMP中，M等位基因的频率大于0.99。

（5）常见SMP：为具有常见M等位基因和常见U等位基因的SMP位点。在该位点上，M等位基因的频率介于0.01到0.99之间，U等位基因的频率也大于或等于0.01，小于或等于0.99。

7.2.2　甲基化基因型

（1）甲基化基因型（menotype）：指一对同源染色体上特定胞嘧啶位点上SMP等位基因的组合。在人群中，DNA甲基化基因型可以分为三种情况：甲基化纯合子、甲基化杂合子和非甲基化纯合子。甲基化基因型示意图参见图7-2。

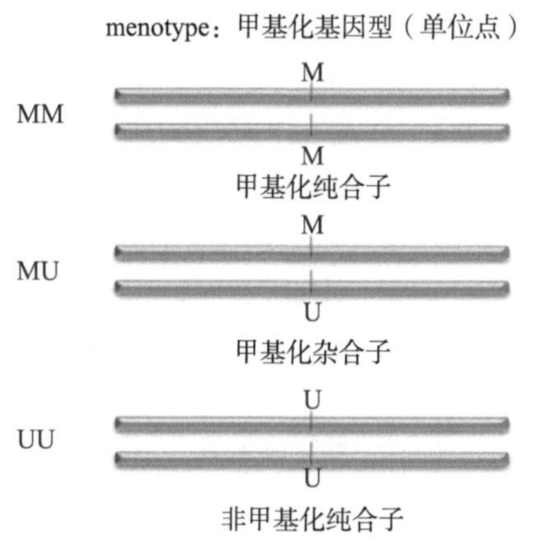

图7-2　甲基化基因型示意图

（2）甲基化纯合子：在一个个体中，如果一对同源染色体上两条染色单体相同位置的胞嘧啶均被添加上甲基，就称其为甲基化纯合子基因型，记为MM。

（3）甲基化杂合子：在一个个体中，如果同源染色体的一条染色单体上的胞嘧啶被甲基化，而另一条染色单体上相同位置的胞嘧啶没有被甲基化，就称其为甲基化杂合子基因型，记为MU。

（4）非甲基化纯合子：在一个个体中，如果一对同源染色体上两条染色单

体相同位置的胞嘧啶均未被修饰，就称其为非甲基化纯合子基因型，记为UU。

（5）甲基化基因型频率：指三种甲基化基因型MM、MU和UU的频率，分别记为p_{MM}、p_{MU}及p_{UU}。对于n个样本，MM的频率p_{MM}可以计算为

$$p_{MM}=\frac{\text{甲基化基因型MM的数目}}{\text{样本数}(n)} \tag{7-4}$$

MU的频率p_{MU}可以计算为

$$p_{MU}=\frac{\text{甲基化基因型MU的数目}}{\text{样本数}(n)} \tag{7-5}$$

UU的频率p_{MM}可以计算为

$$p_{UU}=\frac{\text{甲基化基因型UU的数目}}{\text{样本数}(n)} \tag{7-6}$$

MM、MU、UU是人群中所有可能存在的DNA甲基化基因型，三者的频率和为1，任意一种基因型的频率可以通过其他两种基因型的频率计算：

$$\begin{aligned}p_{MM}&=1-p_{MU}-p_{UU}\\p_{MU}&=1-p_{MM}-p_{UU}\\p_{UU}&=1-p_{MM}-p_{MU}\end{aligned} \tag{7-7}$$

7.2.3 SMP等位基因关联

（1）SMP等位基因关联：一个SMP位点存在两种等位基因，甲基化M和非甲基化U，同源染色体相同位置上的两个等位基因之间可能存在某些关联。Hardy-Weinberg平衡可以用来分析相同位置上两个SMP等位基因之间的关联性。如果SMP相同位置的两个等位基因之间独立，就称该位点符合Hardy-Weinberg平衡，两个等位基因之间没有关联性。根据独立性原则，符合Hardy-Weinberg平衡的等位基因满足以下公式：

$$\begin{aligned}p_{MM}&=p_Mp_M\\p_{MU}&=p_Mp_U\\p_{UU}&=p_Up_U\end{aligned} \tag{7-8}$$

其中，p_{MM}指的是甲基化基因型MM的频率，p_{MU}指的是甲基化基因型MU的频率，p_{UU}指的是甲基化基因型UU的频率，p_M是SMP甲基化等位基因M的频率，p_U是SMP非甲基化等位基因U的频率。在研究中，可以使用Wigginton等开发的算法去检测两个等位基因是否满足Hardy-Weinberg平衡，显著性水平一般为

0.001。对于一个SMP位点，如果Hardy-Weinberg平衡检测的P值小于0.001，就认为该位点偏离了Hardy-Weinberg平衡，两个等位基因之间存在相关性。根据等位基因关联情况，可以把不满足Hardy-Weinberg平衡的位点分为两组：synSMP和excSMP。

（2）synSMP：对于一个SMP位点，如果一对同源染色体的两条染色单体上的相同位置趋向于同时被甲基化或者同时不被甲基化，就认为两个等位基因有协同作用，把该SMP定义为synSMP（$p_{MM}>p_{M}p_{M}$）。

（3）excSMP：对于一个SMP位点，如果同源染色体的一条染色单体被甲基化，另一条染色体趋向于不被甲基化，就认为两个等位基因有互斥作用，把该SMP定义为excSMP（$p_{MM}<p_{M}p_{M}$）。

7.3 DNA甲基化不平衡

两个位点的等位基因之间可能存在某些相关性。在SNP数据中，如果一个人群中两个SNP位点的等位基因之间存在某种非随机的关联性，称为连锁不平衡。目前，连锁不平衡已经被广泛用于复杂疾病分析及人群结构特征研究中，并识别出了许多与疾病或者表型相关的风险单倍型。这里将这一概念扩展到DNA甲基化分析中，并定义了一些相关概念。

7.3.1 甲基化平衡与甲基化不平衡

（1）甲基化平衡（ME）：指两个SMP位点之间是独立的，不存在SMP等位基因之间的关联性。对于两个SMP位点SMP1和SMP2，假设SMP1有两个等位基因M1和U1，SMP2也有两个等位基因M2和U2，这四个等位基因的频率分别表示为p_{M1}、p_{U1}、p_{M2}、p_{U2}。基于独立性原则，如果两个SMP等位基因之间平衡，将满足以下公式：

$$p_{M1M2}=p_{M1}p_{M2} \tag{7-9}$$

或

$$p_{M1U2}=p_{M1}p_{U2} \tag{7-10}$$

或

$$p_{U1M2}=p_{U1}p_{M2} \tag{7-11}$$

或

$$p_{U1U2}=p_{U1}p_{U2} \quad (7\text{-}12)$$

其中，p_{M1M2}、p_{M1U2}、p_{U1M2}、p_{U1U2}分别指的是单倍型M1M2、M1U2、U1M2和U1U2的频率，p_{M1}、p_{U1}分别表示SMP1位点M1、U1等位基因的频率，p_{M2}、p_{U2}分别表示SMP2位点M2、U2等位基因的频率。

（2）甲基化不平衡（MD）：指SMP1和SMP2的等位基因之间存在非随机关联。甲基化不平衡系数md可以衡量SMP等位基因之间的不平衡程度：

$$\mathrm{m}d=p_{M1M2}-p_{M1}p_{M2} \quad (7\text{-}13)$$

还提供了其他四个等价的md定义：

$$\mathrm{m}d=p_{U1U2}-p_{U1}p_{U2} \quad (7\text{-}14)$$

或

$$\mathrm{m}d=-(p_{M1U2}-p_{M1}p_{U2}) \quad (7\text{-}15)$$

或

$$\mathrm{m}d=-(p_{U1M2}-p_{U1}p_{M2}) \quad (7\text{-}16)$$

或

$$\mathrm{m}d=p_{M1M2}p_{U1}p_{U2}-p_{M1U2}p_{U1}p_{M2} \quad (7\text{-}17)$$

（3）甲基化不平衡系数mD'和mr^2：为了更简单地衡量两个SMP等位基因之间的甲基化不平衡程度，使用以下两种方法对md进行标准化。

首先，定义了mD'：

$$\mathrm{m}D'=\frac{\mathrm{m}d}{\mathrm{m}d_{max}} \quad (7\text{-}18)$$

这里，

$$\mathrm{m}d_{max}=\begin{cases}\min(p_{M1}p_{U2}, p_{U1}p_{M2}) & \mathrm{m}d>0\\ \max(-p_{M1}p_{U2}, -p_{U1}p_{M2}) & \mathrm{m}d<0\end{cases} \quad (7\text{-}19)$$

mD'的范围介于0和1之间，mD'越大，表明两个SMP等位基因之间的甲基化不平衡程度越强。

另外，定义了mr^2如下：

$$mr^2=\frac{(md)^2}{p_{M1}p_{U1}p_{M2}p_{U2}} \tag{7-20}$$

mr^2的范围也介于0和1之间，mr^2的值越大，表明两个SMP等位基因之间的甲基化不平衡程度越强。

7.3.2　甲基化不平衡块

甲基化不平衡块（MD block）指的是一个染色体区域，在这个区域中，任意两个SMP之间都是高度连锁不平衡的。采用Gabriel等的算法去识别甲基化不平衡块。甲基化不平衡块示意图见图7-3。

MD block：甲基化不平衡块
对于块区域，该区域的甲基化单体型的类型将小于2^n

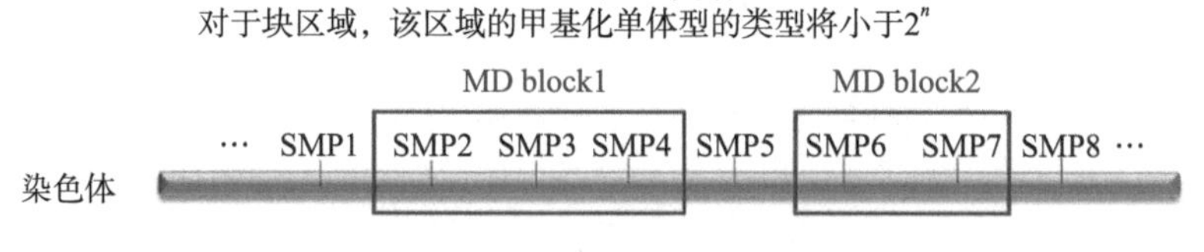

图7-3　甲基化不平衡块示意图

7.3.3　甲基化单倍型

（1）甲基化单倍型（meplotype）：指染色体或染色单体上一组特定的SMP等位基因（M或U）的组合。甲基化单倍型示意图见图7-4。

meplotype：甲基化单倍型（多位点）
例如，在一个基因组区域中有3个SMP。有两种情况

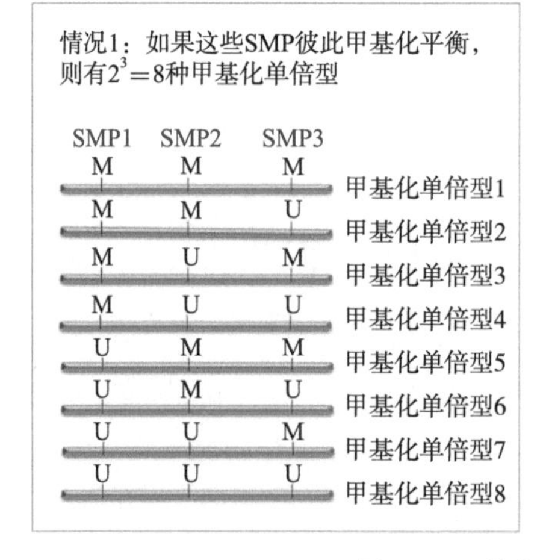

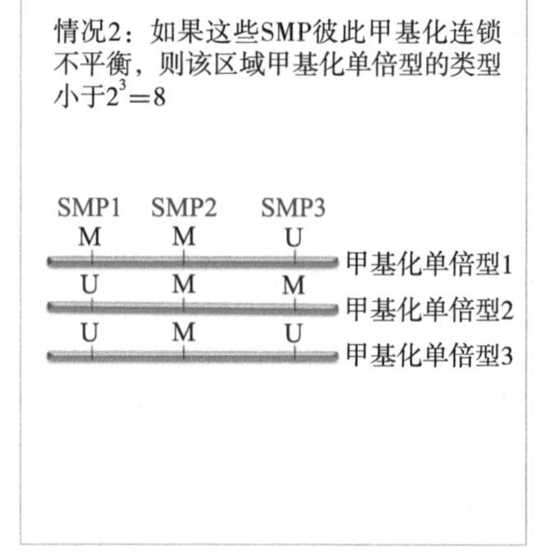

图7-4　甲基化单倍型示意图

（2）甲基化单倍型频率：指每个甲基化单倍型的频率。

单倍型的数目：假设一个染色体区域有n个SMP位点，每个SMP位点有两个可能的等位基因M和U。如果这n个SMP两两之间是甲基化平衡的，那么这个染色体区域应该存在2^n个甲基化单倍型。如果这n个SMP是高度甲基化不平衡的，那么这个染色体区域中甲基化单倍型的数目应该少于2^n（见图7-4）。

对于病例对照设计，我们可以分别估计出甲基化单倍型在病例组和对照组中的频率，采用相应的统计假设检验来鉴别差异性。若某个甲基化单倍型在病例中频率较高而在对照组频率较低，则该甲基化单倍型被称为风险单倍型；反之，若某个甲基化单倍型在病例中频率较低而在对照组频率较高，该甲基化单倍型被称为保护单倍型。

参考文献

Abraham G，Malik R，Yonova-Doing E，et al，2019．Genomic risk score offers predictive performance comparable to clinical risk factors for ischaemic stroke．Nat Commun，10（1）：5819．

Allis CD，Jenuwein T，2016．The molecular hallmarks of epigenetic control．Nat Rev Genet，17（8）：487-500．

Bian S，Hou Y，Zhou X，et al，2018．Single-cell multiomics sequencing and analyses of human colorectal cancer．Science，362（6418）：1060-1063．

Bjaanæs MM，Fleischer T，Halvorsen AR，et al，2016．Genome-wide DNA methylation analyses in lung adenocarcinomas：association with EGFR，KRAS and TP53 mutation status，gene expression and prognosis．Mol Oncol，10（2）：330-343．

Chen ZX，2019．The aberrant epigenetic regulation and epigenomic landscape alteration in human acute myelogenous leukemia and the emerged agents that target epigenetic regulators．Zhonghua Xue Ye Xue Za Zhi，40（1）：78-82．

Choi SW，O' Reilly PF，2019．PRSice-2：Polygenic Risk Score software for biobank-scale data．Gigascience，8（7）：giz082．

Euesden J，Lewis CM，O'Reilly PF，2015．PRSice：polygenic risk score software．Bioinformatics，31（9）：1466-1468．

Ge T，Chen CY，Ni Y，et al，2019．Polygenic prediction via bayesian regression and continuous shrinkage priors．Nat Commun，10（1）：1776．

Hang D，Shen HB，2019．Application of polygenic risk scores in risk prediction and precision prevention of complex diseases：opportunities and challenges．Zhonghua Liu Xing Bing Xue Za Zhi，40（9）：1027-1030．

He YQ，Wang TM，Ji M，et al，2022．A polygenic risk score for nasopharyngeal carcinoma shows potential for risk stratification and personalized screening．Nat Commun，13（1）：1966．

Jiang WC，Wu SY，Ke YB，2016．Association of exposure to environmental chemicals with risk of childhood acute lymphocytic leukemia. Zhonghua Yu Fang Yi Xue Za Zhi, 50（10）: 893-899.

Jung N, Dai B, Gentles AJ , et al, 2015. An LSC Epigenetic signature is largely mutation independent and implicates the HOXA cluster in AML pathogenesis. Nat Commun, 6: 8489.

Karlsson A, Jönsson M, Lauss M, et al, 2014. Genome-wide DNA methylation analysis of lung carcinoma reveals one neuroendocrine and four adenocarcinoma epitypes associated with patient outcome. Clin Cancer Res, 20（23）: 6127-6140.

Larsson SC, Carter P, Kar S, et al, 2020. Smoking, alcohol consumption, and cancer: a mendelian randomisation study in uk biobank and international genetic consortia participants. PLoS Med, 17（7）: e1003178.

Mak TSH, Porsch RM, Choi SW, et al, 2017. Polygenic scores via penalized regression on summary statistics. Genet Epidemiol, 41（6）: 469-480.

McInnes T, Zou D, Rao DS, et al, 2017. Genome-wide methylation analysis identifies a core set of hypermethylated genes in CIMP-H colorectal cancer. BMC Cancer, 17（1）: 228.

Newcombe PJ, Nelson CP, Samani NJ, et al, 2019. A flexible and parallelizable approach to genome-wide polygenic risk scores. Genet Epidemiol, 43（7）: 730-741.

Paugh SW, Bonten EJ, Savic D, et al, 2015. NALP3 inflammasome upregulation and casp1 cleavage of the glucocorticoid receptor cause glucocorticoid resistance in leukemia cells. Nat Genet, 47（6）: 607-614.

Privé F, Arbel J, Vilhjálmsson BJ, 2021. LDpred2: better, faster, stronger. Bioinformatics, 36（22-23）: 5424-5431.

Purcell S, Neale B, Todd-Brown K, et al, 2007. PLINK: a tool set for whole-genome association and population-based linkage analyses. Am J Hum Genet, 81（3）: 559-575.

Sanchez-Vega F, Mina M, Armenia J, et al, 2018. Oncogenic signaling pathways in the cancer genome atlas. Cell, 173（2）: 321-337, e310.

Topper MJ, Vaz M, Chiappinelli KB, et al, 2017. Epigenetic therapy ties MYC depletion to reversing immune evasion and treating lung cancer. Cell, 171（6）: 1284-1300. e1221.

Zeng J, Xue A, Jiang L, et al, 2021. Widespread signatures of natural selection across human complex traits and functional genomic categories. Nat Commun, 12（1）: 1164.

Zhao L, Liu D, Xu J, et al, 2018. The framework for population epigenetic study. Brief Bioinform, 19（1）: 89-100.

第八章　遗传变异与转录组联合分析

在后基因组时代，理解基因组变异（如单核苷酸多态性）与表型之间的遗传机制是一个挑战。数量性状位点（quantitative trait loci，QTL）是指基因组中对某些性状具有数量效应的几个位点，其中表达数量性状位点（expression quantitative trait loci，eQTL）是一类能够调控特定基因表达水平的遗传变异位点，是最常见的调节性QTL。

大量研究表明，eQTL在多个方面发挥着至关重要的作用。例如，位于基因转录起始区的eQTL可以影响转录因子结合位点的亲和力或改变染色质可及性，导致基因表达水平和功能的许多变化。位于基因编码区的eQTL直接影响编码蛋白的活性。另一种作用方式是通过调控蛋白或microRNA参与靶基因的表达调控。但eQTL最重要的作用是在全基因组关联分析（GWAS）中解释非编码区性状相关遗传变异与复杂性状之间的机制。此外，eQTL还可以为因果推理提供帮助。例如，转录组全关联分析（TWAS）使用eQTL数据预测基因表达并确定表达水平与性状之间的关联。随着测序技术的发展，eQTL研究已经从批量测序数据发展到单细胞RNA测序（scRNA-seq）数据。识别eQTL并阐明其在各种疾病中的作用，将有助于我们更好地了解疾病的病因，促进疾病的诊断或治疗。本章将阐述eQTL的发展历史、eQTL的识别与分析及常用分析工具。

8.1　eQTL的发展历史

QTL是指基因组中对某些性状有定量影响的几个位点。eQTL将基因表达作为一种定量性状来量化基因变异对表达的影响。2001年，研究人员首次实现了eQTL图谱分析，并将SNP与目标转录物丰度相关联。多年来，在测序技术的推动下，eQTL分析经历了四个重要的发展时期：微阵列时期、高通量测序时期、后基因组时期和单细胞测序时期（图8-1）。

8.1.1　微阵列时期

20世纪90年代，高通量DNA芯片或其他芯片已被应用于不同类型的基因表达场景，并成为一种可以同时进行基因表达分析和基因分型的有效方法，这成为eQTL研究的先决条件。SNP微阵列芯片通常包含数十万个基因变异位点。在测量同一样本的基因表达和SNP的基因型后，可以通过回归分析确定eQTL。芯

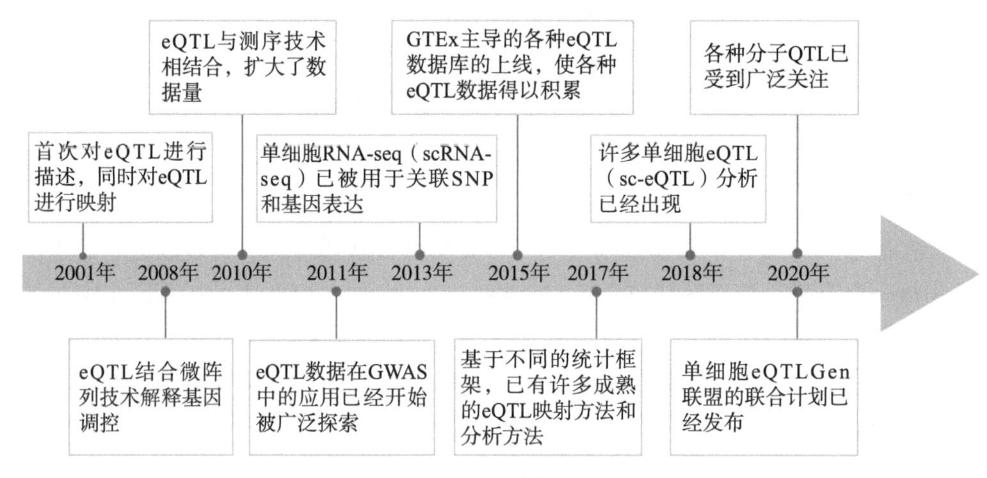

图8-1　eQTL的发展

片技术对早期eQTL研究的发展有很大帮助，有利于研究人员从遗传变异的角度理解许多基因调节现象和基本过程。例如，利用Illumina BeadChip芯片对344例类风湿关节炎（RA）患者进行eQTL分析，首次发现$CD4^+$淋巴细胞亚群中的*METL21B*、*JAZF1*、*IKZF3*和*PADI4*受顺式eQTL调控，这些基因表达的改变可能提示$CD4^+$淋巴细胞亚群在RA特异性效应中发挥作用。通过微阵列eQTL分析在缺血性脑卒中中鉴定出四个SNP基因对，它们在免疫应答中发挥重要作用，并有助于个性化治疗的发展。

8.1.2　高通量测序时期

随着实验技术的不断进步和发展，大规模高分辨率RNA测序（RNA-seq）的出现极大地促进了eQTL的发展，提高了人们对eQTL潜在调控机制的认识。由于RNA-seq技术比芯片技术更客观、更准确，能更清楚地显示遗传变异与表型之间的关系，RNA-seq技术从2010年开始被广泛用于eQTL的研究。在测序时代，eQTL取得了许多重要的成果，不仅发现了与疾病相关的分子标记，还产生了eQTL分析的数据库和工具。高通量测序时代的eQTL分析促进了对疾病分子机制的研究。2015年，基因型-组织表达（GTEx）联盟开发了GTEx数据库，基于测序技术的分析结果，储存了1000多个个体的53个组织的eQTL数据（顺式和逆式）。这个数据库的建立具有里程碑意义，它可以帮助研究人员利用eQTL数据来探索各种组织和疾病的基因表达模式。测序技术在发现与复杂性状相关的新eQTL方面无疑发挥了巨大作用。同时，在此期间开发出了许多基于测序数据的eQTL分析工具，如FastQTL、QTLtools和ASE-TIGAR。测序技术的发展使得eQTL的检测比芯片技术更加准确和全面。在这个时代，尽管eQTL的分析可以破译遗传变异对基因的调控作用，但下游的功能分析和与其他分子的协同分析仍需进一步探索。

8.1.3　后基因组时期

在后基因组时期，出现了许多将eQTL分析与GWAS相结合的方法，用于人类疾病的因果分析，如孟德尔随机化（MR）和共定位。基于MR的综合分析发现了许多疾病中的风险基因，如类风湿关节炎中的*TRAF1*和*ANKRD55*、精神分裂症中的*SNX19*和*NMRAL*。Huang等发现炎症性肠病相关变异与$CD4^+$T淋巴细胞中的eQTL存在显著的共定位信号。Franceschini等利用心血管特征的GWAS与血管组织中的eQTL共定位，发现了两个候选基因*CCDC71L*和*PRKAR2B*。研究人员还将eQTL与生存分析相结合（以识别与生存相关的eQTL）在癌症中进行了尝试。Gong等发现了22 212个与生存相关的eQTL，可以帮助解释遗传变异与生存之间的关系。在后基因组时期，整合eQTL与其他组学数据的网络分析也成为研究热点。

8.1.4　单细胞测序时期

使用大量RNA-seq数据的传统研究通常无法捕获特定于单个细胞类型的等位基因特异性表达信息。2010年，scRNA-seq的出现为在单细胞水平上分析eQTL开辟了新的可能性，为细胞多样性、细胞类型分化和疾病机制提供了有价值的见解。2013年，出现了将SNP与scRNA-seq基因表达关联起来的方法，这为在单细胞水平上研究eQTL奠定了基础。2018年，Kang等利用基于微滴的单细胞测序技术，首次进行了真正的单细胞eQTL（sc-eQTL）分析。

scRNA-seq技术的快速发展使得人们能够获得各种生物系统中复杂的调控景观，包括PBMC、T细胞、诱导多能干细胞、大脑皮质和多巴胺能神经元分化。这些研究在与免疫应答基因相关的细胞类型特异性eQTL中取得了重大突破，包括细胞重编程和分化过程中基因表达的遗传影响、不同细胞类型（如神经元、星形胶质细胞和少突胶质细胞）中基因表达的遗传调控机制、大脑中细胞多样性和功能特化的遗传基础，以及影响多巴胺能神经元基因表达模式的遗传因素。这些发现有助于促进我们对复杂疾病（如自身免疫性疾病、神经发育障碍）、细胞重编程和大脑发育的理解，为精准医学和治疗干预提供了基础。随着sc-eQTL研究的发展，已经开发了几种优化和设计sc-eQTL分析的工具和方法，包括sceQTL、scPower等，以及可用的资源，如单细胞eQTLGen联盟和OneK1K队列。

目前，尽管单细胞水平的eQTL取得了重大进展，但仍需不断改进分析方法和工具来处理单细胞数据的复杂性和独特性，sc-eQTL研究尚存在需要解决的问题和挑战。随着技术的进步，sc-eQTL研究有望取得突破，这些突破将有助于理解微观基因调控网络，揭示疾病机制，并支持个性化医疗和治疗干预。

8.2　eQTL的识别及下游分析

eQTL在疾病的发病机制中起着不可替代的作用，因此熟悉eQTL数据分析和识别方法尤为必要。本部分将介绍最基本、最经典的识别过程并举例说明。

8.2.1　数据

在预处理过程中，原始基因型数据被转换为单个基因型数据的矩阵（图8-2）。为了简化标签，基因型数据通常被标记为0、1和2。0代表非效应等位基因的纯合基因型，1代表杂合基因型，2代表效应等位基因的纯合基因型。如果基因型数据的标记密度质量不够，可以用HapMap或千人基因组数据作为参考数据进行基因型的填补。常用的工具是IMPUTE2软件。然后通常根据最小等位基因频率（MAF）、Hardy-Weinberg平衡、基因型百分比等来进一步筛选数据。

基因表达数据需要来自与基因型相同的样本。无论是微阵列数据还是测序数据，往往需要对原始数据进行归一化和对数转换，保留平均表达量大于或等于1的基因。最后，得到一个基因表达的矩阵，其中行是基因，列是样本，矩阵中的数据为基因的表达值。

在大规模eQTL分析中，需要考虑协变量的影响。许多因素可能成为协变量，如年龄、性别、肿瘤分期等。协变量可以做成一个矩阵，其中行是不同的协变量，列是样本。

eQTL根据SNP与被调控基因之间的物理位置距离分为顺式（cis-）eQTL和反式（trans-）eQTL。因此，需要准备相同版本的基因位置和SNP位置信息文件来区分eQTL的类型。基因位置信息文件通常从美国国家生物技术信息中心的基因组数据库中下载（https://ftp.ncbi.nlm.nih.gov/genomes/MapView/Homo_sapiens/sequence/BUILD.37.3/）。SNP位置信息文件可以从dbSNP数据库下载（https://www.ncbi.nlm.nih.gov/snp/）。

8.2.2　eQTL识别

基因型数据、基因表达数据和协变量被处理成三个矩阵文件后（图8-2），它们的行分别是SNP、GENE、协变量，列是样本。还需要准备相同版本的基因位置和SNP位置信息文件。eQTL分析是一种以SNP基因型为自变量，以基因表达为因变量的线性回归分析。例如，一个SNP有两个等位基因（A和a），\[{g_i}\]是第 i 个基因的表达值。检测eQTL的线性回归模型为\[{g_i} = {\alpha _i} + {\beta _i}x＋{\varepsilon _i}\]，其中\[x\]表示基因型可编码为2、1、0。例如，一个SNP位点的等位基因分别是A和a，如果以A为效应等位基因，那么基因型AA编码为2，表示效应等位基因的剂量，Aa为1，aa为0。通过拟合线性回归模型检测SNP对表达是否有显著影响，得到SNP-基因对、β值、P值等统计数据，如果SNP对表达影响显著即为eQTL位点。这里为了控制线性回归后的Ⅰ型错误，可进行多重检验校正。常用的多重检验校正方法有Bonferroni法和错误发现率（FDR）法，其中Bonferroni校正法相比FDR法更严格。相对于Bonferroni法，FDR法要温和得多，因此也较为常用。FDR的计算方法有很多，比较常见的是Benjamini & Hochberg方法（BH方法）。许多编程语言或工具可以实现这些方法，如R语言中有多重检验校正的函数，指定方法后即可给出多重检验校正的P值。在多重检验校正结果的基础上，即可判断SNP对基因表达的影响是否显著。当校正后的P值小于设置的阈值（通常取0.05）时，该SNP将被识别为eQTL，即该SNP对这个基因的表达有显著影响。根据eQTL位点与调控基因转录起始位点（TSS）之间的距离，可将eQTL分为*cis*-eQTL和*trans*-eQTL。*cis*-eQTL是指位于目标基因基因组窗口内的遗传变异，如1Mb的上游和下游区域。它们通常影响基因调控区或染色质的结构，并通过影响编码区转录本改变基因表达。相反，*trans*-eQTL是位于靶基因窗口区之外的遗传变异，包括不同染色体上的遗传变异，它们可以通过与转录因子等调控蛋白相互作用来修饰基因表达。以“SNP X”为例，如图8-2所示，左边显示，SNP X是A基因的*cis*-eQTL，与被调控基因A位于同一染色体上，而右边显示，SNP X远离调控基因，是靶基因B和C的*trans*-eQTL。虽然这两种类型的eQTL都可以解释遗传变异与基因表达的调控关系，但目前大多数研究都集中在*cis*-eQTL的调控作用上。详细的分析流程见图8-2。

8.2.3　eQTL下游分析

众所周知，eQTL对基因的调控在基因组上能引起哪些影响，这一问题已经引起了广泛关注。因此，通常需要进行eQTL的下游分析，以探索其功能和调控关系。通过参考基因组，可以将确定的eQTL映射到基因组的不同区域。一些eQTL会落在基因内，而更多的eQTL会存在于基因之间的调控区域。通过富集分析可以推断出参与调控这些eQTL的功能或调控通路。此外，eQTL与疾病相关基因结合的网络分析可以识别候选致病基因。

除了下游分析，综合分析也得到了广泛应用。GWAS是一种用于识别SNP与复杂性状之间关联的经典策略。随着GWAS分析的汇总数据大量产生，相应的数据资源也应运而生，常用的数据资源有UKbiobank、GWAS Catalogue和GWAS ATLAS等。在完成GWAS分析后，虽然可以识别增加疾病风险的遗传变异，但

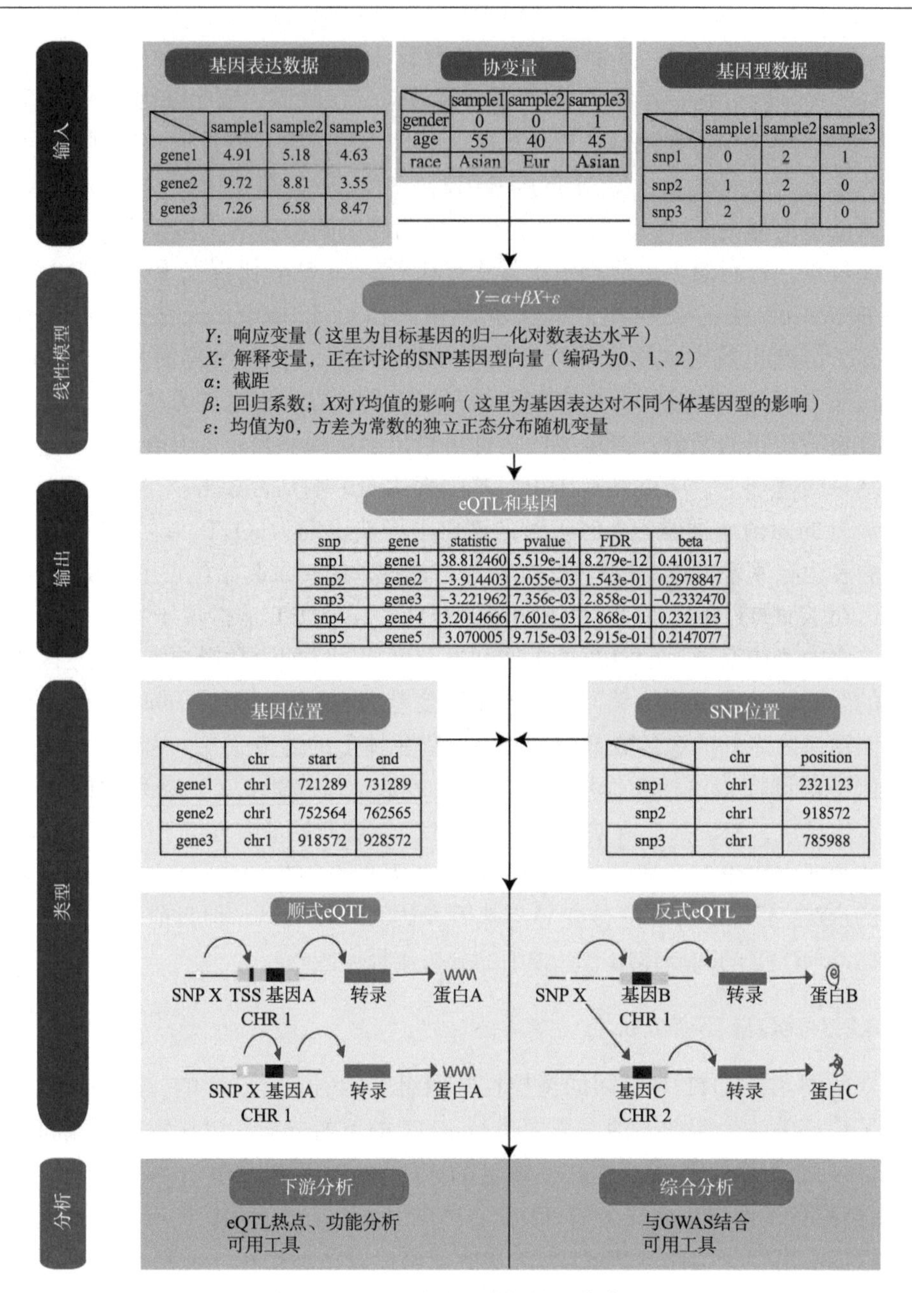

图 8-2　eQTL 鉴定和分析的工作流程

第一部分是数据准备，eQTL 图谱需要同一样本的基因表达矩阵和基因型矩阵。接下来，使用统计学方法来分析数据。以线性回归分析为例，通过设置自变量和因变量等参数，计算后得到目标基因的 eQTL。根据相互作用基因的物理位置，eQTL 被分为两种类型：顺式 eQTL 和反式 eQTL。顺式 eQTL 离效应基因较近或在效应基因内，而反式 eQTL 较远，甚至可能在另一条染色体上。一旦获得 eQTL，就可以使用已经开发的工具或新的方法进行各种分析，包括经典的下游功能分析和与其他全向信息的整合分析不能解释两者之间的机制，仍有许多后续分析解决这一局限性。例如，可以讨论复杂性状的风险位点的因果调控关系，也可以用多基因风险评分来综合评估疾病风险。而eQTL分析可以检测SNP与基因表达之间的调控关系，因此eQTL和GWAS的整合分析可以解释调控基因表达的eQTL与疾病的作用机制。例如，共定位分析不仅可以识别GWAS和eQTL之间的重叠SNP信号，还可以解释其调节机制（SNP→基因表达→疾病）；孟德尔随机化分析可以通过因果推断来识别遗传变异的多效性。因此，整合eQTL和GWAS是后基因组时期常用的方法之一，不仅可以发现遗传变异的因果关系，还可以解释疾病风险SNP、基因表达与疾病之间的调控机制（SNP→基因表达→疾病）。

8.3　eQTL分析常用工具

随着eQTL分析技术的不断发展，在经典eQTL分析框架下，为了快速完成eQTL分析过程，许多eQTL分析工具也应运而生。在此，主要介绍四种应用最广泛的eQTL识别软件。

8.3.1　eQTL识别软件

MatrixeQTL（http://www.bios.unc.edu/research/genomic_software/Matrix_eQTL/）是一款常用的经典便捷的针对大型矩阵可以快速进行eQTL分析的软件，可以用于顺式和反式eQTL的分析，运行这款软件需要提前准备五个输入数据文件：基因型数据（0、1、2形式）、基因表达矩阵、基因位置信息文件、SNP位置信息文件和协变量文件，其中前四个是必要的输入文件，协变量文件是可选的，五个文件均为.txt格式。MatrixeQTL已被应用于许多大规模人类基因组研究中检测eQTL。与其他工具如PLINK、Merlin、SNPMatrix、eMap和FastMap相比，MatrixeQTL的速度要快得多，且结果相同。除此之外，MatrixeQTL也可用于其他QTL的识别，如代谢物数量性状位点（mQTL）、蛋白质数量性状位点（pQTL）、表达数量性状甲基化（eQTM）位点。

FastQTL（http://fastqtl.sourceforge.net/）是一个识别顺式QTL的常用软件，可以应用于Linux或macOS操作系统。它通过β分布的置换检验来估计显著性，运行速度与MatrixeQTL相同。在GTEx项目中，它被用来识别顺式eQTL。SNP分型数据需要被处理为VCF格式文件。VCF由注释部分和文本部分组成，每一行代表一个变异，通常有大约十列来显示与变异有关的信息，包括基因型。表型信息（即基因的表达量信息）是一个bed格式的文件，其中前四列记录了基因的位置信息，后面的列为基因的表达值。FastQTL支持离散型和连续型的协变量，行表示协变量，列表示样本。以上三个输入文件都需要用Tabix进行索引。Tabix可以对

NGS分析中常用的格式文件进行索引，以加快对原始文件的访问。FastQTL默认分析1Mb以内的SNP-基因对。输出文件包含基因ID、SNP ID、基因和SNP之间的距离及P值。

QTLtools（https://qtltools.github.io/qtltools/）是一个开源工具，是发现和分析分子QTL的工具集的模块化框架，可以在Ubuntu 20.04.1、CentOS 8.2.2004和MacOS Catalina操作系统中使用。QTLtools只能识别顺式QTL，并根据与FastQTL相同的β分布来确定显著性。所需的输入数据包括BED格式的索引基因表达矩阵和VCF格式的索引基因型矩阵。在实际分析中，通常还需要TXT格式的协变量矩阵。QTLtool的计算速度比MatrixeQTL快很多。

GenomicTools（https://github.com/fischuu/GenomicTools）是一个R软件包，可以通过用户友好的方式进行QTL和eQTL分析。它通过非参数定向检测的方法来识别eQTL，所以它对数据中的异常值具有鲁棒性。GenomicTools还可以给出一些图形化的可视化结果，分别显示顺式eQTL和反式eQTL，如散点图和环形图。输入文件包括VCF格式的SNP信息、基因表达矩阵数据、CSV格式的表型文件，以及来自Ensembl的人类基因组信息。输出文件包含一般的eQTL基因相关信息。

这些工具在各个方面表现出不同的特点。对于小规模计算，与PLINK、Merlin、SNPMatrix和FastMap等其他工具相比，MatrixeQTL显示出了显著提高的计算效率。FastQTL和GenomicTools在大规模数据集的运行速度方面具有优势。在具有可比输入数据需求的场景中，QTLtools可以有效处理各种类型的基因表达数据，包括RNA-seq和微阵列数据。此外，QTLtools还提供了一系列统计方法和模型，这些方法和模型可以满足用户特定的需求。MatrixeQTL、FastQTL和GenomicTools除了提供关联统计、P值、调整P值和其他eQTL的统计信息外，还提供结果的可视化，从而为解释和理解提供更直观的方法。GenomicTools作为一个全面的基因组分析工具包，包含了许多强大的功能。它包含了各种eQTL分析方法，如线性回归和基因网络分析，同时也提供了基因表达数据的可视化和功能注释。

除了上述常见的鉴定工具外，还有一些工具可以通过间接方法鉴定eQTL。ASE-TIGAR（http://nagasakilab.csml.org/ase-tigar）方法以.jar文件的形式实现，它在发现遗传变异和eQTL之间的联系方面发挥了重要作用。通过对等位基因表达的研究，可以剖析基因表达的遗传图谱，得到与性状相关的顺式或反式位点。此外，有时单核苷酸变异（SNV）也可以被视为eQTL。RBP-Var（http://www.rbp-var.biols.ac.cn/）可以探索SNV和表达之间的关系，并为参与转录后调控的功能变异提供注释。

近年来，大规模平行scRNA-seq作为RNA-seq的一种强大的替代方法被越来越多地使用。它可以揭示复杂和罕见的细胞群体，揭示基因和细胞的调控关系，并在发育过程中追踪谱系轨迹。由于大量RNA谱中细胞异质性带来的测量噪声降低，因此能够识别与罕见细胞类型和特定细胞状态相关的eQTL，包括发育阶段、刺激反应状态和细胞周期阶段。因此，scRNA-seq中eQTL的鉴定是现有方法无法完全解决的重要问题。SCeQTL是一个R包（https://github.com/XuegongLab/SCeQTL/），专门用于解决这些挑战，并对单细胞数据进行eQTL分析。它可以区分不同基因型之间的两类基因表达差异，并检测与其他分组因素（如细胞系或细胞类型）相关的基因表达变化。eQTLsingle方法（https://github.com/horsedayday/eQTLsingle）采取了更多的步骤，通过使用scRNA-seq数据检测编码区域的突变，从而捕获单个细胞的突变和表达谱，允许仅使用scRNA-seq或snRNA-seq数据进行单细胞eQTL分析。然而，该方法仍存在局限性，如无法检测到非编码区和低表达水平基因中的潜在eQTL。

8.3.2　eQTL与GWAS整合分析工具

最近，许多整合eQTL和GWAS的分析工具的出现为共定位分析和识别多态性基因提供了便利。本部分介绍一些高效和系统的工具。

eCAVIAR（http://genetics.cs.ucla.edu/caviar/）是一个概率模型，用于eQTL和GWAS的共定位分析。与之前的方法相比，它有几个优点。第一，它使用汇总统计而不是单个基因型数据，且需要来自GWAS和eQTL研究的边际统计（如Z-score）。第二，它考虑了连锁不平衡，使其具有更高的准确性，并优于其他分析工具（如Regulatory trait concordance和COLOC）。

SMR（https://yanglab.westlake.edu.cn/software/smr）是一种整合GWAS汇总统计数据和eQTL汇总数据的孟德尔随机化分析方法来识别表型相关的基因。其中，基因表达作为暴露，表型作为结局变量，显著的eQTL位点作为工具变量。具体来说，SMR需要准备GWAS和eQTL的汇总水平数据，利用千人基因组数据计算连锁不平衡，获得独立SNP位点，SMR默认分析2000kb窗口内的顺式区域。SMR软件网站上提供了相关代码的下载。

XGR软件是一个开源工具，用于对基因组汇总数据的可视化，它既可以作为R包，也可以作为网络应用。输入的数据是基因组汇总数据，包括基因、SNP（来自GWAS或eQTL）或基因组区域的列表及其相应的重要性水平（*P*值）。它可以进行富集分析、相似性分析、网络分析和注释分析，并在输出文件中给出许多可视化的结果，如柱状图、网络交互图、圆圈图等。XGR扩大了对基因组汇总数据的理解和知识发现，使其有可能从多个角度解释生物成分的关系。

R包OmicKriging将遗传、转录组、表观遗传或其他组学数据中不同的组学相似性转化为表型相似性，并给出系统性解释。OmicCircos可以绘制各种圈图，显示eQTL相关信息，供下游分析。

8.4　eQTL分析常用数据资源

测序技术的创新和eQTL识别方法的广泛应用，促进了eQTL的检测和积累。随着各种eQTL实验的增加和实验复杂性的提高，一些大型的eQTL数据库应运而生。这些数据库包含了不同种群、组织、疾病等的eQTL数据，或者对海量的eQTL数据进行分类和汇总。这些数据库为用户了解遗传变异在基因组中所起的作用提供了极大的便利，接下来将重点介绍几个有重要影响的数据库。

8.4.1　组织特异性eQTL数据库

基因型-组织表达（GTEx，https://gtexportal.org/home/）项目是一个全面的公共数据资源，研究组织特异性基因表达和调控，并生成各种人体组织的匹配基因型和表达数据。2020年，GTEx已经升级到V8版本，其中包含了近1000人的分子检测样本中采集自53个正常组织的数据，包括WGS、WES、RNA-seq等。GTEx包含了大量的基本eQTL数据及性别、血统、细胞类型组成等信息，有助于研究人员了解更多关于基因表达调控的细节。除了基本的eQTL分析，还可以观察eQTL是否对性别、血统、细胞类型等有很大影响。GTEx是世界上最大的eQTL数据库之一，其存储的数据大大加深了人们对组织特异性基因调控的理解。

eQTLGen（https://www.eqtlgen.org/）是一个有37个队列共31 684份全血样本的联盟。eQTLGen联盟利用血液源性表达基因，通过基因水平的meta分析得到顺式和反式eQTL，研究基因表达的遗传学基础。eQTLGen是一个免费的在线数据库，其分析结果可以帮助确定疾病相关变异。可以从该网站下载的数据类型包括顺式eQTL、反式eQTL和表达定量性状基因评分（eQTS）。此外，数据库还包含了单细胞eQTL数据，该数据是目前的研究热点。通过将这些数据与其他数据库比较，可以得到顺式eQTL和反式eQTL不同组织细胞类型中的复制率差异。这些数据为深入探索eQTL的机制、研究血液中eQTL的组织特异性表达和确定性状的潜在驱动因素提供了丰富的数据资源。

Blood eQTL Browser（https://genenetwork.nl/bloodeqtlbrowser/）是由Westra等进行的一项研究产生的实验结果数据库。该数据库包含对5311个个体的未转化外周血样本进行eQTL meta分析而得到的顺式或反式eQTL结果。这个数据库与其他专注于顺式eQTL的数据库不同，它存储了233个SNP（反映103个独立的基因座）反式eQTL。该数据库有助于确定与疾病相关的SNP的下游效应，加深了科研人员对性状相关eQTL对表型调控影响的了解，有助于更好地设计实验和筛选风险SNP。

eQTL Catalogue（www.ebi.ac.uk/eqtl）是一个宝贵的资源，它提供了来自32个不同研究统一处理的基因表达顺式eQTL和剪接QTL（sQTL）。它是与基因表达和剪接变化相关的遗传变异的综合集合，在系统解释人类多种细胞类型和组织的GWAS关联方面起着至关重要的作用。SeeQTL（https://seeqtl.org/）是一个全面的人类肝脏遗传资源数据库，包含大量的eQTL相关数据。SeeQTL目前收集了17个eQTL数据集。SeeQTL中基因表达数据从NCBI GEO下载，基因型数据从HapMap或开发者的网站下载。这些研究大多采用数据库开发团队的流水线进行再分析，结合质量控制和FDR控制，让用户选择更合适的数据集，为用户节省选择时间，提高用户体验。该数据库对不同人群的HapMap研究数据进行meta分析，提高了数据整合和筛选的能力。数据库中有数十万个顺式或反式eQTL及其映射的基因，还有丰富的图表显示各种分析的结果。数据库的精细分类和整合提高了搜索性能，它使用基因和SNP的文本搜索进行导航，并呈现包含这些文本字符串特征的表格视图。SeeQTL对传统数据库进行了创新，在浏览器中使用交互式图表，大大方便了科研人员，为关联研究开辟了新的思路。

此外，OneK1K（www.onek1k.org/）是一个大型队列，包含从982名供者收集的127万个外周血单个核细胞（PMBC）的scRNA-seq数据。对14种免疫细胞类型进行了eQTL分析，共鉴定出26 597个顺式eQTL。研究结果表明，这些eQTL大多数表现出细胞类型特异性效应。

8.4.2　疾病相关的eQTL数据库

PancanQTL利用癌症基因组图谱（TCGA）中33种癌症类型的9196个肿瘤样本，对其基因型和表达数据进行顺式和反式eQTL分析，发现了相当数量的eQTL基因对（顺式eQTL分析：5 606 570个eQTL基因对；反式eQTL分析：231 210个eQTL基因对）。在进一步的生存分析中，22 212个与患者总生存期有关的eQTL被识别出来并提供给用户。这些数据进一步促进了对癌症相关eQTL及其对生存影响的理解。此外，PancanQTL还提供GWAS连锁不平衡（LD）区域的eQTL信息，并提供多条件搜索。用户可以对癌症类型、SNP ID、遗传信息、连锁不平衡r^2和其他内容进行搜索。由于它包括了TCGA中的所有癌症样本，因此也可以根据癌症类型一键下载所有相关数据。PancanQTL提供的癌症相关eQTL基因对和生存期相关数据，为癌症相关eQTL研究提供了一个新的视角。

8.4.3 特定人群eQTL数据库

ImmuNexUT（Immune Cell Gene Expression Atlas from the University of Tokyo，https://www.immunexut.org/）是来自10种不同的人类免疫介导疾病和健康捐赠者的28种免疫细胞的基因表达及eQTL图谱。该数据库包含来自东亚地区416个捐赠者的9852个免疫细胞样本，几乎包括所有类型的外周免疫细胞。它提供基因表达数据和eQTL数据的下载，也可以通过搜索Gene Symbol和SNP ID来在线查看感兴趣的信息。数据库中显示的免疫细胞eQTL中疾病相关基因变异的富集程度，可以用来确定疾病相关细胞类型和基因的优先级。eQTL具有群体特异性，在过去，有很多数据库用于研究欧洲人群，ImmuNexUT填补了东亚人群大规模eQTL研究的空白，促进人们了解细胞类型和免疫条件对免疫介导疾病（IMD）的基因调控的动态影响。

Braineac-The Brain eQTL Almanac是英国脑表达联盟（UKBEC）数据的网络服务器，旨在向科学界发布一个有效的工具来调查与神经系统疾病相关的基因和SNP。

参 考 文 献

Bours MJ，2021. Bayes' rule in diagnosis. J Clin Epidemiol，131：158-160.

Broekema RV，Bakker OB，Jonkers IH，2022. A practical view of fine-mapping and gene prioritization in the post-genome-wide association era. Open Biol，10（1）：190221.

Bryois J，Calini D，Macnair W，et al，2022. Cell-type-specific cis-eQTLs in eight human brain cell types identify novel risk genes for psychiatric and neurological disorders. Nat Neurosci，25（8）：1104-1112.

Gong J，Mei S，Liu C，et al，2018. PancanQTL：systematic identification of cis-eQTLs and trans-eQTLs in 33 cancer types. Nucleic Acids Res，46（D1）：D971-D976.

Gong J，Wan H，Mei S，et al，2019. Pancan-meQTL：a database to systematically evaluate the effects of genetic variants on methylation in human cancer. Nucleic Acids Res，47（D1）：D1066-D1072.

Haley CS，Knott SA，1992. A simple regression method for mapping quantitative trait loci in line crosses using flanking markers. Heredity（Edinb），69（4）：315-324.

Held L，Matthews R，Ott M，et al，2022. Reverse-Bayes methods for evidence assessment and research synthesis. Res Synth Methods，13（3）：295-314.

Hukku A，Pividori M，Luca F，et al，2021. Probabilistic colocalization of genetic variants from complex and molecular traits：promise and limitations. Am J Hum Genet，108（1）：25-35.

Jiang H，Li Y，Qin H，et al，2018. Identification of major QTLs associated with first pod height and candidate gene mining in soybean. Front Plant Sci，9：1280.

Johnson TE，DeFries JC，Markel PD，1992. Mapping quantitative trait loci for behavioral traits in the mouse. Behav Genet, 22 (6): 635-653.

Lee C, 2022. Towards the genetic architecture of complex gene expression traits: challenges and prospects for eQTL mapping in humans. Genes (Basel), 13 (2): 235.

Lin CH, Huang RY, Lu TP, et al, 2021. High prevalence of APOA1/C3/A4/A5 alterations in luminal breast cancers among young women in East Asia. NPJ Breast Cancer, 7 (1): 88.

Liu B, Gloudemans MJ, Rao AS, et al, 2019. Abundant associations with gene expression complicate GWAS follow-up. Nat Genet, 51 (5): 768-769.

Magbanua MJM, Li W, Wolf DM, et al, 2021. Circulating tumor DNA and magnetic resonance imaging to predict neoadjuvant chemotherapy response and recurrence risk. NPJ Breast Cancer, 7 (1): 32.

Mardakheh FK, 2017. Mass spectrometry analysis of spatial protein networks by colocalization analysis (COLA). Methods Mol Biol, 1636: 337-352.

Ota M, Nagafuchi Y, Hatano H, et al, 2018. Dynamic landscape of immune cell-specific gene regulation in immune-mediated diseases. Cell, 184 (11): 3006-3021, e17.

Ouellette LA, Reid RW, Blanchard SG, et al, 2018. LinkageMapView-rendering high-resolution linkage and QTL maps. Bioinformatics, 34 (2): 306-307.

Powder KE, 2020. Quantitative trait loci (QTL) mapping. Methods Mol Biol, 2082: 211-229.

Sasayama D, Hori H, Nakamura S, et al, 2013. Identification of single nucleotide polymorphisms regulating peripheral blood mRNA expression with genome-wide significance: an eQTL study in the Japanese population. PLoS One, 8 (1): e54967.

Sasayama D, Hori H, Nakamura S, et al, 2015. Whole-genome characterization of chemoresistant ovarian cancer. Nature, 521 (7553): 489-494.

Schmiedel BJ, Singh D, Madrigal A, et al, 2018. Impact of genetic polymorphisms on human immune cell gene expression. Cell, 175 (6): 1701-1715, e16.

Schneider A, Hommel G, Blettner M, 2010. Linear regression analysis: part 14 of a series on evaluation of scientific publications. Dtsch Arztebl Int, 107 (44): 776-782.

Schober P, Vetter TR, 2021. Linear regression in medical research. Anesth Analg, 132 (1): 108-109.

Smith R, Sheppard K, DiPetrillo K, et al, 2009. Quantitative trait locus analysis using J/qtl. Methods Mol Biol, 573: 175-188.

Solberg Woods LC, 2014. QTL mapping in outbred populations: successes and challenges. Physiol Genomics, 46 (3): 81-90.

Tam V, Patel N, Turcotte M, et al, 2019. Benefits and limitations of genome-wide association studies. Nat Rev Genet, 20 (8): 467-484.

Wu PY, Yang MH, Kao CH, 2021. A statistical framework for QTL hotspot detection. G3(Bethesda), 11 (4): jkab056.

第九章　遗传变异对大分子结构的影响

9.1　SNP和RNA结构

RNA的功能在很大程度上取决于其结构，而其结构又受其序列的影响。在转录过程中，预测SNP对产生的RNA序列的影响很重要。RNA结构预测过程见图9-1。RNA结构的形成不是一个简单的过程，需要经过多次折叠。研究表明，RNA序列最初被折叠成热力学上最有利的二级结构元素。作为一个单核酸分子，RNA有自我折叠的趋势，形成互补的成对双螺旋结构。它将根据Watson-Crick和G-U配对模式形成螺旋，也可能产生随机环。这些二级结构元素在三维空间中的相互作用会增加额外的碱基对，在很长的距离内形成RNA的三级结构。标准碱基对在热力学和折叠动力学方面有很大的优势。可以说，RNA的三级结构实际上是由其二级结构主导的。因此，大多数RNA结构预测工具都以二级结构为目标。根

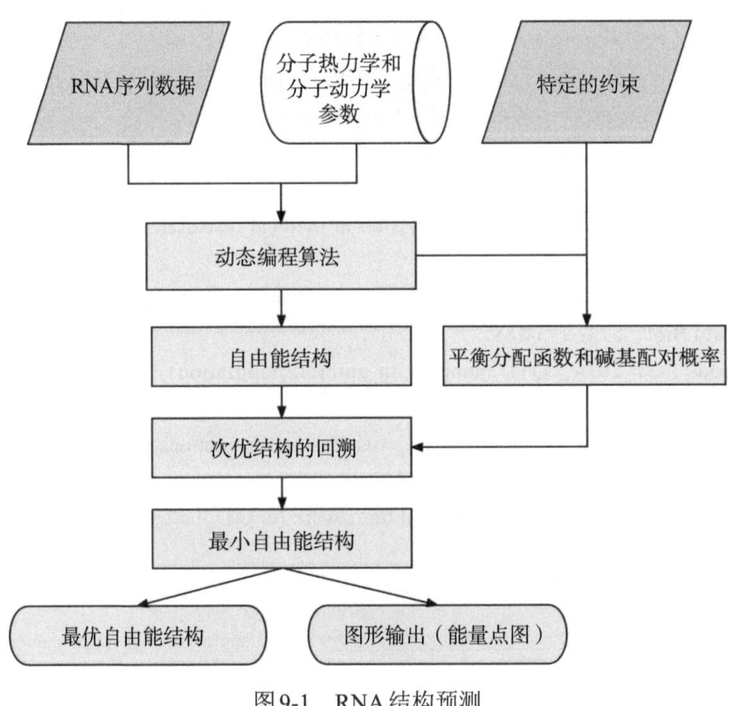

图9-1　RNA结构预测

据RNA二级结构碱基对的变化，SNP和突变对RNA结构的影响可以分为局部和整体。

SNP预测RNA结构的方法

RNAfold是一个广泛用于计算和比较RNA二级结构的计算机程序。基于动态编程算法，该代码在计算可作为约束条件的平衡分配函数和碱基配对概率后，预测具有最小自由能的结构。在此基础上，RNAfold开发了一种基于树状编辑和排列的RNA二级结构算法，可以计算最小自由能，回溯最佳二级结构，有效解决RNA反折叠问题。值得注意的是，RNAfold可以为折叠算法提供约束条件，强制配对特定位置。

RNAplfold是基于ViennaRNA Package开发的，但与RNAfold不同的是，它更擅长处理较长的RNA序列。或者可以说，RNAplfold是折叠程序的“扫描”版。在长RNA序列中，长距离的碱基对预测是比较困难的，序列越长，预测效果越差，由于硬件内存的限制，RNAfold的全局方法在序列长度上是有限的。RNAplfold结合了局部最小能量结构预测的算法，推导出长RNA序列中固定序列窗口的碱基概率矩阵的递归，使长RNA序列的预测更加准确。

mfold的第一个版本形成于20世纪80年代。mfold在RNAfold程序上有新的改进，使计算的RNA结构的预测效果足够准确和高效。其优点首先是能够结合新的能量规则，其次是能够计算出最优和次优的折叠。根据前期假设进行条件约束，次优结构可能比最优结构更符合实验数据。在输出方面，最佳和次优折叠列表可以按能量进行排序。能量点图也可以用来描述一个图像中的所有次优折叠。

SNPfold算法是基于RNAfold中的RNA分区函数计算而开发的。不同的是，该算法需要两条相同长度的不同RNA链。为了分析RNA中的SNP，一条链是野生型RNA序列，另一条是含有遗传变异的RNA序列。该算法计算两个RNA碱基对之间的Pearson相关系数。通过SNPfold计算给定序列可能的RNA构象集的分区函数，可以分析出SNP对RNA结构的影响。利用GWAS数据，分析整个mRNA结构，有助于识别具有调控功能的疾病相关突变“RiboSNitches”。

9.2　SNP与蛋白质结构

SNP和突变对蛋白质结构有一定的影响，但蛋白质结构的变化受更多因素影响，其变化也比对RNA结构的影响更难预测。蛋白质结构预测过程见图9-2。能够引起氨基酸变化的核苷酸变异被称为非同义突变，非同义单核苷酸多态性（nsSNP）是这种广泛研究的一部分。这些单碱基变化或多个核苷酸替换导致编码

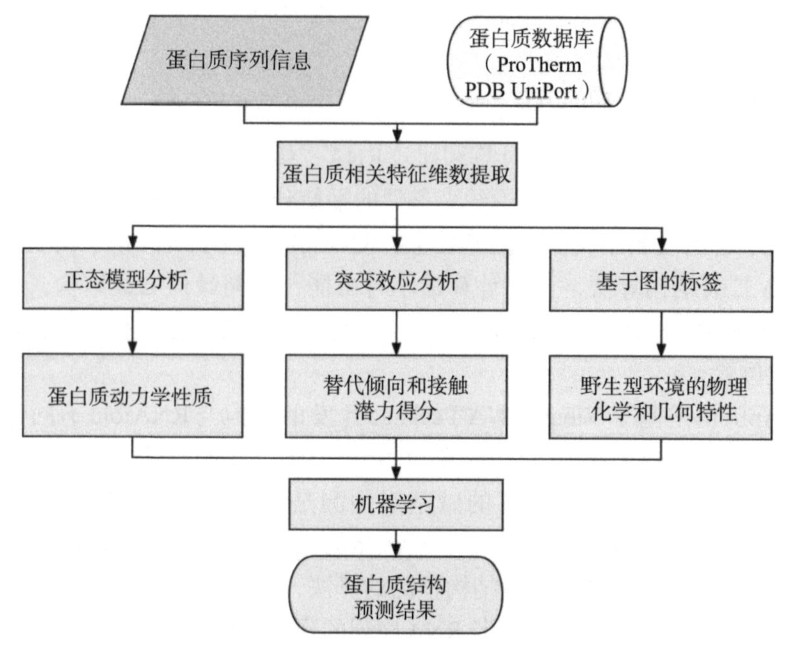

图9-2　蛋白质结构预测

蛋白质的氨基酸序列改变，被称为单氨基酸变异（SAV）或错义突变。氨基酸变化可以影响蛋白质的稳定性、相互作用和酶的活性等，从而导致疾病。因此，准确预测遗传变异对蛋白质结构的影响对于理解人类基因组变异与某些疾病相关的机制至关重要。

目前已经开发了一些方法，利用序列或结构信息来预测错义突变如何影响蛋白质的稳定性，而这些信息往往是互补的。现有的研究已经能够准确预测单个或多个点突变对蛋白质折叠、稳定性和动态的分子后果。

预测遗传变异对蛋白质结构的影响总是离不开机器学习方法。预测方法往往结合蛋白质的相关维度数据，如蛋白质动力学、接触势得分、原子间相互作用等方面特征，采用包括支持向量机、随机森林、深度学习等机器学习算法来训练和实现预测。

机器学习的目的是使计算机能够自动分析从数据中获得的规律，并利用规律对未知数据进行预测。机器学习发展至今，已经开发出许多种算法，并广泛应用于各个领域。以生物信息学领域为例，深度学习、随机森林、支持向量机等算法被广泛应用于蛋白质结构预测、蛋白质功能位点预测、亚细胞定位预测等。机器学习算法的范围很广，没有一种算法是所有任务的最佳选择。接下来将介绍三种常用的机器学习算法。

随机森林是一种决策树模型的集合方法，它将多个模型组合成一个更准确的预测器。对于蛋白质工程中经常遇到的小数据集，随机森林是一种高效的替代方法。随机森林已被应用于预测酶的稳定性方面，还可以预测单个和多个突变的吉布斯自由能。

深度学习模型，也被称为神经网络，能够从结构化的输入中提取高级特征。神经网络很适合处理大型标签数据集的任务，这使得深度学习在蛋白质结构预测方面更适合。深度学习算法已经被应用于预测结合位点、蛋白质与核酸结合、蛋白质与配体结合，以及亚细胞定位，可溶性，热稳定性，功能类，二级结构，甚至是三级结构。

支持向量机是一种核方法，使用核函数来计算输入对之间的相似性。核函数被用来计算输入对之间的相似性，将输入特征投射到高维特征空间，而不明确计算新空间的坐标。Chang等开发的libsvm包与线性核支持向量机已被用于预测蛋白质的热稳定性、酶的对映选择性，以及膜蛋白的表达和定位。

9.3　常用软件

9.3.1　识别RNA结构效应的工具

RNASNP（http://rth.dk/resources/rnasnp/）是一个网络服务器工具，它被开发用来预测SNP诱导的RNA二级结构局部区域的结构变化。通过使用全局和局部折叠方法来计算二级结构的集合，RNASNP在SNP效应预测上提供了比最小自由能结构更多的信息。RNASNP提供了一个共同的输入页面来操作三种不同的模式。对于模式1和模式2，需要输入FASTA格式的单个RNA序列，以及一个或多个需要预测结构效应的SNP或突变体。模式1使用全局折叠方法RNAfold来预测SNP对小于1000nt的短RNA序列的影响。模式2使用局部折叠方法RNAplfold预测长RNA序列。模式3结合了模式1和模式2。在应用实例中，首先，使用模式2来计算每个核苷酸位置上所有可能的替换的SNP效应。接下来，使用模式1重新计算从第一步中选出的最重要的SNP的结构效应。RNASNP不仅提供结构预测结果，还具有图形化输出的特点。

MutaRNA（http://rna.informatik.uni-freiburg.de/MutaRNA）是一个研究SNV诱导的RNA结构变化的综合平台，也是第一个提供不同点阵图来比较分析碱基配对电位的工具。MutaRNA使用局部折叠方法RNAplfold。RNAplfold可以有效地从基因组序列数据中检索出候选RNA，如microRNA前体或其他结构化RNA。MutaRNA使用RNASNP和remuRNA来量化SNV引起的结构畸变。remuRNA

使用高效的动态编程算法来计算相对熵，从而直接比较野生型和突变型组合。RNASNP通过比较碱基对概率来识别RNA区域的最大变化，并计算出的分数报告经验性的*P*值。MutaRNA从remuRNA和RNASNP中获得两个分数，并将其整合。输入数据是FASTA格式的野生型（WT）的RNA序列和突变位置。此外，用户可以指定折叠参数，定义碱基对跨度和局部折叠窗口大小，以提供局部和半全局折叠。多样化的可视化结果包括热图矩阵、圆形图和弧形图，方便用户在科学报告中直接使用。

UFold（https://github.com/uci-cbcl/UFold）团队开发了一个运行UFold的网络服务器，方便用户使用UFold方法。用户可以输入或上传FASTA格式的RNA序列。服务器使用预先训练好的UFold模型（在所有数据集上训练过）预测RNA的二级结构，并将预测的结构存储在点括号文件或bpseq文件中供用户下载。用户还可以在选项面板中选择预测非典范对或不直接预测。该服务器进一步提供了与VARNA工具的接口连接，以实现预测结构的可视化。大多数现有的RNA预测服务器，如RNAfold、MXfold2和SPOT-RNA，一次只能预测一个RNA序列，并限制输入序列的长度，而UFold没有类似的限制。

LncCASE（http://bio-bigdata.hrbmu.edu.cn/LncCASE/）是一个基于癌症中lncRNA预测而构建的网络数据库。lncRNA上的遗传变异，特别是拷贝数变异（CNV）可能改变基因表达，进而干扰相关通路的活性。LncCASE整合了肿瘤样本的多维分子分析、生物分子相互作用网络和通路数据资源，确定了单个lncRNA-CNV驱动通路，解释了lncRNA-CNV的功能和驱动机制。研究中发现的所有lncRNA-CNV及其驱动子通路都被储存起来，并提供了可视化的子通路结构，以促进癌症生物学的研究。

PON-mt-tRNA是一个预测tRNA上致病变体的工具。由于所有tRNA的致病变体都位于线粒体中，研究者收集了mt-tRNA变体，并开发了一种基于机器学习的随机森林算法的多因素概率预测方法。该方法需要一个mtDNA中的参考位置、参考（原始）核苷酸和被每个变异改变的核苷酸作为输入。此外，用户可以选择提交隔离、生化和组织化学特征的证据。研究人员利用PON-mt-tRNA对所有人类mt-tRNA中所有可能的单核苷酸替换进行了分类，该系统记录了mt-tRNA基因中所有可能的核苷酸替换的预测结果。

9.3.2　识别蛋白质结构效应的工具

NAT2PRED是在蛋白质结构预测的基础上开发的网络服务器，用于从基因分型数据推断NAT2乙酰化的表型。NAT2PRED使用SVM算法训练了来自1377名受试者的数据，该工具要求用户为每个SNP位点选择三种可能的基因型之一，提交后的工具立即推断出基因型及三种乙酰化表型的概率。

INPS(http://inps.biocomp.unibo.it) 是一种新方法，它脱离了蛋白质序列信息，不依靠结构来注释非同义突变对蛋白质稳定性的影响。INPS是基于支持向量机的回归来预测蛋白质序列中单点变化时的热力学自由能变化，适用于在蛋白质结构不可用时计算非同义多态性对蛋白质稳定性的影响。由一个在S2648数据集上训练的SVR组成的INPS预测器，可以与基于结构的mCSM等方法互为补充。

DynaMut2（http://biosig.unimelb.edu.au/dynamut2）是一个整合了蛋白质动力学和野生型残基的结构环境属性信息的工具，利用基于图的标签，提供对单个和多个点突变的稳定性和动力学的精确预测。DynaMut2能够预测单点突变和不超过3个多点突变的吉布斯自由能变化，它既可以作为单一突变也可以作为突变列表输入，在预测单点突变引起的稳定性变化方面优于其他方法。

mCSM-PPI2（http://biosig.lab.uq.edu.au/mcsm/）是一个新的机器学习计算工具，可以更准确地预测错义突变对蛋白质相互作用的结合亲和力的影响。mCSM-PPI2利用基于图的结构特征来模拟残基间的相互作用网络、进化信息、复杂的网络度量及能量项的变化影响，以生成一个优化的预测器。mCSM-PPI2可以通过两种不同的方式使用：评估用户输入的指定突变的影响或以自动方式预测蛋白质界面突变的影响。

PhyreRisk（http://phyrerisk.bc.ic.ac.uk）是一个网络应用工具，用于连接基因组、蛋白质组和结构数据，并促进人类变异体在蛋白质结构上的映射。PhyreRisk提供了20 214个人类典型和22 271个替代蛋白质序列（异构体）的信息，同时也支持基因组坐标格式（VCF，应用参考SNP ID和HGV释放符号）和GRCh37及GRCh38作为输入的新变异数据。支持使用氨基酸坐标来绘制变异图，并搜索感兴趣的基因或蛋白质。PhyreRisk旨在使研究人员能够将遗传数据转化为蛋白质结构信息，对变异的功能影响进行更全面的评估。

AlphaFold（https://alphafold.ebi.ac.uk）是一个开放的、广泛的数据库，提供高度精确的蛋白质结构预测。在deepmind AlphaFold v2.0的支持下，它使已知蛋白质序列空间的结构覆盖面得到了空前的扩展。AlphaFold基于一种新的机器学习方法，利用多序列比对将有关蛋白质结构的物理和生物知识，纳入深度学习算法的设计中，利用物理学和几何学的归纳，建立从PDB数据中学习的组件。这使得网络能够更有效地从PDB的有限数据中学习，并处理结构数据的复杂性和多样性。AlphaFold将其技术应用于其他生物物理问题的计算方法将成为现代生物学的重要工具。

上述工具详见表9-1。

表9-1　结构预测工具

工具	方法&算法	输入数据	输出数据	是否能进行可视化	是否可获得
NAT2PRED	SVM预测器	SNP	基因型及其概率	—	是
INPS	SVM回归	非同义SNP	从序列或蛋白质结构进行的预测	否	是
DynaMut2	基于图的标签	突变	蛋白质动力学信息	—	否
mCSM-PPI2	基于图的标签	点突变	结构预测	是	是
PhyreRisk	同源建模	基因组或蛋白质变异	结构预测	是	是
AlphaFold2	深度学习	蛋白质名称、基因名称、UniProt链接，或生物体名称	结构预测及相关信息	是	是

9.3.3　其他识别工具

IntSplice（http://www.med.nagoya-u.ac.jp/neurogenetics/IntSplice）是一个网络服务器，可以帮助研究人员识别影响内含子顺式元素的SNV，以达到精确调节剪接时空的目的。剪接的精确时空调控是由pre-mRNA上的剪接顺式元素所介导的。影响内含子顺式元素的SNV可能会损害剪接，但目前还没有有效的工具来识别它们。在这种情况下，IntSplice——一个基于每个内含子核苷酸对注释的替代剪接影响大小分析的支持向量机（SVM）在线模型，可以预测人类基因组中内含子位置-50～-3的SNV的剪接后果。IntSplice模型被应用于区分人类基因突变数据库中的致病性SNV和dbSNP数据库中的正常SNV，模型的特异度和敏感度可以达到0.800±0.041（平均值和标准差）和0.849±0.021。此外，IntSplice比用Shapiro-Senapathy score和MaxEntScan::score3ss生成的SVM模型有更好的识别SNV的能力。IntSplice对RAPSN中自然发生的和9个人工内含子突变引起的先天性肌无力综合征也有很好的预测效果。

基于自然语言处理的非同义单核苷酸多态性预测器（NLP-SNPPred，http://www.nlp-SNPpred.cbrlab.org/）可以利用人工智能（AI）最先进的自然语言处理（NLP）来区分致病性蛋白质编码变异和中性蛋白质编码变异。NLP-SNPPred使用NLP方法来阅读生物文献，以识别致病性变异和中性变异，并优于现有的功能预测方法。对于特征提取，开发者团队使用TF-IDF、Word2vec、NER、Sent2vec、突变特征，并在一级分类器（CLF1）和二级分类器（CLF2）的基础上建立了一个两级分类算法。

参 考 文 献

Adams CP，Brantner VV，2006. Estimating the cost of new drug development：is it really 802 million dollars? Health Aff（Millwood），25（2）：420-428.

Arnaud L，Conti F，Massaro L，et al，2017. Primary thromboprophylaxis with low-dose aspirin and antiphospholipid antibodies：Pro’s and Con’s. Autoimmun Rev，16（11）：1103-1108.

Ashburn TT，Thor KB，2004. Drug repositioning：identifying and developing new uses for existing drugs. Nat Rev Drug Discov，3（8）：673-683.

Boguski MS，Mandl KD，Sukhatme VP，2009. Drug discovery. Repurposing with a difference. Science，324（5933）：1394-1395.

Boolell M，Allen MJ，Ballard SA，et al，1996. Sildenafil：an orally active type 5 cyclic GMP-specific phosphodiesterase inhibitor for the treatment of penile erectile dysfunction. Int J Impot Res，8（2）：47-52.

Cheng FX，Liu C，Jiang J，et al，2012. Prediction of drug-target interactions and drug repositioning via network-based inference. PLoS Comput Biol，8（5）：e1002503.

Chiang AP，Butte AJ，2009. Systematic evaluation of drug-disease relationships to identify leads for novel drug uses. Clin Pharmacol Ther，86（5）：507-510.

Dimasi JA，Hansen RW，Grabowski HG，2003. The price of innovation：new estimates of drug development costs. J Health Econ，22（2）：151-185.

Dudley JT，Deshpande T，Butte AJ，2011. Exploiting drug-disease relationships for computational drug repositioning. Brief Bioinform，12（4）：303-311.

Falcone A，Danesi R，Dargenio F，et al，1996. Intravenous azidothymidine with fluorouracil and leucovorin：a phase Ⅰ-Ⅱ study in previously untreated metastatic colorectal cancer patients. J Clin Oncol，14（3）：729-736.

Ghofrani HA，Osterloh IH，Grimminger F，2006. Sildenafil：from angina to erectile dysfunction to pulmonary hypertension and beyond. Nat Rev Drug Discov，5（8）：689-702.

Goh KI, Cusick ME, Valle D, et al, 2007. The human disease network. Proc Natl Acad Sci U S A，104（21）：8685-8690.

Hu GH，Agarwal P，2009. Human disease-drug network based on genomic expression profiles. PLoS One，4（8）e6536：

Jaturapatporn D，Isaac MG，McCleery J，et al，2012. Aspirin，steroidal and non-steroidal anti-inflammatory drugs for the treatment of Alzheimer’s disease. Cochrane Database Syst Rev，（2）：CD006378.

Krantz A，1998. Protein-site targeting. Diversification of the drug discovery process. Nat Biotechnol，16（13）：1294.

Kuhn M，Gavin AC，Jensen LJ，et al，2008. Drug target identification using side-effect similarity. Science，321（5886）：263-266.

Li J，Zheng S，Chen B，Butte AJ，et al，2016. A survey of current trends in computational drug repositioning. Brief Bioinform，17（1）：2-12.

Linghu B, Snitkin ES, Hu Z, et al, 2009. Genome-wide prioritization of disease genes and identification of disease-disease associations from an integrated human functional linkage network. Genome Biol, 10（9）: R91.

Liu CC, Tseng YT, Li W, et al, 2014. DiseaseConnect: a comprehensive web server for mechanism-based disease-disease connections. Nucleic Acids Res, 42（Web Server issue）: W137-W146.

Lobato-Mendizábal E, Ruiz-Argüelles GJ, García-Gallardo E, et al, 1990. Preliminary report on the effect of low doses of azidothymidine（AZT）in the treatment of patients with stage. Ⅲ infection by human immunodeficiency virus（HIV）. Rev Invest Clin, 42（2）: 88-92.

Minotti G, Salvatorelli E, Menna P, 2010. Pharmacological foundations of cardio-oncology. J Pharmacol Exp Ther, 334（1）: 2-8.

Sin DD, Sutherland ER, 2008. Obesity and the lung: 4. Obesity and asthma. Thorax, 63（11）: 1018-1123.

Skriver C, Dehlendorff C, Borre M, et al, 2019. Use of low-dose aspirin and mortality after prostate cancer diagnosis: a nationwide cohort study. Ann Intern Med, 170（7）: 443-452.

Webb DJ, Muirhead GJ, Wulff M, et al, 2000. Sildenafil citrate potentiates the hypotensive effects of nitric oxide donor drugs in male patients with stable angina. J Am Coll Cardiol, 36（1）: 25-31.

Yamanishi Y, Araki M, Gutteridge A, et al, 2008. Prediction of drug-target interaction networks from the integration of chemical and genomic spaces. Bioinformatics, 24（13）: i232-i240.

Yang J, Wu SJ, Li YX, 2015. DSviaDRM: an R package for estimating disease similarity via dysfunctional regulation mechanism. Bioinformatics, 31（23）: 3870-3872.

第十章 基于遗传数据的多基因风险评分

10.1 多基因风险评分简介及现状

个性化医疗是指根据患者的基因组等信息，为其量身定制最佳治疗方案。通过风险预测模型，可以评估个体的疾病发病概率或预后情况，通过将目标人群分为高风险和低风险，促进高风险人群改变生活方式，免除低风险人群不必要的筛查和干预，从而减轻患者和医院的负担。十多年前，有关疾病风险预测的研究就已经展开，最近，风险预测模型，特别是多基因风险评分（PRS）的研究迅速增长（图10-1A）。PRS也被称为遗传风险评分（GRS）和多基因评分（PGS），是风险等位基因的权重加和。一个关于已发表的PRS的公共数据库PGS Catalog（https://www.pgscatalog.org/）被广泛应用，包括SNP、等位基因和权重。随着高通量技术的发展，“组学”方法已被应用于寻找疾病预测的生物标志物，了解病理生理学和分子靶向治疗。组学生物标志物为疾病的预防和早期治疗策略提供了新的机会。与PRS类似，基于组学生物标志物的大量风险模型也被开发出来。风险预测模型已被应用于常见疾病或其他性状。值得注意的是，用于开发和验证风险模型的数据大部分来自欧洲血统，而研究跨血统的可移植性是非常必要的。

要构建一个风险评估模型，首先研究人员应选择风险标志物，如来自GWAS研究的SNP或通过病例对照研究得到的差异标志物。其次，应计算每个标志物与疾病风险的关联程度并将之作为权重。Logistic回归模型是最常用的方法之一。此外，一些机器学习方法，如LASSO回归、Ridge回归和惩罚回归也是较广泛应用的方法。Cox回归通常用于疾病的预后研究。其中，风险SNP的相关性也可以通过GWAS研究直接获得。风险评估模型可以通过风险标志物的权重加和建立。最后，对模型的效能的评估也是不可或缺的一部分。ROC曲线与坐标轴围成的面积（AUC）和C-index是评价这些模型的两个最常用的指标。此外，还有一些其他较常用的指标，如比值比（OR）或风险比（HR）、净重分类指数（NRI）和综合鉴别指数（IDI），具体步骤见图10-2。

近年来，通过预测疾病的诊断、发展和预后来实现个性化医疗受到人们的高度重视。在大数据时代，组学（omics）方法已被应用于包括疾病风险预测在内的各个方面。通过风险评估模型，可以准确评估常见疾病的风险，如乳腺癌、肺癌、冠心病、新型冠状病毒感染（COVID-19）等（图10-1B）。

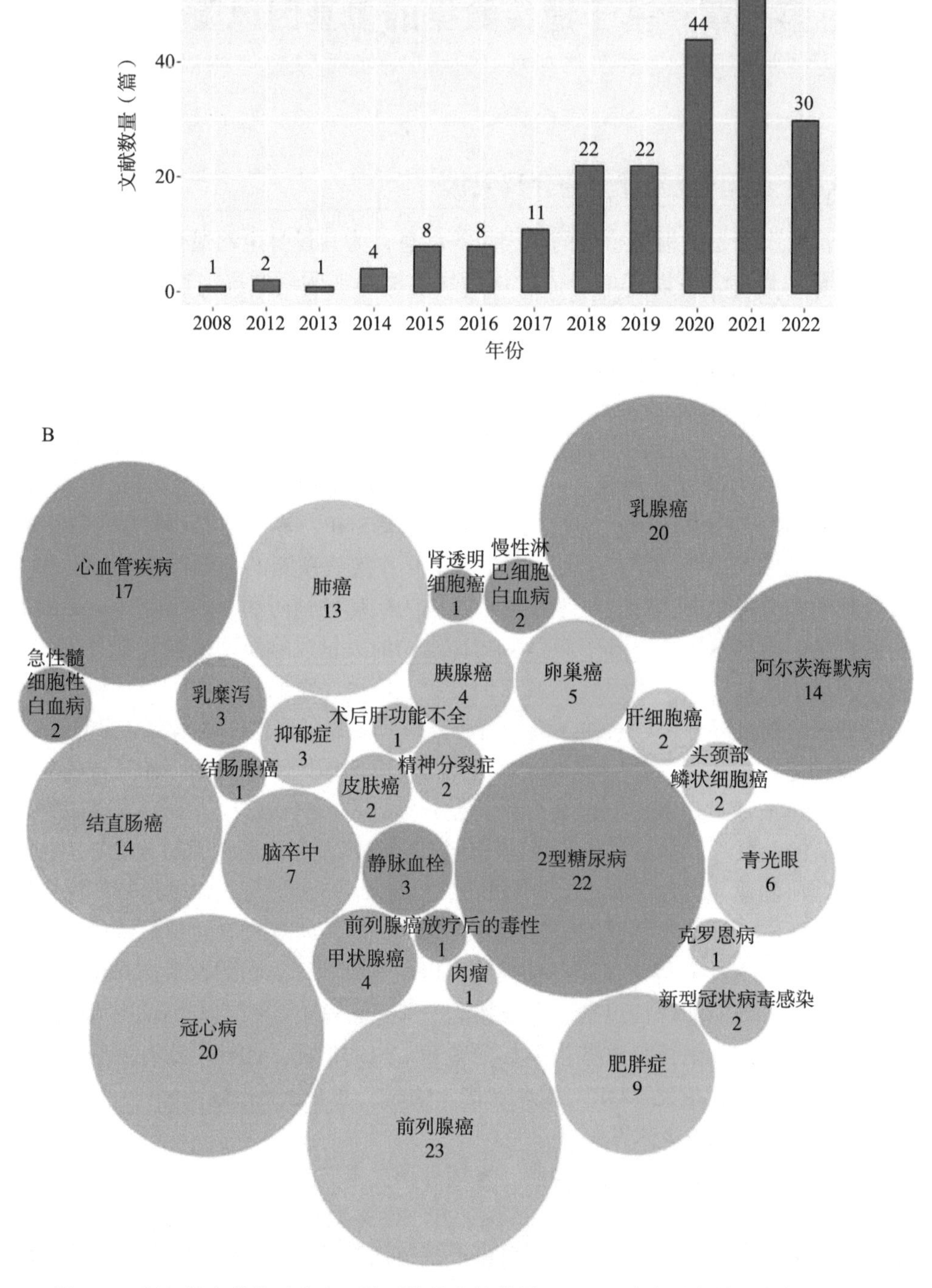

图10-1　每年发表的关于疾病风险评估的文献数量（A）及疾病对应的研究数量（B）

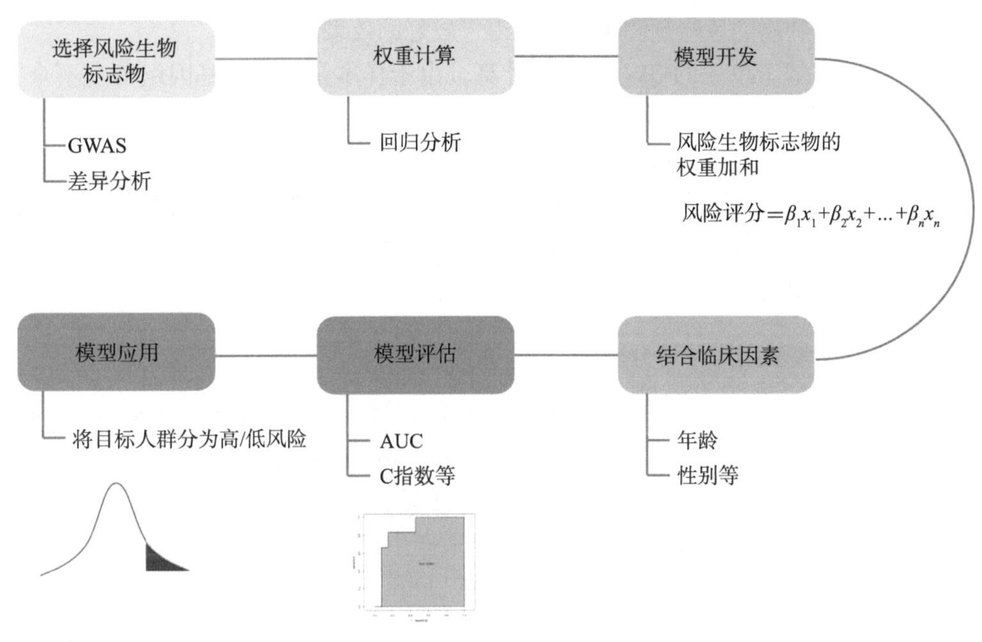

图10-2　疾病风险评估模型开发流程

10.2　基于基因组学的风险评估

基于遗传学的风险评估模型已被广泛应用，因为个体的遗传序列是稳定的，所以大多数疾病可以被较准确地预测。随着GWAS的出现，研究人员发现了大量常见疾病的风险位点，这些位点可以进一步用于疾病风险评估。

10.2.1　多基因风险评分（PRS）

最近，关于PRS的研究呈爆炸式增长趋势。研究人员通过两种主要方法获得目标表型的遗传变异——大规模的GWAS研究和文献已报道的SNP。PRS的数学模型：$PRS=\beta_1x_1+\beta_2x_2+\cdots+\beta_nx_n$，其中$\beta_k$是与$SNP_k$的最小等位基因相关的每等位基因对数比（OR），$x_k$是同一SNP的等位基因数量（0、1或2），$n$是SNP的总数。PRS也可以由一些软件程序直接得到，如LDpred、PRSice-2和PRS-CS（关于软件的更多信息见下文）。除了单位点的SNP，SNP之间的相互作用也被应用于模型的构建。

尽管PRS在疾病预防和早期治疗策略上取得了巨大的成就，但它仍存在一个严重的缺陷，即跨种族的可移植性差。因为约80%的GWAS都是以欧洲血统的个体为对象进行的。有一项研究表明，功能注释将改善遗传数据的跨种族可移植性。因此，一些基于通路的PRS被开发出来。基于通路的PRS策略已经被成功用于前列腺癌和肺癌的风险预测中，且取得了较好的效果。

PRS通常基于单一的GWAS数据计算，由于样本量有限、基因组覆盖不全、目标表型有明显的异质性等原因，往往不能达到很高的预测效能。MetaGRS整合了多个GRS，类似于meta分析，以提高预测能力。目前有两种方法可用来构建metaGRS：一种是基于之前建立的遗传风险评分；另一种是整合从目标结果中划分出来的相关表型的GRS。第一种方法被用来预测冠心病（CAD）的风险，第二种被用于预测缺血性脑卒中（IS）的风险，均取得很好的效果。

10.2.2 多基因风险评分软件

科研人员还开发了用于PRS自动化的软件程序，大多数是作为Python或R软件包使用的。其中，PleioGRiP（https://open.bu.edu/handle/2144/4367）是最早开发的一个Java包，它是一个全基因组的贝叶斯模型，可以识别与离散表型相关的SNP，并通过按贝叶斯因子排序的SNP来产生嵌套贝叶斯分类器。LDpred和PRSice是目前引用量最多的工具。LDpred（https://github.com/bvilhjal/ldpred）通过马尔可夫链蒙特卡罗（MCMC）和来自外部参考面板的LD信息，使用效应大小的先验，从GWAS summary数据中估计每个标记的后验平均因果效应大小。然而，LDpred的几个局限性可能会降低其预测性能：①LDpred的非极小值版本是一个吉布斯采样器；②长段LD区域非常不稳定，可能被从分析中移除。而基因组的这一区域包含许多已知的疾病相关变体，特别是与自身免疫性疾病和精神疾病有关。LDpred2（https://github.com/privefl/bigsnpr）是LDpred的一个新版本，可以解决这些问题。它提供了两个新的选项：一个是“稀疏”选项，可以学习精确到0的效应；另一个是“自动”选项，可以直接从数据中学习两个LDpred参数（稀疏度p和SNP遗传率h），而调整超参数的验证数据不是必需的。目前，PRSice已经升级为PRSice-2，它提供的经验关联P值不会因基因分型和归纳数据的过度拟合而膨胀，可以同时评估多个连续和二元目标性状，并支持不同的遗传模型。

当新的软件被开发出来时，通常会与之前已经开始应用的软件进行比较。被比较最多的是Lassosum，它在惩罚性回归框架中使用汇总统计和参考面板来计算PRS。它解决了汇总统计中没有固有信息的问题，可以利用其他地方的LD信息进行补充分析。而C＋T（基于P值的聚类和阈值），也被称为PC＋T或P＋T方法，是另一种常用的比较方法。叠加聚类和阈值（SCT）（https://github.com/privefl/simus-PRS/tree/master/paper3-SCT）将所有导出的C＋T分数叠加。SCT不是选择一组超参数来最大化某个训练集的预测，而是通过使用有效的惩罚回归来学习所有C＋T分数的最佳线性组合。此外，AnnoPred（https://github.com/yiminghu/AnnoPred）将GWAS汇总统计与不同类型的基因组和表观基因组功能注释数据整合在一起，并允许从参考基因型数据中估计LD，以提高风险预测的准确性。PRS-on-Spark（PRSoS）（https://github.com/MeaneyLab/PRSoS）适应不同的输入数据来计算PRS。PRS-CS（https://github.com/getian107/PRScs）利用贝叶斯回归框架，将连续收缩（CS）先验放在SNP效应大小上，并实现局部LD模式的多变量建模。而最新版本PRS-CSx，通过整合多个种群的GWAS汇总统计，改进了跨种群的多基因预测。SBayesR（http://cnsgenomics.com/software/gctb/）是一个强大的个体水平数据贝叶斯多元回归模型。确定性贝叶斯稀疏线性混合模型（DBSLMM）（https://github.com/biostat0903/DBSLMM）依靠对效应大小分布的灵活建模假设，在一系列遗传结构中实现了稳健而准确的性能预测，并采用简单的确定性搜索算法，只用统计数据就能得到一个近似的分析性估计方案。LDAK-Bolt-Predict（https://dougspeed.com/ldak/）允许用户指定遗传率模型，而不是假设所有遗传变异对表型的贡献相同。而RápidoPGS（https://github.com/GRealesM/RapidoPGS）计算PRS只需要summary的GWAS数据集。Pain等在参考标准框架内评估了八个模型的预测效用，包括C＋T、SBLUP、lassosum、LDpred、LDpred2、PRS-CS、DBSLMM和SBayesR。他们利用10倍交叉验证、无限小模型（无验证样本）及多聚物评分弹性网模型，确定了最佳的P值阈值和收缩参数。通过10倍交叉验证来确定最具预测性的P值阈值和收缩参数中，LDpred2、lassosum和PRS-SC表现最好，在观察和预测结果值之间的相关性方面的性能比C＋T方法提高了16%～18%。基于一系列参数的弹性网模型提供了比任何单一多基因分数更好的预测结果。然而该研究的一个主要限制是，只在欧洲血统的研究中进行。不久之后，另一项研究将C＋T作为基线方法与其他九种方法进行了比较，包括SBLUP、LDpred2-Inf、LDpred-funct、LDpred2、Lassosum、PRS-CS、PRS-CS-auto、SBayesR、MegaPRS，发现这九种方法的性能相似。MegaPRS、LDpred2和SBayesR在精神疾病的研究中准确性最高。

10.2.3 PRS的应用

PRS已经被应用于各种疾病预测的研究。例如，Horowitz等论证了基于6个常见SNP的PRS可以适度提高COVID-19的严重程度预测性能。Kumar等发现，对许多效应量较小的常见变异体和罕见变异体的PRS组合可以实现对人类植入前胚胎疾病更准确的全基因组风险预测。Shaked等认为，T2D PRS可以识别移植后糖尿病的高风险人群。Hao等还开发了一个可以在临床上实施的PRS工作流程。目前，PRS在群体层面的准确性已被广泛评估，但个体层面仍有很大的不确定性。因此，Ding等开发了贝叶斯PRS方法，可以评估个体PRS的方差，并通过后验抽样产生良好校准的置信区间来提高准确性。此外，科研人员还开发了一些类似于PRS的方法。Zhang等提出了多基因性状分析（PSA），以发掘欧洲血统（EUR）和东亚血统

（EAS）人群中关键面部差异的遗传基础。An等提出了全基因组的风险评分，以揭示孤独症谱系障碍的启动子变异。Assum等通过结合基因表达与心房颤动的PRS和通路富集的相关性，确定了心房颤动相关生物过程。Zhao等开发了基于PCA的GRS来研究具有多种相关表型的复杂疾病。还有一项研究将PRS应用于寿险核保。

10.3 基于SNP的风险预测网络

网络可以用于描述一组节点的相互联系，这些节点通过边连接。网络分析已被应用于各个方面，一些基于SNP和网络结合的风险模型已被用于疾病风险预测。

netCRS是一个合并症风险评分，它使用生物库的全表型关联研究（PheWAS）数据。基于LD建立了一个SNP网络作为SNP层，并构建了一个疾病网络作为疾病层，其中边表示来自PheWAS结果的疾病之间共享SNP的数量。通过使用从PheWAS summary数据中获得的疾病-SNP关联来连接SNP层和疾病层，建立了一个疾病-SNP异质多层网络（DS-Net）。基于图的半监督学习被用来在疾病层输出个人的多种疾病合并症分数。每个患者的基因型数据被用于向SNP层提供查询或种子标签信息，然后通过多层网络传播标签信息。netCRS表示通过Logistic回归得出的综合合并症分数。

此外，Sonis等构建了一个82-SNP贝叶斯网络（BN）来预测口腔黏膜炎风险。首先应用启发式和基于ROC的贝叶斯优化，在训练集中确定了卡方统计量排名前20万的SNP。再次使用启发式方法进一步识别了4000个SNP，作为建立基于基因特征的BN的基础。最终，使用K2算法建立了一个82个SNP的BN，该算法假定SNP的排序和最佳网络结构搜索，显示了82个单独SNP的关联。训练集的10倍交叉验证准确率为99.3%，ROC曲线下面积为99.7%。

10.4 基于表观基因组学的风险预测

众所周知，表观遗传学是在不改变DNA序列的情况下改变基因表达或细胞表型的分子过程。表观遗传学变化和基因突变总是与常见疾病的发生有关。DNA甲基化是最早发现的表观遗传修饰，也是目前研究最多的表观遗传调节机制之一。近年来，基因风险评分已扩展到表观遗传学，风险基因的甲基化强度通常被作为生物标志物来构建风险评分。

基于EpiScore算法建立的风险模型是一个典型的代表，它被应用于前列腺癌的风险评估中。通过量化*GSTP1*、*RASSF1*和*APC*的甲基化强度来改善前列腺癌（PCa）的诊断风险分层，这三个基因被认为是表观遗传领域疾病效应的生物标志物。该研究选择了102名男性接受12芯诊断活检。通过癌症状况和Gleason评分（GS），所有患者被分为三组，包括PCa阴性的男性前列腺活检，被诊断为GS 6

PCa的男性，以及被诊断为GS≥7 PCa的男性。采用方差分析和Tukey检验的显著性差异来研究多组之间甲基化强度的差异。应用非参数化的Spearman’s rho等级相关系数来研究DNA甲基化和高级别PCa之间的关系。EpiScore的AUC达到了0.809（95%CI：0.720 ～ 0.897）。通过Logistic回归将传统的风险因素包括年龄、非癌症病理和数字直肠检查（DRE）结果与EpiScore相结合，建立了多模式风险评分，多模式风险评分的AUC为0.818（95%CI：0.726 ～ 0.910）。

基于CpG开发的甲基化风险评分（MRS）被用来预测6年后的重度抑郁症（MDD）状态。581名患者的血液DNA甲基化数据与6年随访时是否存在MDD诊断（MDDYear6）有关。MDDYear6是由弹性网预测的，弹性网对回归系数的大小有惩罚作用。研究人员将样本随机划分为$k=10$个大小相等的子样本。k-1个子样本被用作“训练集”，以适应弹性网并获得回归系数，而“测试集”，即被搁置的样本，被用来进行预测。通过全基因组甲基化关联分析（MWAS）选择CpG，然后训练弹性网的整个周期会进行K倍的重复。最终，75 000个CpG被用来建立MRS。通过50次交叉验证，MRS得出的AUC为0.724。将CDL（临床、人口和生活方式特征）预测因子与MRS相结合，取得了适度的预测改善，AUC为0.742。

10.5　iPed的开发与应用

家系数据（家族史）是评估个体疾病易感性和进行遗传研究不可或缺的数据。虽然目前已开发出一些工具来收集这些数据并将其可视化，但要使用这些数据，临床医生或遗传咨询师的专业操作是必不可少的。随着基因检测的普及，家系数据的收集越来越普遍。但是，调查每位患者的所有家系数据对于临床医生来说是费时费力甚至枯燥乏味的，这就需要一个自助服务机器人来代替专业临床医生或遗传咨询师询问患者的家族史。因此，笔者团队开发了一款名为iPed的移动自助服务工具，不仅为专业人士，也为那些对遗传学知之甚少的人提供收集和可视化家系数据的服务。用户无须安装软件，无须准备家系文件，也不需要掌握任何遗传学或程序方面的知识。iPed还提供了一个数据库，可存储所有用户的信息，方便用户添加或更改信息。iPed是一款基于移动设备的工具，可随时随地使用。iPed为用户收集、管理和使用家系数据节省了大量时间，大大提高了效率。iPed可通过http://www.onethird-lab.com/family免费使用。

10.5.1　收集家系和第一个表型数据

iPed是一款基于移动设备的在线工具，用于收集有关遗传表型的家系数据并将其可视化。首次使用的用户需要注册，以保存信息供下次使用。登录成功后，用户可以选择第一个感兴趣的表型，包括疾病表型（如肺癌、乳腺癌和类风湿关节炎）、常见表型（如双眼皮、高个子和左利手）、娱乐表型（如唱歌好听、高收入、社交恐惧症）等。用户还可以进行自我描述需要可视化的表型。之后，用户可以通过与智能机器人的互动对话完成首次表型数据的收集。机器人会问一些问题，包括用户的年龄、是否有该表型、是否有配偶或子女、用户的亲属及其家庭成员是否有该表型（图10-3）。

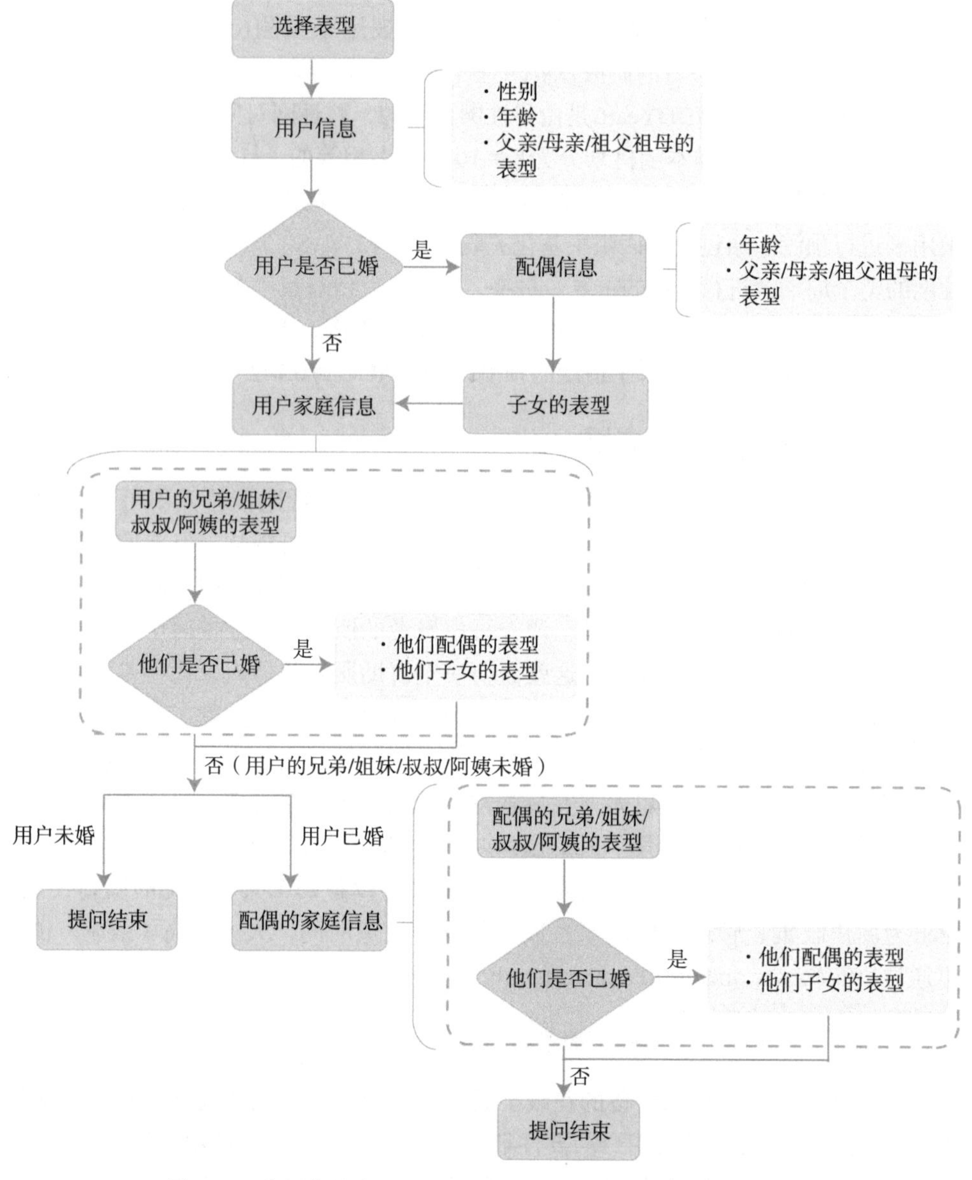

图10-3　当用户首次登录iPed时，智能机器人提出问题的流程

首次使用后，iPed会将用户的家族信息保存在“您的家系”中，包括家族成员及其年龄。当用户再次描述新的遗传表型时，可以直接收集用户家庭成员的家系数据。

用户再次登录后，可以查看自己的家族信息（Your pedigree）、遗传表型信息（表型名称，如酒窝）和相应的可视化信息（Visualize the pedigree）。他还可以在主页（图10-4A）上选择一个新的表型，将其可视化（New）。

10.5.2　表型数据可视化和修改

表型数据可视化：用户可以单击“可视化家系”（Visualize the pedigree），将结果页面上的表型信息可视化（图10-4D）。当用户发现需要修改的信息时，可以再次点击表型可视化完成修改。

表型数据修改：需要修改信息时，用户只需点击表型名称，如酒窝（图10-4A），或在结果页面（图10-4D）再次点击可视化表型，进入显示表型信息的页面（图10-4E），更改目标家庭成员的状态。如果家族成员发生了变化，点击“修改家系”（图10-4E）将链接到“您的家系”。您的家系提供添加或删除家庭成员及修改其年龄的功能。需要注意的是，这些已经存在的家庭成员不能再次添加。修改家庭成员信息后，用户可以返回修改成员的表型信息以完成修改。完成所有修改后，用户可以重新查看表型信息。

10.5.3　添加新表型数据

如果用户想将新的遗传表型数据可视化，可以点击主页上的“新建”，然后选择自己感兴趣的未完成表型，并完成与机器人的对话（图10-4C）。机器人会询

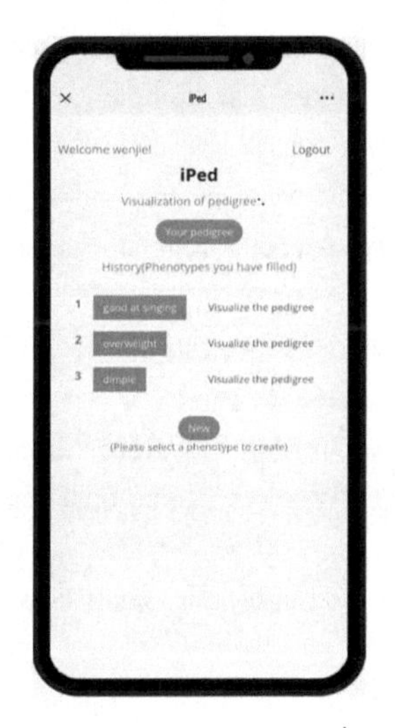

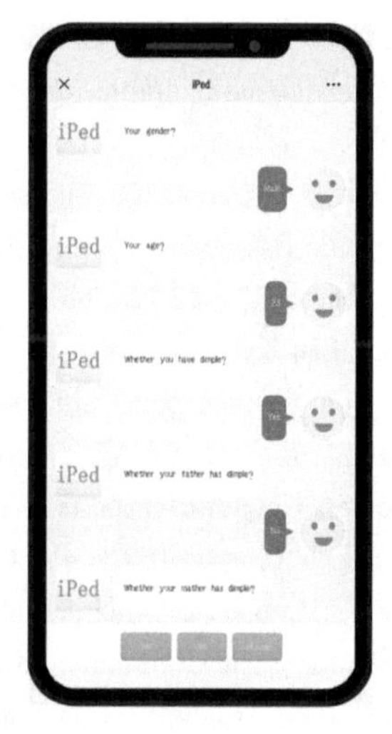

A　　　　B　　　　C

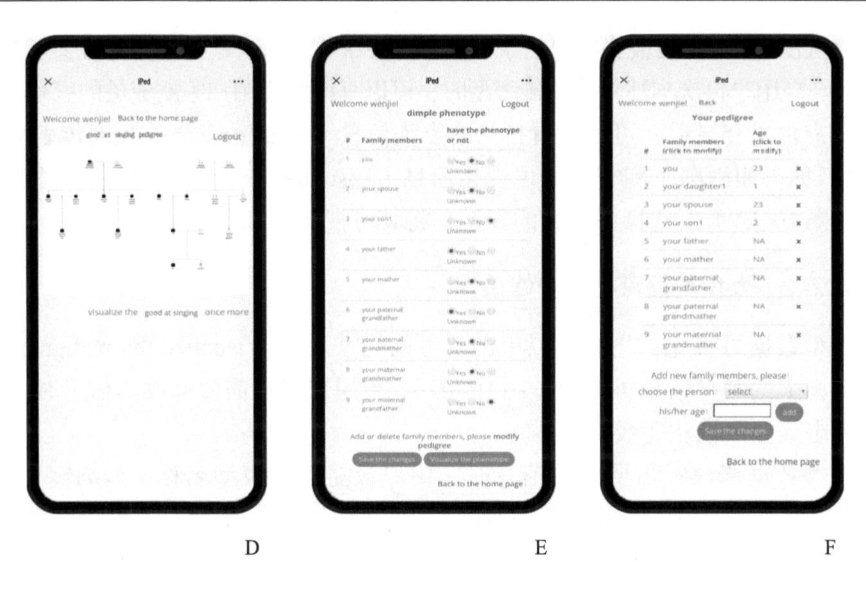

图10-4　用户再次登录网络工具时的主要页面

A.主页；B.当用户点击“新建”时，iPed上的备选表型；C.当用户需要定义新的表型时，用户与机器人之间的对话；D.遗传表型数据的可视化；E.用户输入的遗传表型，包括家庭成员及其表型信息；F.您的家系显示了家庭成员及其年龄

问他填写的成员是否具有该表型。随后，机器人会生成相应的可视化信息。

参考文献

Abraham G，Malik R，Yonova-Doing E，et al，2019．Genomic risk score offers predictive performance comparable to clinical risk factors for ischaemic stroke．Nat Commun，10（1）：5819．

Amariuta T，Ishigaki K，Sugishita H，et al，2020．Improving the trans-ancestry portability of polygenic risk scores by prioritizing variants in predicted cell-type-specific regulatory elements．Nat Genet，52（12）：1346-1354．

An JY，Lin K，Zhu L，et al，2018．Genome-wide *de novo* risk score implicates promoter variation in autism spectrum disorder．Science，362（6420）：eaat6576．

Archambault AN，Su YR，Jeon J，et al，2020．Cumulative burden of colorectal cancer-associated genetic variants is more strongly associated with early-onset vs late-onset cancer．Gastroenterology，158（5）：1274-1286，e1212．

Assum I，Krause J，Scheinhardt MO，et al，2022．Tissue-specific multi-omics analysis of atrial fibrillation．Nat Commun，13（1）：441．

Bastarache L，Hughey JJ，Hebbring S，et al，2018．Phenotype risk scores identify patients with unrecognized Mendelian disease patterns．Science，359（6381）：1233-1239．

Belsky DW, Sears MR, Hancox RJ, et al, 2013. Polygenic risk and the development and course of asthma: an analysis of data from a four-decade longitudinal study. Lancet Respir Med, 1 (6): 453-461.

Birmaher B, Hafeman D, Merranko J, et al, 2022. Role of polygenic risk score in the familial transmission of bipolar disorder in youth. JAMA Psychiatry, 79 (2): 160-168.

Chen LM, Yao N, Garg E, et al, 2018. PRS-on-Spark (PRSoS): a novel, efficient and flexible approach for generating polygenic risk scores. BMC Bioinformatics, 19 (1): 295.

Cheng Y, Su Y, Wang S, et al, 2020. Identification of circRNA-lncRNA-miRNA-mRNA competitive endogenous RNA network as novel prognostic markers for acute myeloid leukemia. Genes (Basel), 11 (8): 868.

Choi SW, O' Reilly PF, 2019. PRSice-2: polygenic risk score software for biobank-scale data. Gigascience, 8 (7): giz082.

Chun S, Imakaev M, Hui D, et al, 2020. Non-parametric polygenic risk prediction via partitioned gwas summary statistics. Am J Hum Genet, 107 (1): 46-59.

Cifani P, Kentsis A, 2017. Towards comprehensive and quantitative proteomics for diagnosis and therapy of human disease. Proteomics, 17 (1-2): 10.

Clark SL, Hattab MW, Chan RF, et al, 2020. A methylation study of long-term depression risk. Mol Psychiatry, 25 (6): 1334-1343.

Dai J, Lv J, Zhu M, et al, 2019. Identification of risk loci and a polygenic risk score for lung cancer: a large-scale prospective cohort study in Chinese populations. Lancet Respir Med, 7 (10): 881-891.

de Haan HG, Bezemer ID, Doggen CJ, et al, 2012. Multiple SNP testing improves risk prediction of first venous thrombosis. Blood, 120 (3): 656-663.

Dehghan A, Dupuis J, Barbalic M, et al, 2011. Meta-analysis of genome-wide association studies in >80 000 subjects identifies multiple loci for C-reactive protein levels. Circulation, 123 (7): 731-738.

Deng C, Naler LB, Lu C, 2019. Microfluidic epigenomic mapping technologies for precision medicine. Lab Chip, 19 (16): 2630-2650.

Ding Y, Hou K, Burch KS, et al, 2022. Large uncertainty in individual polygenic risk score estimation impacts PRS-based risk stratification. Nat Gene, 54 (1): 30-39.

Ding Y, Hou K, Xu Z, et al, 2023. Polygenic scoring accuracy varies across the genetic ancestry continuum. Nature, 618 (7966): 774-781.

Forrest IS, Chaudhary K, Paranjpe I, et al, 2021. Genome-wide polygenic risk score for retinopathy of type 2 diabetes. Hum Mol Genet, 30 (10): 952-960.

Franco NR, Massi MC, Ieva F, et al, 2021. Development of a method for generating SNP interaction-aware polygenic risk scores for radiotherapy toxicity. Radiother Oncol, 159: 241-248.

Ganz P, Heidecker B, Hveem K, et al, 2016. Development and validation of a protein-based risk score for cardiovascular outcomes among patients with stable coronary heart disease. JAMA, 315 (23): 2532-2541.

Ge T, Chen CY, Ni Y, et al, 2019. Polygenic prediction via Bayesian regression and continuous shrinkage priors. Nat Commun, 10 (1): 1776.

Hartley SW, Sebastiani P, 2013. PleioGRiP: genetic risk prediction with pleiotropy. Bioinformatics, 29 (8): 1086-1088.

Hernández-Vargas P, Muñoz M, Domínguez F, 2020. Identifying biomarkers for predicting successful embryo implantation: applying single to multi-OMICs to improve reproductive outcomes. Hum Reprod Update, 26 (2): 264-301.

Hoogeveen RM, Pereira JPB, Nurmohamed NS, et al, 2020. Improved cardiovascular risk prediction using targeted plasma proteomics in primary prevention. Eur Heart J, 41 (41): 3998-4007.

Horgan RP, Clancy OH, Myers JE, 2009. An overview of proteomic and metabolomic technologies and their application to pregnancy research. BJOG, 116 (2): 173-181.

Horowitz JE, Kosmicki JA, Damask A, et al, 2022. Genome-wide analysis provides genetic evidence that ACE2 influences COVID-19 risk and yields risk scores associated with severe disease. Nat Genet, 54 (4): 382-392.

Hsiao YJ, Chuang HK, Chi SC, et al, 2021. Genome-wide polygenic risk score for predicting high risk glaucoma individuals of han Chinese ancestry. J Pers Med, 11 (11): 1169.

Hu Y, Lu Q, Powles R, et al, 2017. Leveraging functional annotations in genetic risk prediction for human complex diseases. PLoS Comput Biol, 13 (6): e1005589.

Inouye M, Abraham G, Nelson CP, et al, 2018. Genomic risk prediction of coronary artery disease in 480, 000 adults: implications for primary prevention. J Am Coll Cardiol, 72 (16): 1883-1893.

Karlsson Linnér R, Koellinger PD, 2022. Genetic risk scores in life insurance underwriting. J Health Econ, 81: 102556.

Kathiresan S, Melander O, Anevski D, et al, 2008. Polymorphisms associated with cholesterol and risk of cardiovascular events. N Engl J Med, 358 (12): 1240-1249.

Khanna S, Domingo-Fernández D, Iyappan A, et al, 2018. Using multi-scale genetic, neuroimaging and clinical data for predicting Alzheimer's disease and reconstruction of relevant biological mechanisms. Sci Rep, 8 (1): 11173.

Khera AV, Chaffin M, Aragam KG, et al, 2018. Genome-wide polygenic scores for common diseases identify individuals with risk equivalent to monogenic mutations. Nat Genet, 50 (9): 1219-1224.

Khera AV, Chaffin M, Wade KH, et al, 2019. Polygenic prediction of weight and obesity trajectories from birth to adulthood. Cell, 177 (3): 587-596, e589.

Klein RJ, Vertosick E, Sjoberg D, et al, 2022. Prostate cancer polygenic risk score and prediction of lethal prostate cancer. NPJ Precis Oncol, 6 (1): 25.

Kulm S, Kofman L, Mezey J, et al, 2022. Simple linear cancer risk prediction models with novel features outperform complex approaches. JCO Clin Cancer Inform, 6: e2100166.

Kumar A, Im K, Banjevic M, et al, 2022. Whole-genome risk prediction of common diseases in human preimplantation embryos. Nat Med, 28 (3): 513-516.

Lambert SA, Gil L, Jupp S, et al, 2021. The Polygenic Score Catalog as an open database for reproducibility and systematic evaluation. Nat Genet, 53 (4): 420-425.

Lee A, Yang X, Tyrer J, et al, 2022. Comprehensive epithelial tubo-ovarian cancer risk prediction model incorporating genetic and epidemiological risk factors. J Med Genet, 59 (7): 632-643.

Li H, Wang J, Zhang L, 2021. Construction of a circRNA-related prognostic risk score model for predicting the immune landscape of lung adenocarcinoma. Front Genet, 12: 668311.

Liu Z, Liu R, Gao H, et al, 2023. Genetic architecture of the inflammatory bowel diseases across East Asian and European ancestries. Nat Genet, 55 (5): 796-806.

Liyanarachchi S, Gudmundsson J, Ferkingstad E, et al, 2020. Assessing thyroid cancer risk using polygenic risk scores. Proc Natl Acad Sci U S A, 117 (11): 5997-6002.

Lloyd-Jones LR, Zeng J, Sidorenko J, et al, 2019. Improved polygenic prediction by Bayesian multiple regression on summary statistics. Nat Commun, 10 (1): 5086.

Ma Y, Zhou X, 2021. Genetic prediction of complex traits with polygenic scores: a statistical review. Trends Genet, 37 (11): 995-1011.

Mak TSH, Porsch RM, Choi SW, et al, 2017. Polygenic scores via penalized regression on summary statistics. Genet Epidemiol, 41 (6): 469-480.

Márquez-Luna C, Gazal S, Loh PR, et al, 2021. Incorporating functional priors improves polygenic prediction accuracy in UK Biobank and 23andMe data sets. Nat Commun, 12 (1): 6052.

Mavaddat N, Pharoah PD, Michailidou K, et al, 2015. Prediction of breast cancer risk based on profiling with common genetic variants. J Natl Cancer Inst, 107 (5): djv036.

Moll M, Sakornsakolpat P, Shrine N, et al, 2020. Chronic obstructive pulmonary disease and related phenotypes: polygenic risk scores in population-based and case-control cohorts. Lancet Respir Med, 8 (7): 696-708.

Newcombe PJ, Nelson CP, Samani NJ, et al, 2019. A flexible and parallelizable approach to genome-wide polygenic risk scores. Genet Epidemiol, 43 (7): 730-741.

Ni G, Zeng J, Revez JA, et al, 2021. A comparison of ten polygenic score methods for psychiatric disorders applied across multiple cohorts. Biol Psychiatry, 90 (9): 611-620.

O' Sullivan JW, Shcherbina A, Justesen JM, et al, 2021. Combining clinical and polygenic risk improves stroke prediction among individuals with atrial fibrillation. Circ Genom Precis Med, 14 (3): e003168.

Pain O, Glanville KP, Hagenaars SP, et al, 2021. Evaluation of polygenic prediction methodology within a reference-standardized framework. PLoS Genet, 17 (5): e1009021.

Paquette M, Chong M, Theriault S, et al, 2017. Polygenic risk score predicts prevalence of cardiovascular disease in patients with familial hypercholesterolemia. J Clin Lipidol, 11 (3): 725-732, e725.

Peery RC, Pammi M, Claud E, et al, 2021. Epigenome-A mediator for host-microbiome crosstalk. Semin Perinatol, 45 (6): 151455.

Poirion OB, Jing Z, Chaudhary K, et al, 2021. DeepProg: an ensemble of deep-learning and machine-learning models for prognosis prediction using multi-omics data. Genome Med, 13 (1): 112.

Polygenic Risk Score Task Force of the International Common Disease A，2021．Responsible use of polygenic risk scores in the clinic：potential benefits，risks and gaps．Nat Med，27（11）：1876-1884．

Privé F，Arbel J，Vilhjálmsson BJ，2021．LDpred2：better，faster，stronger．Bioinformatics，36（22-23）：5424-5431．

Privé F，Vilhjálmsson BJ，Aschard H，et al，2019．Making the most of clumping and thresholding for polygenic scores．Am J Hum Genet，105（6）：1213-1221．

Qian DC，Han Y，Byun J，et al，2016．A novel pathway-based approach improves lung cancer risk prediction using germline genetic variations．Cancer Epidemiol Biomarkers Prev，25（8）：1208-1215．

Reales G，Vigorito E，Kelemen M，et al，2021．RápidoPGS：a rapid polygenic score calculator for summary GWAS data without a test dataset．Bioinformatics，37（23）：4444-4450．

Ribeiro RJ，Monteiro CP，Azevedo AS，et al，2012．Performance of an adipokine pathway-based multilocus genetic risk score for prostate cancer risk prediction．PLoS One，7（6）：e39236．

Rinschen MM，Ivanisevic J，Giera M，et al，2019．Identification of bioactive metabolites using activity metabolomics．Nat Rev Mol Cell Biol，20（6）：353-367．

Romanos J，Rosen A，Kumar V，et al，2014．Improving coeliac disease risk prediction by testing non-HLA variants additional to HLA variants．Gut，63（3）：415-422．

Ruan Y，Lin YF，Feng YA，et al，2022．Improving polygenic prediction in ancestrally diverse populations．Nat Genet，54（5）：573-580．

Salvatore M，Beesley LJ，Fritsche LG，et al，2021．Phenotype risk scores（PheRS）for pancreatic cancer using time-stamped electronic health record data：Discovery and validation in two large biobanks．J Biomed Inform，113：103652．

Seibert TM，Fan CC，Wang Y，et al，2018．Polygenic hazard score to guide screening for aggressive prostate cancer：development and validation in large scale cohorts．BMJ，360：j5757．

Shaked A，Loza BL，Van Loon E，et al，2022．Donor and recipient polygenic risk scores influence the risk of post-transplant diabetes．Nat Med，28（5）：999-1005．

Shi D，Mu S，Pu F，et al，2021．Development of a novel immune infiltration-related cerna network and prognostic model for sarcoma．Front Cell Dev Biol，9：652300．

Shieh Y，Fejerman L，Lott PC，et al，2020．A polygenic risk score for breast cancer in US Latinas and Latin American women．J Natl Cancer Inst，112（6）：590-598．

Sonis S，Antin J，Tedaldi M，et al，2013．SNP-based Bayesian networks can predict oral mucositis risk in autologous stem cell transplant recipients．Oral Dis，19（7）：721-727．

Su-Ping D，Dongdong L，Calhoun VD，et al，2016．Predicting schizophrenia by fusing networks from SNPs，DNA methylation and fMRI data．Annu Int Conf IEEE Eng Med Biol Soc，2016：1447-1450．

Tahir UA，Gerszten RE，2020．Omics and cardiometabolic disease risk prediction．Annu Rev Med，71：163-175．

Thomas M，Sakoda LC，Hoffmeister M，et al，2020．Genome-wide modeling of polygenic risk score in colorectal cancer risk．Am J Hum Genet，107（3）：432-444．

Vaarhorst AA, Verhoeven A, Weller CM, et al, 2014. A metabolomic profile is associated with the risk of incident coronary heart disease. Am Heart J, 168 (1): 45-52, e47.

Van Camp G, 2014. Cardiovascular disease prevention. Acta Clin Belg, 69 (6): 407-411.

Van Neste L, Groskopf J, Grizzle WE, et al, 2017. Epigenetic risk score improves prostate cancer risk assessment. Prostate, 77 (12): 1259-1264.

Van Neste L, Partin AW, Stewart GD, et al, 2016. Risk score predicts high-grade prostate cancer in DNA-methylation positive, histopathologically negative biopsies. Prostate, 76 (12): 1078-1087.

Vilhjálmsson BJ, Yang J, Finucane HK, et al, 2015. Modeling linkage disequilibrium increases accuracy of polygenic risk scores. Am J Hum Genet, 97 (4): 576-592.

Walford GA, Porneala BC, Dauriz M, et al, 2014. Metabolite traits and genetic risk provide complementary information for the prediction of future type 2 diabetes. Diabetes Care, 37 (9): 2508-2514.

Wang KC, Chang HY, 2018. Epigenomics: technologies and applications. Circ Res, 122 (9): 1191-1199.

Wang Y, Tsuo K, Kanai M, et al, 2022. Challenges and opportunities for developing more generalizable polygenic risk scores. Annu Rev Biomed Data Sci, 5: 293-320.

Weersma RK, Stokkers PC, van Bodegraven AA, et al, 2009. Molecular prediction of disease risk and severity in a large Dutch Crohn's disease cohort. Gut, 58 (3): 388-395.

Wei S, Tao J, Xu J, et al, 2021. Ten Years of EWAS. Adv Sci (Weinh), 8 (20): e2100727.

Wu Y, Ding Y, Tanaka Y, et al, 2014. Risk factors contributing to type 2 diabetes and recent advances in the treatment and prevention. Int J Med Sci, 11 (11): 1185-1200.

Wurtz P, Havulinna AS, Soininen P, et al, 2015. Metabolite profiling and cardiovascular event risk: a prospective study of 3 population-based cohorts. Circulation, 131 (9): 774-785.

Xia C, Dong X, Li H, et al, 2022. Cancer statistics in China and United States, 2022: profiles, trends, and determinants. Chin Med J (Engl), 135 (5): 584-590.

Xing L, Zhang X, Chen A, 2019. Prognostic 4-lncRNA-based risk model predicts survival time of patients with head and neck squamous cell carcinoma. Oncol Lett, 18 (3): 3304-3316.

Xu D, Zhang Y, Sun Q, et al, 2021. Long-term PM2.5 exposure and survival among cardiovascular disease patients in Beijing, China. Environ Sci Pollut Res Int, 28 (34): 47367-47374.

Yang S, Zhou X, 2020. Accurate and scalable construction of polygenic scores in large biobank data sets. Am J Hum Genet, 106 (5): 679-693.

Yang S, Zhou X, 2022. PGS-server: accuracy, robustness and transferability of polygenic score methods for biobank scale studies. Brief Bioinform, 23 (2): bbac039.

Yang Y, Tao R, Shu X, et al, 2022. Incorporating polygenic risk scores and nongenetic risk factors for breast cancer risk prediction among Asian women. JAMA Netw Open, 5 (3): e2149030.

Yiangou K, Kyriacou K, Kakouri E, et al, 2021. Combination of a 15-SNP polygenic risk score and classical risk factors for the prediction of breast cancer risk in cypriot women. Cancers, 13(18): 4568.

Yu Z, Jin J, Tin A, et al, 2021. Polygenic risk scores for kidney function and their associations with circulating proteome, and incident kidney diseases. J Am Soc Nephrol, 32（12）: 3161-3173.

Zha Q, Chai G, Zhang ZG, et al, 2021. Effects of diurnal temperature range on cardiovascular disease hospital admissions in farmers in China's Western suburbs. Environ Sci Pollut Res Int, 28（45）: 64693-64705.

Zhang M, Wu S, Du S, et al, 2022. Genetic variants underlying differences in facial morphology in East Asian and European populations. Nat Genet, 54（4）: 403-411.

Zhang Q, Privé F, Vilhjálmsson B, et al, 2021. Improved genetic prediction of complex traits from individual-level data or summary statistics. Nat Commun, 12（1）: 4192.

Zhang R, Shen S, Wei Y, et al, 2022. A large-scale genome-wide gene-gene interaction study of lung cancer susceptibility in europeans with a trans-ethnic validation in Asians. J Thorac Oncol, 17（8）: 974-990.

Zhou Y, Lutz PE, Ibrahim EC, et al, 2020. Suicide and suicide behaviors: a review of transcriptomics and multiomics studies in psychiatric disorders. J Neurosci Res, 98（4）: 601-615.

应 用 篇

第十一章　重大疾病单倍型关联研究方法

本章以乳头状肾细胞癌（papillary renal cell carcinoma）为例，对乳头状肾细胞癌做了表观组范围内单倍型关联分析，从DNA甲基化不平衡块的角度去理解乳头状肾细胞癌发生、发展过程中DNA甲基化的改变。

11.1　乳头状肾细胞癌简介

乳头状肾细胞癌是肾细胞癌的常见类型之一，约占肾细胞癌的15%。它是发生在肾小管上的恶性肿瘤，其乳头状结构丰富，整个肿瘤的一半以上由含有纤维血管轴心的乳头或者乳头管状结构构成。乳头状肾细胞癌的发生、发展和转移是一个非常复杂的生物学过程，它是多组学信号之间级联改变的结果。DNA甲基化在癌症的发生发展、肿瘤抑制基因的失活等方面发挥着重要的作用，是动态观察癌症发生发展的一个重要标志物。癌症的发生是多个位点共同作用的结果，因此识别乳头状肾细胞癌相关的甲基化单倍型有助于加深对乳头状肾细胞癌发生机制的理解，从而为乳头状肾细胞癌的预后及临床应用提供一定的帮助。

11.2　数据与预处理

11.2.1　TCGA数据库介绍

癌症基因组图谱（The Cancer Genome Atlas，TCGA）计划是一个具有里程碑意义的癌症基因组学项目。该计划由美国国家癌症研究所（National Cancer Institute）和美国国家人类基因组研究所（National Human Genome Research Institute）发起，于2006年启动。该计划的主要目的是分类并发现引起癌症的主要基因组变化，进而创建一个全面的癌症基因组图谱，从而达到诊断、治疗和预防癌症的能力。TCGA是一个免费的资源数据库，存储了丰富的癌症资源，包含30多种癌型数据，如乳头状肾细胞癌（KIRP）、乳腺癌（BRCA）、肝细胞癌（LIHC）、肺鳞状细胞癌（LUSC）等。同时，TCGA也包含多种数据类型，主要有RNA-seq数据、SNV（单核苷酸变异）数据、甲基化数据、CNV（拷贝数变异）数据、miRNA-seq数据、样本的临床信息及生物样本数据等。目前，TCGA已经产生了2万多例原发性癌症的基因组、表观基因组、转录组和蛋白质组数据，大小超过2.5PB。另外，TCGA还分析了30多个肿瘤的大规模队列研究，包括特定的癌症类型分析、泛癌分析及多组学层面的分析，增进了人们对于癌症机制的理解。

11.2.2　乳头状肾细胞癌数据集

从TCGA数据库的KIRP项目中下载乳头状肾细胞癌患者实体瘤和正常实体组织的DNA甲基化数据，数据类型是Illumina 450K芯片，每个数据包含485 577个探针。该数据集包含了275个乳头状肾细胞癌实体瘤患者样本和45个正常实体组织样本。另外，从GEO数据库下载了“人类参考基因组”版本为37、平台为GPL13534的450K甲基化数据的注释数据来注释CpG位点的信息，如染色体、染色体位置、注释基因等。

11.2.3　数据预处理

首先，排除样本类型不是原发实体瘤样本和正常实体组织的样本，经过提取，275个原发实体乳头状肾细胞癌样本和45个正常实体组织样本被纳入研究。接着，提取疾病样本和正常样本的β值并将其合为一个485 577行、320列的大文件，数据的每一行是各个样本在同一个CpG位点上的甲基化水平值，每一列代表一个样本。然后，根据注释数据，本研究筛掉了65个SNP位点及11 648个性染色体上的位点，病例组和对照组的DNA甲基化数据均只保留了22条常染色体上的473 864个CpG位点。进一步，以0.3和0.7为阈值，将乳头状肾细胞癌样本和正常样本的β值数据转换为SMP基因型数据，$\beta \leqslant 0.3$者将其转换为UU基因型，表示一对同源染色体上的胞嘧啶均未被修饰。$0.3 < \beta \leqslant 0.7$者将其转换为MU基因型，表示同源染色体上的一条染色单体被甲基化，另一条染色单体未被甲基化。$0.7 < \beta \leqslant 1$者将其转换为MM基因型，表示同源染色体上的两条染色单体均被添加上甲基。接着，计算病例对照样本中每个CpG位点上MM、MU、UU的基因型频率，并去除缺失率≥25%的DNA甲基化CpG位点。该研究共去除了88 084个甲基化基因型召回率＜75%的SMP位点。根据前面框架筛选位点的原则，进一步删除了101 809个M等位基因频率＜0.01的rmSMP和75 643个U等位基因频率＜0.01的ruSMP，仅仅保留了208 328个常见SMP位点。另外，由于在研究者执行基于频率的分析（如病例对照研究），进一步识别与疾病或表型相关的SMP位点、甲基化单倍型时，两个等位基因之间存在关联性的SMP位点将会影响结果的准确性。因此，那些不满足Hardy-Weinberg平衡的SMP位点在研究中应该被去掉。在该研究中，共删除了46 810个excSMP位点和15 715个synSMP位点。经过以上预处理，共145 803个CpG位点被用于乳头状肾细胞癌表观组范围内的单倍型关联分析。

在该研究中，识别DNA甲基化连锁不平衡块、识别甲基化不平衡块中的甲基化单倍型、计算甲基化单倍型的频率及执行乳头状肾细胞癌表观组范围内单倍型关联分析均通过EWAS 2.0完成。

11.3　识别DNA甲基化不平衡块

在该研究中，利用EWAS 2.0软件，共识别得到7229个DNA甲基化连锁不平衡块。其中，1号染色体上的甲基化不平衡块数目最多，有722个；21号染色体上的甲基化不平衡块最少，包含97个。22条常染色体上甲基化不平衡块的分布情况见表11-1。

表11-1　22条染色体上甲基化不平衡块数目

染色体	甲基化连锁不平衡块数目	染色体	甲基化连锁不平衡块数目
1	722	12	363
2	541	13	199
3	366	14	190
4	291	15	219
5	327	16	314
6	572	17	506
7	456	18	110
8	314	19	351
9	101	20	165
10	412	21	97
11	475	22	138

在这些DNA甲基化连锁不平衡块中，包含最多SMP的甲基化不平衡块位于17号染色体*HOXB5*、*LOC404266*和*HOXB6*基因的基因体区域。*HOXB5*基因位于17号染色体的46 668 619～46 671 103bp区域，*HOXB6*基因位于17号染色体的46 673 099～46 682 343bp区域，这个最长的SMP甲基化不平衡块长度约为15 275kb，起始和终止位置分别为46 660 940和46 676 215。该块共包含36个SMP位点，分别为cg00411072、cg20490001、cg13609544、cg02642822、cg09704116、cg10588962、cg21242356、cg01351315、cg25960038、cg09595185、cg22660299、cg00646731、cg05555337、cg19047868、cg12744859、cg25365260、cg17062109、cg11739758、cg05992357、cg03809346、cg06384413、cg11155697、cg14126688、cg01405107、cg05487507、cg20184247、cg18127922、cg00682096、 cg21864868、cg07676709、cg22583148、cg26279336、cg05332887、cg02086493、cg11850549、cg15908709。

包含最少SMP的甲基化不平衡块只有2个SMP位点，在22条染色体中均有分布。仅仅包含2个SMP的甲基化不平衡块共计3000个，占所有甲基化不平衡块的41.5%。例如，位于20号染色体上*RIN2*基因基因体区域的甲基化不平衡块，长度约为0.213kb，起始和终止位置分别为19 915 874和19 916 087，只包含cg03512414和cg18952506两个SMP位点。

进一步计算每条常染色体上甲基化不平衡块的平均长度，详细结果见表11-2。通过计算，发现甲基化不平衡块的平均长度为1859.372bp。其中，18号染色体上甲基化不平衡块的平均长度最长，大约是7701.191bp；20号染色体上的甲基化不平衡块的平均长度最短，大约是507.709bp。

表11-2　22条常染色体上甲基化不平衡块的平均长度

染色体	甲基化连锁不平衡块平均长度（bp）	染色体	甲基化连锁不平衡块平均长度（bp）
1	1765.885	12	2221.000
2	1897.678	13	2019.809
3	2035.923	14	2111.553
4	1434.292	15	1545.507
5	2109.691	16	2155.806
6	1025.329	17	1461.895
7	1099.897	18	7701.191
8	2080.726	19	1010.091
9	2351.248	20	507.709
10	2895.231	21	1651.113
11	2125.884	22	2139.536

与平均长度的结果不同，长度最长的甲基化不平衡块位于10号染色体上，起始和终止位置分别为83 665 199和84 413 538，长度约为748.339kb。该甲基化不平衡块在*NRG3*基因的基因体区域，*NRG3*基因位于10号染色体的83 635 075～84 746 935bp区域。该块共包含9个SMP位点，分别为cg08817204、cg06710785、cg10440524、cg15339688、cg06850159、cg05802704、cg07380504、cg19746502、cg24769190。相反，长度最短的甲基化不平衡块只有2bp，均只包含2个SMP位点，这样的块共计74个，占所有甲基化不平衡块的1.02%。这些块位于多条染色体上，

除了5号、13号和15号染色体，在其他常染色体上均有分布。例如，位于6号染色体上的1个甲基化不平衡块，起始和终止位置分别为29 796 379和29 796 381，共计2bp，仅仅包含cg03149560和cg06212945两个SMP位点。该块坐落于该条染色体*HLA-G*基因的基因体区域，该基因的位置在29 794 756 ～ 29 798 899bp。

11.4　识别甲基化单倍型

对于7229个识别出来的DNA甲基化连锁不平衡块，还利用EWAS 2.0软件识别了这些甲基化不平衡块中的单倍型，共计52 612个，22条染色体上甲基化单倍型的详细分布情况见表11-3。从该表可以看出，包含最多甲基化不平衡块的1号染色体上，甲基化单倍型数目并不是最多的，只有4914个，位于第二位。6号染色体上的甲基化单倍型数目最多，共有5298个。同理，包含最少甲基化不平衡块的21号染色体上，甲基化单倍型数目也不是最少的，位于倒数第二位。9号染色体上的甲基化单倍型数目最少，只有497个。这也说明了甲基化单倍型的数目与甲基化不平衡块的数目存在一定的相关性，块的数目越多，甲基化单倍型的数目也相对越多，但并不是绝对相关的，甲基化单倍型的数目还与块中所包含的位点数目相关，猜测与数据集特性也存在一定的相关性。

表11-3　22条染色体上甲基化单倍型数目

染色体	甲基化单倍型数目	染色体	甲基化单倍型数目
1	4914	12	2722
2	3810	13	1236
3	2439	14	1086
4	1891	15	1779
5	2426	16	2084
6	5298	17	4443
7	4068	18	701
8	2026	19	2195
9	497	20	1244
10	2928	21	560
11	3285	22	980

在这些甲基化不平衡块中，包含最多甲基化单倍型的块位于17号染色体的*HOXB5*、*LOC404266*和*HOXB6*基因上，共包含256个甲基化单倍型，这可能与该甲基化不平衡块中包含的SMP位点最多有关，该块共包含36个SMP位点。其中，*HOXB5*基因位于17号染色体的46 668 619 ～ 46 671 103bp区域，*HOXB6*基因位于17号染色体的46 673 099 ～ 46 682 343bp区域，这个包含最多甲基化单倍型的甲基化不平衡块的起始和终止位置分别为46 660 940和46 676 215，长度约为15.275kb。该块共包含256个甲基化单倍型，如MUMUUUUMMUMMUMMUUUUUUUUMUUUMUUMUUUUU、MUMMMMMMMMMMMMMMMMMMUMMMMMMMMUUUUUUU、MMMMMMMMMMMMMMMMMUUMUUUMMMMMMMMMUUU、UUUUUUUUUUUUMUUUUUUUUUUUUMUUUUUUUUU等，这里就不一一列举。

相对应地，包含最少甲基化单倍型的甲基化不平衡块只包含2个甲基化单倍型，该块中只包含2个SMP位点。只包含2个甲基化单倍型的块共计53个，占所有甲基化不平衡块的0.73%。这些块位于多条染色体上，除了4号、13号、15号和16号染色体，在其他常染色体上均有分布。例如，位于3号染色体上的1个甲基化不平衡块，起始和终止位置分别为30 936 316和30 936 318，长度为2bp，仅仅包含cg04556868和cg16856874两个SMP位点。该块坐落于该条染色体*GADL1*基因的转录起始位点上游0 ～ 200个碱基（TSS200）区域，*GADL1*基因的位置在30 767 692 ～ 30 936 153bp。该块只包含2个甲基化单倍型，分别为UU和MM。

11.5　乳头状肾细胞癌表观组范围内单倍型关联分析

对于识别出来的7229个SMP甲基化不平衡块，用EWAS 2.0软件执行卡方检验来分析疾病和对照之间具有显著性差异的单倍型。根据Bonferroni校正，以10^{-7}（$P=0.05/52\,612$）作为统计显著性P值，共识别得到4005个乳头状肾细胞癌患者样本和正常实体组织样本之间具有显著性差异的甲基化单倍型。最显著的甲基化单倍型是UU，位于15号染色体上*EHD4*基因的基因体区域（42 191 638 ～ 42 264 755bp），共长151bp，位置在42 211 689 ～ 42 211 840bp。该显著单倍型的甲基化不平衡块主要包含2个SMP位点，分别是cg04656171和cg09938408。该甲基化单倍型UU在乳头状肾细胞癌患者中的频率只有0.002，而在正常组织样本中的频率为0.466，显著性P值为8.06^{-60}。除了甲基化单倍型UU，该甲基化不平衡块中还包含另外3个甲基化单倍型MM、UM和MU。MM甲基化单倍型在乳头状肾细胞癌患者样本和正常实体组织样本中也存在显著性差异，显著性P值为2.50^{-44}，该甲基化单倍型在乳头状肾细胞癌患者中的频率高达0.969，而在正常组织样本中的频率为0.499。然而，该甲基化不平衡块中的另外两个单倍型UM和MU在乳头状肾细胞癌患者样本和正常实体组织样本中差异并不显著，显著性*P*值分别为0.897和0.286。在乳头状肾细胞癌患者样本中，MM甲基化单倍型的频率极高，UU甲基化单倍型的频率极低。然而，在正常实体组织样本中，MM甲基化单倍型和UU甲基化单倍型的频率均在0.5左右，两个甲基化单倍型的频率相差不多。这表明该SMP甲基化连锁不平衡块区域在乳头状肾细胞癌患者样本中更趋向于被甲基化。

另一个在乳头状肾细胞癌患者样本和正常实体组织样本中差异显著的甲基化单倍型是UUU，位于13号染色体上*ELF1*基因的基因体区域（41 506 055 ～ 41 635 544bp），共长134bp，位于41 593 385 ～ 41 593 519bp。该甲基化单倍型由3个SMP位点组成，分别是cg01440489、cg02632314和cg18456803。与*EHD4*基因上的甲基化单倍型不同，该甲基化单倍型UUU在乳头状肾细胞癌患者样本中的频率为0.991，在正常实体组织样本中的频率为0.511，显著性*P*值为9.92^{-57}。除了甲基化单倍型UUU，该甲基化不平衡块中还包含另外5个甲基化单倍型（MMM、MUM、MMU、UUM和MUU）。其中，MMM和MUM单倍型在乳头状肾细胞癌患者样本和正常实体组织样本之间也具有显著性差异，显著性*P*值分别为6.73^{-39}和1.89^{-9}。MMM甲基化单倍型在乳头状肾细胞癌患者样本中的频率为0.004，而在正常组织样本中的频率为0.322。MUM甲基化单倍型在乳头状肾细胞癌患者样本中的频率为0.002，而在正常实体组织样本中的频率为0.078。就MMU、UUM和MUU单倍型而言，尽管它在乳头状肾细胞癌患者样本和正常实体组织样本中差异不显著，但仍然具有一个较小的显著性水平，显著性*P*值分别为6.64^{-7}、0.008和0.0085。在乳头状肾细胞癌患者样本中，UUU甲基化单倍型的频率极高，达到了92.3%，说明该SMP甲基化连锁不平衡块区域在乳头状肾细胞癌患者样本中更趋向于不被甲基化。然而，在正常实体组织样本中，UUU甲基化单倍型的频率为0.511，MMM甲基化单倍型的频率为0.322，这也表明在癌变的过程中，该SMP甲基化连锁不平衡块区域的CpG位点是逐渐去甲基化的。

乳头状肾细胞癌患者样本和正常实体组织样本之间具有显著性差异的甲基化单倍型的详细结果见表11-4，这里只取前20个差异最为显著的甲基化单倍型及该甲基化单倍型分别在乳头状肾细胞癌患者样本和正常实体组织样本中的频率分布及显著性*P*值等。

表 11-4　前20个乳头状肾细胞癌患者样本和正常实体组织样本之间具有显著性差异的甲基化单倍型

序号	甲基化单倍型	染色体	乳头状肾细胞癌样本中的频率	正常实体组织样本中的频率	P值
1	UU	15	0.002	0.466	8.06e-60
2	UU	10	0.007	0.489	3.47e-58
3	UUUUU	2	0.005	0.476	4.59e-58
4	UUU	13	0.991	0.511	9.92e-57
5	MMUU	10	0.004	0.452	4.37e-56
6	UU	16	0.011	0.486	7.14e-55
7	UUUUU	2	0.013	0.489	6.01e-54
8	UUU	5	0.002	0.422	6.90e-54
9	UUU	4	0.011	0.477	1.10e-53
10	UUU	13	0.009	0.466	1.17e-53
11	UU	17	0.011	0.476	1.43e-53
12	MMM	15	0.015	0.489	1.24e-52
13	UUU	16	0.009	0.455	3.53e-52
14	MM	8	0.005	0.433	4.18e-52
15	UU	6	0.011	0.465	4.21e-52
16	MM	6	0.982	0.5	1.22e-51
17	UU	17	0.018	0.499	1.41e-51
18	UUUUUU	13	0.018	0.496	2.93e-51
19	UUUUUUU	10	0.009	0.444	3.93e-51
20	UUUU	11	0.013	0.467	5.91e-51

注：第四列与第五列分别为甲基化单倍型在乳头状肾细胞癌患者样本和正常实体组织样本中的频率分布，第六列为显著性P值。

11.6　基因注释

为了进一步探索乳头状肾细胞癌的疾病机制，对乳头状肾细胞癌患者和正常实体组织样本之间具有显著性差异表达的基因进行了功能注释，进一步观察乳头状肾细胞癌在生物学功能层面发生的改变。从GEO数据库下载了人类参考基因组版本为37、平台为GPL13534的450K甲基化芯片的注释数据。对于每个乳头状肾细胞癌患者和正常组织样本之间具有显著性差异的甲基化单倍型，首先根据注释信息将甲基化单倍型中的每个CpG位点分别映射到相应的基因上，然后取该单倍型中所有基因的并集作为该甲基化单倍型的基因。

11.6.1　GO注释结果

在此，主要使用了R包“clusterProfiler”进行GO功能注释分析。以10^{-7}（$P = 0.05/52\ 612$）作为统计显著性P值，通过对乳头状肾细胞癌患者样本和正常实体组织样本之间具有显著性差异的甲基化单倍型进行基因注释，共识别得到了1814个差异表达的基因。以0.05作为统计显著性P值，同时对P值进行Benjamini多重检验校正，利用“clusterProfiler”包中的enrichGO函数共识别得到了405个与乳头状肾细胞癌显著相关的GO节点，包括359个生物学过程（BP）、30个分子功能（MF）和16个细胞组分（CC）。

GO注释的BP详细结果见图11-1。图中颜色由红到蓝表示显著性P值由小到大，柱的长度表示差异基因注释到该功能节点上的基因数目。这30个BP大部分都与发育和形态发生有关。例如，最显著被注释上的BP为骨骼系统发育，超几何检验显著性P值为4.33^{-14}，经过Benjamini多重检验校正后的P值为2.29^{-10}，该BP共被注释上了92个差异表达的基因。其次，注释到GO数据库中的BP还包括骨骼系统形态发生、胚胎骨骼系统发育、肾脏系统发育、肾脏发育、肾小管发育、肾上皮发育、泌尿生殖系统发育、区域化进程等。这表明在乳头状肾细胞癌的发生发展过程中，人体的发育系统功能会逐渐紊乱，形态发生也会发生改变。

差异基因在GO数据库中共注释上了30个MF，详细结果见图11-2。图中颜色由红到蓝表示显著性P值由小到大，柱的长度表示差异基因注释到该功能节点上的基因数目。这30个MF大部分都与分子的结合活性有关，分子的结合活性指的是通过选择性的、非共价的、通常是化学计量的相互作用使两个或两个以上的分子结合在一起，从而使这些分子以协调的方式发挥作用。例如，最显著被注释上的MF为“绑定、桥接”，超几何检验显著性P值为2.00^{-7}，经过Benjamini多重检验校正后的P值为1.90^{-4}，该MF共被注释上了36个差异表达的基因。其次，注释到GO数据库中的MF还包括类固醇激素受体活性，鸟苷酸交换因子活性，蛋白质结合、桥接，细胞黏附分子结合，转录因子活性，RNA聚合酶Ⅱ核心启动子近端区域序列特异性结合，钙黏着蛋白绑定，参与细胞-细胞黏附的蛋白质结合等。这表明在乳头状肾细胞癌的发生发展过程中，多种生物分子的结合活性都发生了改变，癌症发生可能是这些分子逐步发生改变的结果。

在GO注释结果中，与BP和MF相比较，差异基因注释上的CC最少，只有16个，详细结果见图11-3。图中颜色由红到蓝表示显著性P值由小到大，柱的长度表示差异基因注释到该功能节点上的基因数目。这16个CC大部分都与质膜有

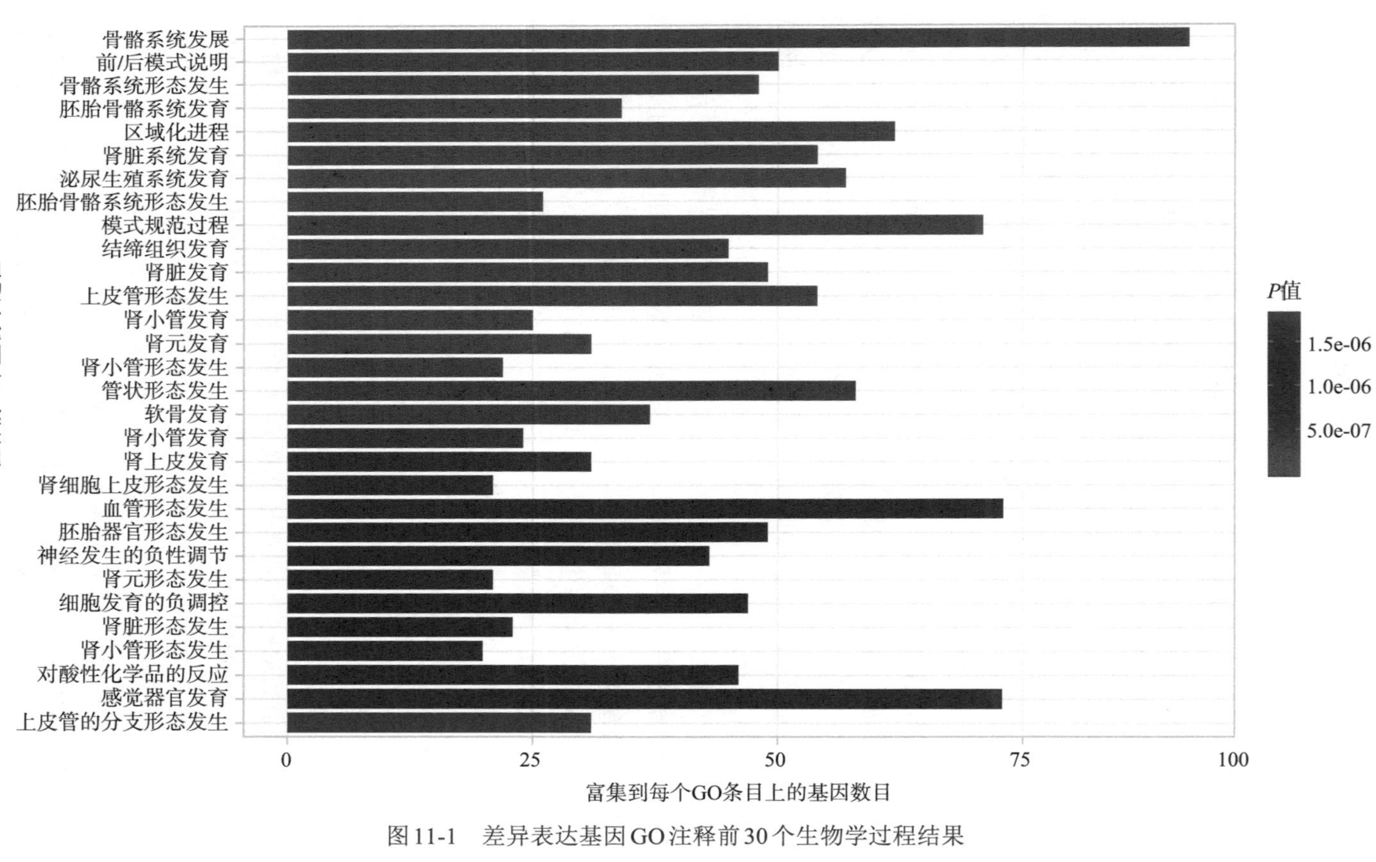

图 11-1 差异表达基因 GO 注释前 30 个生物学过程结果

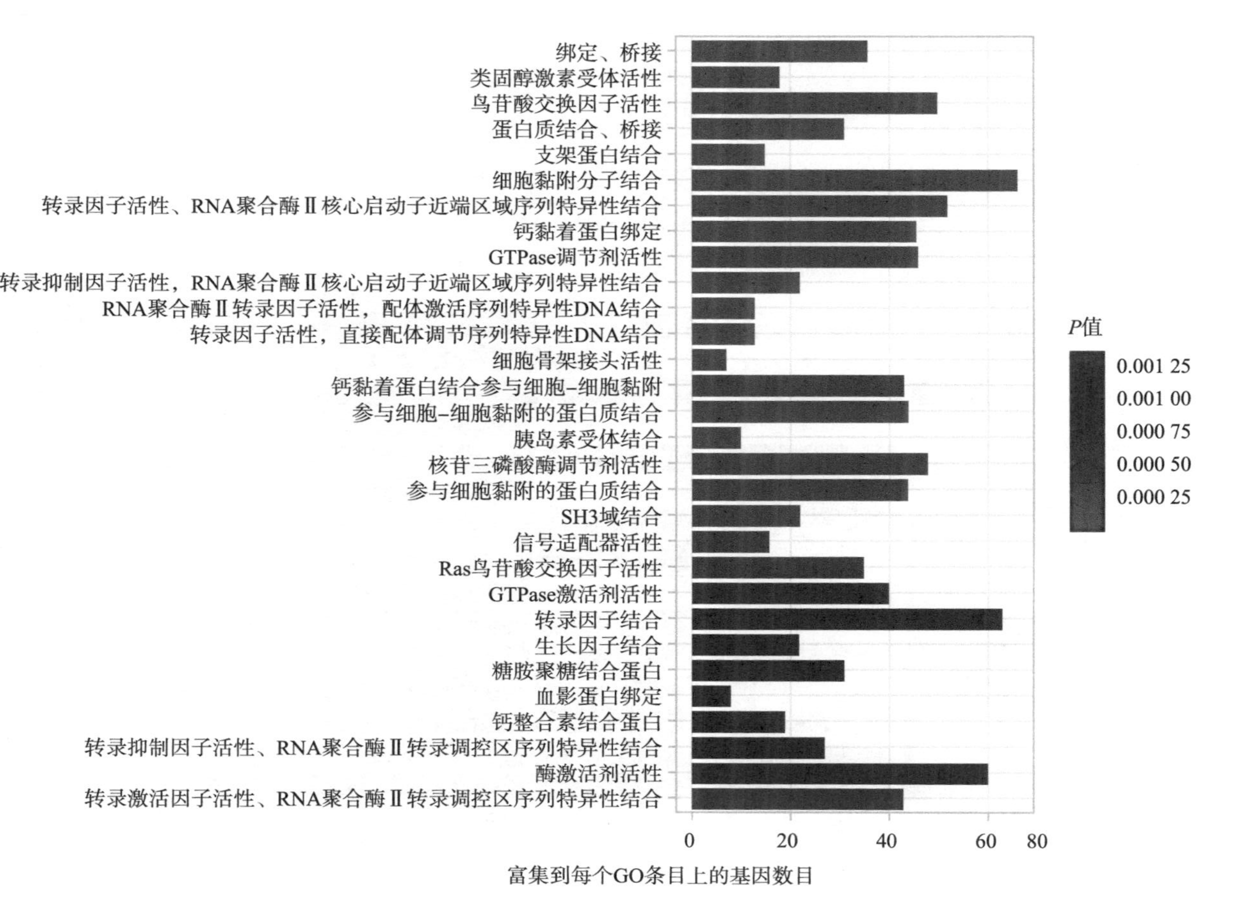

图11-2 差异表达基因GO注释30个分子功能（MF）结果

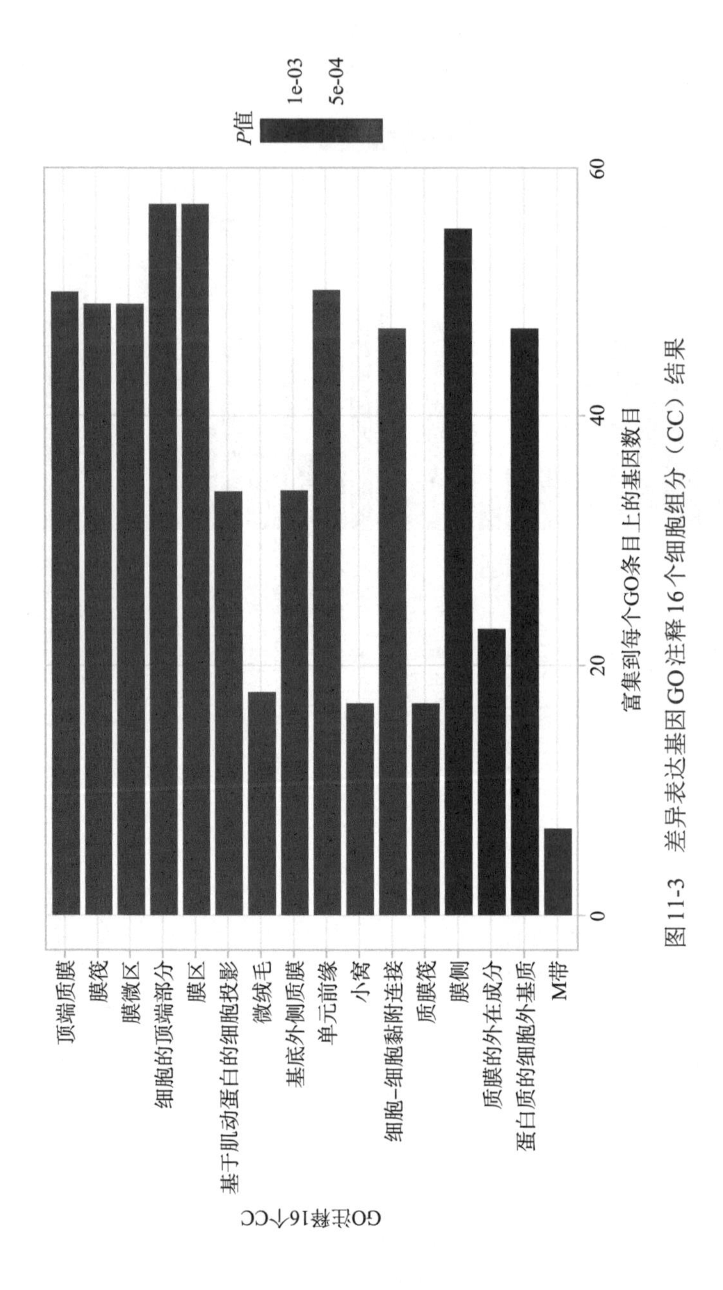

图 11-3　差异表达基因GO注释16个细胞组分（CC）结果

关。例如，最显著被注释上的CC为顶端质膜，超几何检验显著性P值为7.40^{-08}，经过Benjamini多重检验校正后的P值为1.79^{-5}，该CC共被注释上了50个差异表达的基因。其次，注释到GO数据库中的CC还包括膜筏、膜微区、膜区、管基底等离子体膜、质膜筏、质膜的外在成分、蛋白质的细胞外基质等。

11.6.2　KEGG通路注释结果

进一步对乳头状肾细胞癌患者样本和正常实体组织样本之间显著性差异表达的基因进行了KEGG通路分析，以0.05作为Benjamini多重检验校正后的统计显著性P值，利用"clusterProfiler"包中的enrichKEGG函数对1814个基因进行了KEGG通路注释，共识别得到了26个与乳头状肾细胞癌显著相关的KEGG通路。

差异表达基因KEGG通路注释的详细结果见图11-4。图中点的颜色表示显著性P值的大小情况，颜色越接近红色表示显著性P值越小，越接近蓝色表示显著性P值越大，点的大小表示注释到该通路上的差异基因数目。这26个KEGG通路大部分都与信号转导通路有关。例如，最显著被注释上的KEGG通路为"醛固酮调控的钠重吸收"通路，超几何检验显著性P值为6.17^{-6}，经过Benjamini多重检验校正后的P值为1.87^{-3}，该KEGG通路共被注释上了13个差异表达的基因。其次，注释到KEGG数据库中的通路还包括许多信号转导通路，如"甲状腺激素信号通路""钙信号通路""一磷酸腺苷活化蛋白激酶信号通路""雌激素信号通路""糖尿病并发症中的AGE-RAGE信号通路""Hippo信号通路""Rap1信号通路""磷脂酶D信号通路"等。除此之外，该研究注释上的KEGG通路还包括"胃酸分泌通路""甲状旁腺激素的合成、分泌及活化通路""1型糖尿病通路""癌症中的microRNA通路""癌症中的蛋白聚糖通路""人类T细胞白血病病毒1型感染通路""胆汁分泌通路""长寿调控通路-多物种""昼夜节律通路"等。这表明乳头状肾细胞癌的发生过程极其复杂，患者的多个信号转导通路均会发生改变，猜测多个基因的功能紊乱及相互作用的改变可能是乳头状肾细胞癌加重的原因，同时乳头状肾细胞癌的加重将会进一步导致基因功能层面上的改变。

在该研究中，执行了乳头状肾细胞癌表观组范围内单倍型关联分析。通过分析275个乳头状肾细胞癌患者样本和45个正常实体组织样本的DNA甲基化数据，用EWAS 2.0软件识别了一些DNA甲基化连锁不平衡区域及病例对照样本中具有显著性差异的甲基化单倍型，进一步通过基因注释分析了这些差异表达基因的功能。研究发现乳头状肾细胞癌的发生发展是一个十分复杂的生物学过程，涉及多个系统的发育和形态发生、分子的结合活性和信号转导通路。尽管识别了许多乳头状肾细胞癌患者样本和正常实体组织样本之间在功能上的差异，但是乳头

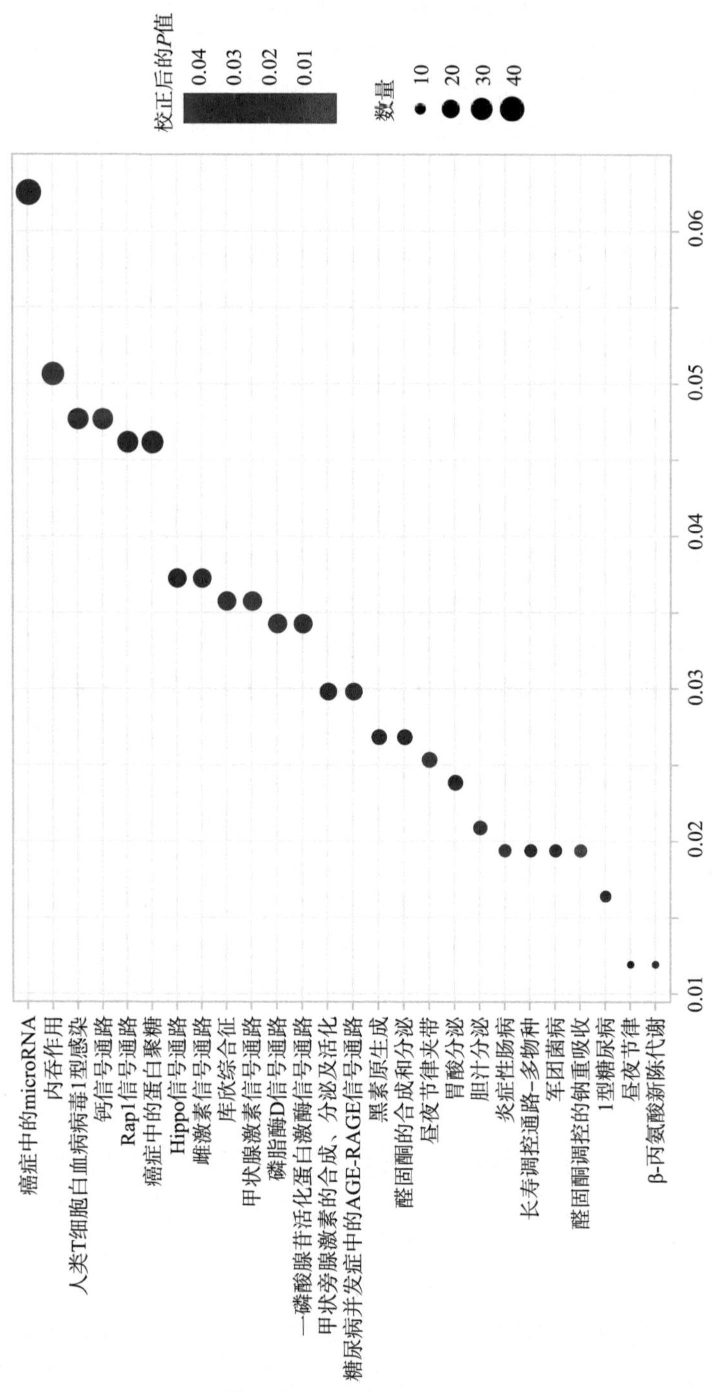

图 11-4　KEGG注释上的26个通路的差异表达基因数目

状肾细胞癌的发生是一个十分复杂的过程，仍然无法确定是这些生物学功能的改变导致了乳头状肾细胞癌的发生，还是乳头状肾细胞癌的发生导致了这些生物学改变。

在执行乳头状肾细胞癌表观组范围内单倍型关联分析之前，过滤掉了数据缺失率大于25%的SMP位点，去除了M和U等位基因频率小于0.01的SMP位点，以及SMP两个等位基因之间存在关联性的SMP位点，经过预处理，只得到了145 803个位点用于后续分析。虽然该研究损失了大部分DNA甲基化位点的信息，但是保证了三种甲基化基因型MM、MU、UU在保留的这些SMP位点中均有分布，使得这些位点具有离散化特性。同时，去除等位基因之间存在关联性的SMP位点，消除了SMP位点两个等位基因之间的关联性给结果带来的影响，保证了结果的准确性和可靠性。虽然去除了大量DNA甲基化位点，但是却保证了信息含量及信息的准确性，有助于识别乳头状肾细胞癌患者样本和正常实体组织样本之间的差异。

参考文献

Ashburner M, Ball CA, Blake JA, et al, 2000. Gene ontology: tool for the unification of biology. The Gene Ontology Consortium. Nat Genet, 25 (1): 25-29.

Baribault H, 2016. Mouse models of type 2 diabetes mellitus in drug discovery. Methods Mol Biol, 1438: 153-175.

Benson D, Boguski M, Lipman D, et al, 1990. The National Center for Biotechnology Information. Genomics, 6 (2): 389-391.

Butte AJ, Dzau VJ, Glueck SB, 2001. Further defining housekeeping, or "maintenance," genes Focus on "A compendium of gene expression in normal human tissues". Physiol Genomics, 7(2): 95-96.

Cheon DJ, Orsulic S, 2011. Mouse models of cancer. Annu Rev Pathol, 6: 95-119.

Dheda K, Huggett JF, Bustin SA, et al, 2004. Validation of housekeeping genes for normalizing RNA expression in real-time PCR. Biotechniques, 37 (1): 112-114, 116, 118-119.

Dine J, Deng CX, 2013. Mouse models of BRCA1 and their application to breast cancer research. Cancer Metastasis Rev, 32 (1-2): 25-37.

Edgar R, Domrachev M, Lash AE, 2002. Gene Expression Omnibus: NCBI gene expression and hybridization array data repository. Nucleic Acids Res, 30 (1): 207-210.

Eisenberg E, Levanon EY, 2003. Human housekeeping genes are compact. Trends Genet, 19 (7): 362-365.

Eisenberg E, Levanon EY, 2013. Human housekeeping genes, revisited. Trends Genet, 29 (10): 569-574.

Farooqi AA, Shu CW, Huang HW, et al, 2017. TRAIL, Wnt, Sonic Hedgehog, TGFbeta, and miRNA signalings are potential targets for oral cancer therapy. Int J Mol Sci, 18 (7):

1523.

Flicek P, Amode MR, Barrell D, et al, 2012. Ensembl 2012. Nucleic Acids Res, 40 (Database issue): D84-D90.

Flicek P, Amode MR, Barrell D, et al, 2014. Ensembl 2014. Nucleic Acids Res, 42 (1): D749-D755.

Gautier L, Cope L, Bolstad BM, et al, 2004. Affy—analysis of Affymetrix GeneChip data at the probe level. Bioinformatics, 20 (3): 307-315.

Harris MA, Clark J, Ireland A, et al, 2004. The Gene Ontology (GO) database and informatics resource. Nucleic Acids Res, 32 (Database issue): D258-D261.

Huang Da W, Sherman BT, Lempicki RA, 2009. Bioinformatics enrichment tools: paths toward the comprehensive functional analysis of large gene lists. Nucleic Acids Res, 37 (1): 1-13.

Huang Da W, Sherman BT, Lempicki RA, 2009. Systematic and integrative analysis of large gene lists using DAVID bioinformatics resources. Nat Protoc, 4 (1): 44-57.

Hubbard T, Barker D, Birney E, et al, 2002. The Ensembl genome database project. Nucleic Acids Res, 30 (1): 38-41.

Kersey PJ, Allen JE, Allot A, et al, 2018. Ensembl Genomes 2018: an integrated omics infrastructure for non-vertebrate species. Nucleic Acids Res, 46 (D1): D802-D808.

Kersey PJ, Allen JE, Armean I, et al, 2014. Ensembl Genomes 2016: more genomes, more complexity. Nucleic Acids Res, 44 (D1): D574-D580.

Kersey PJ, Allen JE, Christensen M, et al, 2014. Ensembl Genomes 2013: scaling up access to genome-wide data. Nucleic Acids Res, 42 (Database issue): D546-D552.

Kersey PJ, Lawson D, Birney E, et al, 2010. Ensembl Genomes: extending Ensembl across the taxonomic space. Nucleic Acids Res, 38 (Database issue): D563-D569.

Kersey PJ, Staines DM, Lawson D, et al, 2012. Ensembl Genomes: an integrative resource for genome-scale data from non-vertebrate species. Nucleic Acids Res, 40 (Database issue): D91-D97.

Killcoyne S, Carter GW, Smith J, 2009. Cytoscape: a community-based framework for network modeling. Methods Mol Biol, 563: 219-239.

Kobayashi T, Owczarek TB, Mckiernan JM, et al, 2015. Modelling bladder cancer in mice: opportunities and challenges. Nat Rev Cancer, 15 (1): 42-54.

Kohl M, Wiese S, Warscheid B, 2011. Cytoscape: software for visualization and analysis of biological networks. Methods Mol Biol, 696: 291-303.

Kramarz B, Roncaglia P, Meldal BHM, et al, 2018. Improving the gene ontology resource to facilitate more informative analysis and interpretation of Alzheimer's disease data. Genes (Basel), 9 (12): 593.

Lin S, Lin Y, Nery JR, et al, 2014. Comparison of the transcriptional landscapes between human and mouse tissues. Proc Natl Acad Sci U S A, 111 (48): 17224-17229.

Liu T, Yu L, Ding G, et al, 2015. Gene coexpression and evolutionary conservation analysis of the human preimplantation embryos. Biomed Res Int, 2015: 316735.

Maniatis T, Reed R, 2002. An extensive network of coupling among gene expression machines.

Nature，416（6880）：499-506.

Menashe I，Grange P，Larsen EC，et al，2013. Co-expression profiling of autism genes in the mouse brain. PLoS Comput Biol，9（7）：e1003128.

Monaco G，van Dam S，Casal Novo Ribeiro JL，et al，2015. A comparison of human and mouse gene co-expression networks reveals conservation and divergence at the tissue，pathway and disease levels. BMC Evol Biol，15：259.

Nepusz T，Yu H，Paccanaro A，2012. Detecting overlapping protein complexes in protein-protein interaction networks. Nat Methods，9（5）：471-472.

Olson B，Li Y，Lin Y，et al，2018. Mouse models for cancer immunotherapy research. Cancer Discov，8（11）：1358-1365.

Plotnikoff N，1961. Drug resistance due to inbreeding. Science，134（3493）：1881-1882.

Robinson MD，Oshlack A，2010. A scaling normalization method for differential expression analysis of RNA-seq data. Genome Biol，11（3）：R25.

Sakamoto K，Schmidt JW，Wagner KU，2015. Mouse models of breast cancer. Methods Mol Biol，1267：47-71.

Shannon P，Markiel A，Ozier O，et al，2003. Cytoscape：a software environment for integrated models of biomolecular interaction networks. Genome Res，13（11）：2498-2504.

Smoot ME，Ono K，Ruscheinski J，et al，2011. Cytoscape 2.8：new features for data integration and network visualization. Bioinformatics，27（3）：431-432.

The Gene Ontology C，2019. The Gene Ontology Resource：20 years and still GOing strong. Nucleic Acids Res，47（D1）：D330-D338.

Thellin O，Zorzi W，Lakaye B，et al，1999. Housekeeping genes as internal standards：use and limits. J Biotechnol，75（2-3）：291-295.

Tsaparas P，Mariño-Ramírez L，Bodenreider O，et al，2006. Global similarity and local divergence in human and mouse gene co-expression networks. BMC Evol Biol，6：70.

Valkenburg KC，Pienta KJ，2015. Drug discovery in prostate cancer mouse models. Expert Opin Drug Discov，10（9）：1011-1024.

Vandesompele J，De Preter K，Pattyn F，et al，2002. Accurate normalization of real-time quantitative RT-PCR data by geometric averaging of multiple internal control genes. Genome Biol，3（7）：RESEARCH0034.

Vinogradov AE，2004. Compactness of human housekeeping genes：selection for economy or genomic design? Trends Genet，20（5）：248-253.

Voss RH，Thomas S，Pfirschke C，et al，2010. Coexpression of the T-cell receptor constant alpha domain triggers tumor reactivity of single-chain TCR-transduced human T cells. Blood，115（25）：5154-5163.

Wang L，Liu H，Jiao Y，et al，2015. Differences between mice and humans in regulation and the molecular network of collagen，type Ⅲ，alpha-1 at the gene expression level：obstacles that translational research must overcome. Int J Mol Sci，16（7）：15031-15056.

Waterston RH，Lindblad-Toh K，Birney E，et al，2002. Initial sequencing and comparative analysis of the mouse genome. Nature，420（6915）：520-562.

Wu J，Jordan M，Waxman DJ，2016. Metronomic cyclophosphamide activation of anti-tumor immunity: tumor model，mouse host，and drug schedule dependence of gene responses and their upstream regulators. BMC Cancer，16: 623.

Yao P，Lin P，Gokoolparsadh A，et al，2015. Coexpression networks identify brain region-specific enhancer RNAs in the human brain. Nat Neurosci，18（8）: 1168-1174.

Zhu J，He F，Hu S，et al，2008. On the nature of human housekeeping genes. Trends Genet，24（10）: 481-484.

第十二章　DNA甲基化位点的人群差异分析

12.1　欧非人群的数据来源

为了比较CEU（Utah Residents with Northern and Western European Ancestry，欧洲血统）和YRI（Yoruba in Ibadan，Nigeria，非洲血统）人群DNA甲基化连锁不平衡图谱与SNP连锁不平衡图谱的差异，从HapMap数据库中下载了22条常染色体上CEU和YRI两个人群的SNP基因型数据。本研究采用的是2010年8月发布的HapMap Ⅱ、Ⅲ期的合并数据，此次发布的SNP基因型数据主要使用了两个测序平台：IlluminaHuman 1M和Affymetrix Genome Wide SNP 6.0，该数据由这两个平台测得的数据合并得到。该基因型数据的每一行是一个SNP位点，前十一列是SNP位点的基本信息，包括等位基因、染色体、位置及测序平台等，从第十二列开始，每一列包含的是一个样本的基因型信息。研究还从dbSNP数据库中下载了版本为GRCh37.p13的22条常染色体上的SNP数据，用于替换HapMap数据中SNP的位置。除此之外，该研究还下载了HapMap中个体的家系数据，并从NCBI数据库下载了版本号为BUILD.37.3的人类基因注释数据，以便进行数据的预处理和基因映射。

12.2　欧非人群数据的预处理

12.2.1　转换DNA甲基化β值为甲基化基因型

由于技术的限制，目前几乎所有关于DNA甲基化的研究都是基于β值的。为了从同源染色体的角度理解DNA甲基化，比较DNA甲基化不平衡图谱与连锁不平衡图谱的差别，把DNA甲基化β值数据转换为了甲基化基因型数据，将两种组学数据统一到了一个框架体系中。

对于一个CpG位点，β值可以定义为

$$\beta=\frac{\text{meth}}{\text{meth}+\text{unmeth}+\text{offset}} \tag{12-1}$$

meth表示甲基化信号，unmeth表示非甲基化信号，对于Illumina芯片，offset通常被设置为100，β值的范围通常为0～1。β值越大，表示该位点被甲基化的程度越高。对于一个个体，如果一对同源染色体两条染色单体的相同位置上均被添

加上甲基，形成5-甲基胞嘧啶，则该CpG位点的β值较高。如果一对同源染色体相同位置上一条染色单体被甲基化，另一条染色单体没有被甲基化，则该CpG位点有一个适中的β值。同理，如果一个CpG位点在两条染色单体上均没有被甲基化，则该位点的β值较低，接近于0。由于每套DNA甲基化数据的特点不同，数据的阈值也存在些许差异。

本研究以0.3和0.7为阈值，将CEU和YRI人群的DNA甲基化β值数据转换为SMP基因型数据：

$$\text{个体SMP基因型} = \begin{cases} \text{MM, 当} 0.7 < \beta \leqslant 1 \text{时} \\ \text{MU, 当} 0.3 < \beta \leqslant 0.7 \text{时} \\ \text{UU, 当} 0 \leqslant \beta \leqslant 0.3 \text{时} \end{cases} \tag{12-2}$$

$0 \leqslant \beta \leqslant 0.3$的将其转换为UU基因型，表示一对同源染色体上的胞嘧啶均未被修饰。$0.3 < \beta \leqslant 0.7$的将其转换为MU基因型，表示同源染色体上的一条染色单体被甲基化，另一条染色单体未被甲基化。$0.7 < \beta \leqslant 1$的将其转换为MM基因型，表示同源染色体上的两条染色单体均被添加上甲基。

12.2.2　欧非人群DNA甲基化数据预处理

首先，根据注释数据，本研究筛掉了DNA甲基化数据中的65个SNP位点及11 648个性染色体上的位点，CEU和YRI人群均只保留了22条常染色体上473 864个CpG位点。进一步，按照以上规则将CEU和YRI人群的β值数据转换为SMP基因型数据，并计算每个SMP位点上MM、MU、UU的基因型频率，去除缺失率≥25%的SMP位点。经过以上预处理，CEU人群共去除了16个基因型召回率＜75%的SMP位点，YRI人群共去除了13个SMP位点。通过对CEU和YRI人群保留的SMP位点取交集，两个人群共有的473 844个SMP位点被用于后续分析。22条常染色体上满足条件的DNA甲基化位点的分布情况见表12-1。

表12-1　22条常染色体上预处理后的DNA甲基化位点数目

染色体	DNA甲基化位点数目	染色体	DNA甲基化位点数目
1	46 855	6	36 610
2	34 809	7	30 014
3	25 156	8	20 949
4	20 462	9	9860
5	24 327	10	24 388

续表

染色体	DNA甲基化位点数目	染色体	DNA甲基化位点数目
11	28 793	17	27 879
12	24 539	18	5922
13	12 284	19	25 520
14	15 077	20	10 378
15	15 259	21	4243
16	21 968	22	8552

12.2.3　欧非人群SNP数据预处理

对于CEU和YRI人群的SNP基因型数据，主要进行了以下预处理：

（1）由于技术的发展，基因组上的一些新区域不断被发现，使得染色体区域位置不断被更新。为了确保HapMap数据库中SNP位置信息的准确性，用dbSNP数据库中版本为GRCh37.p13的SNP位置信息更新了HapMap中SNP的位置信息，并删除了dbSNP数据库中不存在的SNP位点及CEU和YRI人群中重复的SNP位点。

（2）为了消除家族群体对结果的影响，本研究根据HapMap数据库中个体的家系信息去除了SNP数据中子代个体所在的列，并删除了含有DD、DI、II字符的行。同时，对于在家系数据中不存在的样本，该研究也进行了删除。经过处理，CEU人群共包含116个样本，YRI人群包含119个样本。接着，为了减少样本不同对结果造成的影响，从SNP数据中选取了133个甲基化数据中存在的样本，其中CEU人群包含60个样本，YRI人群包含73个样本。

（3）进一步，计算了CEU和YRI人群在22条常染色体上的基因型频率及缺失率，去除了缺失率≥25%的SNP位点。经过上述预处理，CEU和YRI人群在22条常染色体上的SNP位点数目不同，因此该研究对两个人群在22条常染色体上的SNP数据分别取了交集。最终，CEU和YRI人群共有的3 472 118个SNP位点被用于后续分析。22条常染色体上满足条件的SNP的数目见表12-2。

表12-2　22条常染色体上预处理后的SNP数目

染色体	SNP数目	染色体	SNP数目
1	279 369	4	214 384
2	297 056	5	223 175
3	230 242	6	241 356

续表

染色体	SNP数目	染色体	SNP数目
7	190 894	15	96 884
8	195 149	16	97 828
9	165 077	17	81 562
10	188 483	18	106 481
11	181 562	19	53 253
12	171 248	20	109 952
13	140 749	21	45 285
14	111 855	22	50 274

12.3　比较欧非人群SMP等位基因频率分布的差异与相似性

12.3.1　CEU和YRI人群的总体等位基因频率分布相似

首先，将CEU和YRI人群的DNA甲基化β值数据转换为甲基化基因型，然后计算每个SMP位点上甲基化等位基因M的频率p_{M}。图12-1显示了CEU和YRI人群中M等位基因的分布情况。从图中可以看到，CEU人群和YRI人群有着非常相似的M等位基因频率分布，ruSMP（$p_{\mathrm{M}} > 0.99$）和rmSMP（$p_{\mathrm{M}} < 0.01$）在两个人群中均占有较大比例。在CEU人群中，124 698个SMP为rmSMP，占CEU人群所有SMP位点的26.3%，50 656个SMP为ruSMP，占CEU人群所有SMP位点的

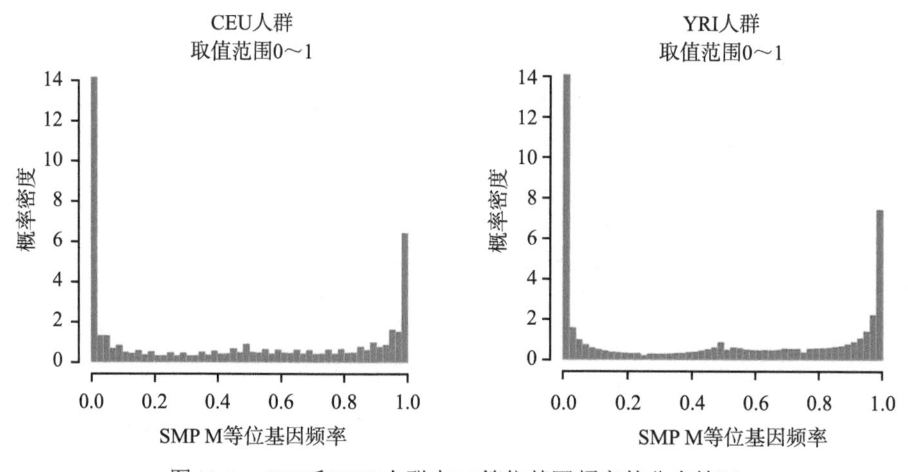

图12-1　CEU和YRI人群中M等位基因频率的分布情况

10.7%。在YRI人群中，124 930个SMP为rmSMP，占YRI人群所有SMP位点的26.4%，58 975个SMP为ruSMP，占YRI人群所有SMP位点的12.4%。两个人群在ruSMP和rmSMP的所占比例上也极为相似。

12.3.2　CEU和YRI人群的稀有SMP在染色体上分布相似

进一步，计算每条常染色体上rmSMP和ruSMP所占的百分比，并比较CEU和YRI人群的异同，结果在图12-2中显示。从图12-2中可以看到每条染色体上rmSMP所占的比例均高于ruSMP所占的比例，这种现象在CEU人群和YRI人群中保持一致。对比CEU和YRI人群，发现两个人群中rmSMP在每条染色体上所占比例几乎完全相同，而ruSMP在每条染色体上所占的比例存在些许不同。尽管YRI人群中ruSMP所占比例总是高于CEU人群中ruSMP所占比例，但两个人群的ruSMP在每条染色体上所占比例的趋势相同。

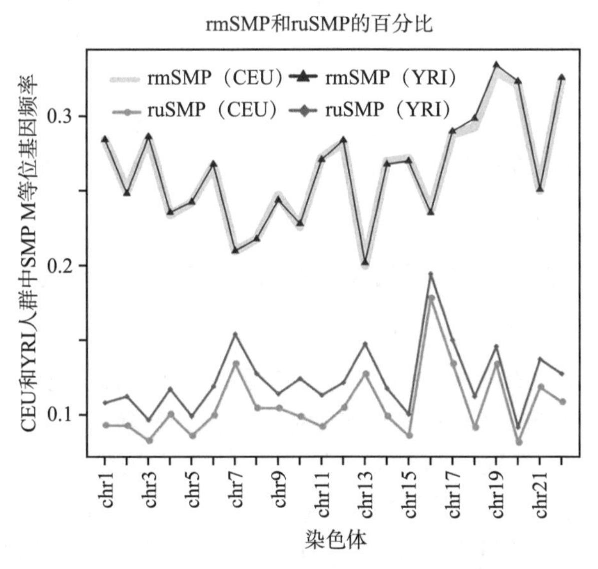

图12-2　每条染色体上rmSMP和ruSMP所占百分比比较

12.3.3　CEU和YRI人群共享较高比例的稀有SMP

rmSMP和ruSMP在CEU和YRI人群中的交集数目见图12-3。从维恩图中可以看到，无论是rmSMP还是ruSMP，CEU人群和YRI人群之间的交叠比例都很高。CEU人群中包含124 698个rmSMP，YRI人群中包含124 930个rmSMP，两个人群中的共享rmSMP位点有116 092个，分别占CEU和YRI人群rmSMP数目的93.1%和92.9%。两个人群在ruSMP中也显示出了相似的现象，CEU人群包含50 656个

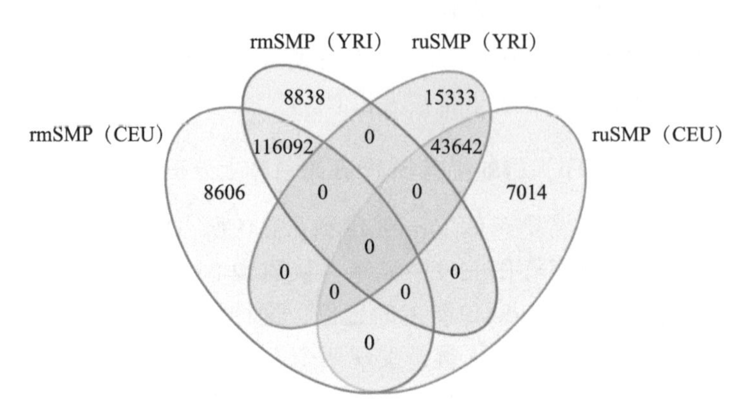

图12-3　CEU和YRI人群之间共享rmSMP和ruSMP的维恩图

ruSMP，YRI人群包含58 975个ruSMP，两个人群共享的ruSMP位点有43 642个，分别占CEU和YRI人群ruSMP数目的86.2%和74.0%。另外，CEU人群和YRI人群中的rmSMP位点与这两个人群的ruSMP位点之间没有任何交叠，这表明如果一个SMP位点在CEU人群中有较高或较低的M等位基因频率，该位点在YRI人群中也倾向于有较高或较低的M等位基因频率，这也说明了搭建的表观遗传框架是稳定的。

12.3.4　CEU和YRI人群常见SMP的等位基因频率呈高度正相关

通过上述比较发现，CEU和YRI人群在rmSMP和ruSMP位点的分布非常相似，进一步观察是否在常见SMP中也存在稳定的群体表观遗传现象。利用CEU和YRI人群中常见SMP（$0.01 \leqslant p_M \leqslant 0.99$）位点的M等位基因频率$p_M$绘制散点图，结果见图12-4，发现CEU和YRI人群的M等位基因频率呈现高强度的正相关关系。同时，计算了两个人群之间的Pearson相关系数，该系数高达0.972，*P*值小于2.2e-16，这说明在常见SMP中，CEU和YRI人群也具有相似的群体表观遗传特征。

12.3.5　601个在CEU和YRI人群之间具有显著性差异的SMP位点

即使CEU和YRI人群具有相似的群体表观遗传特征，但仍然有一些SMP位点在两个人群中是存在显著性差异的。采用2×2四格表卡方检验筛选了CEU和YRI人群中具有显著性差异的SMP位点。四格表的第一行为CEU人群中M等位基因和U等位基因的数目，第二行为YRI人群中M等位基因和U等位基因的数目。以10^{-7}为显著性阈值，共筛选得到了601个在CEU和YRI人群中存在显著性

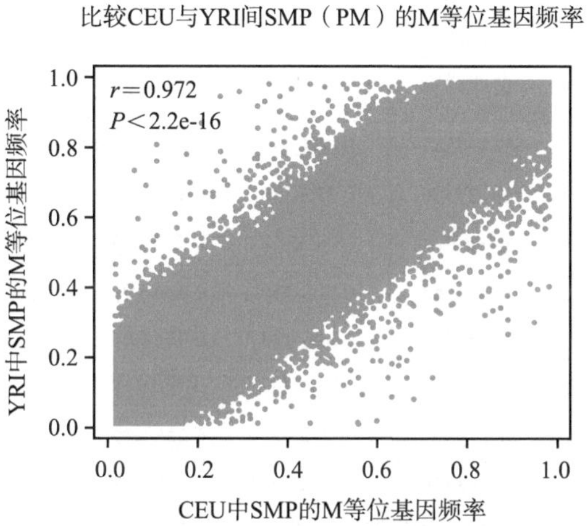

比较CEU与YRI间SMP（PM）的M等位基因频率

图12-4　常见SMP M等位基因频率在CEU和YRI人群中的比较

差异的常见SMP位点，详细结果见表12-3，这里只取了前20个差异最为显著的SMP位点及该位点在CEU人群和YRI人群中的频率分布、基因及显著性P值等。其中，最显著的SMP位点是cg12074150，位于2号染色体上，P值为5.94e-31。在CEU人群中，该位点M等位基因的频率为0.25，而在YRI人群中该位点M等位基因的频率约为0.945。

表12-3　前20个CEU和YRI人群之间存在显著性差异的SMP位点

cg_ID	染色体	物理位置	CEU中频率	YRI中频率	P值	基因
cg12074150	chr2	34128722	0.25	0.945 205 479	5.94e-31	—
cg03449867	chr15	28200653	0.291 667	0.958 904 11	1.57e-29	*OCA2*
cg02372404	chr10	131209556	0.108 333	0.808 219 178	2.65e-29	—
cg06653140	chr5	36157329	0.059 322	0.732 876 712	1.79e-27	*SKP2*
cg09084244	chr12	123757860	0.358 333	0.979 452 055	1.83e-27	*CDK2AP1*
cg21070081	chr5	110105162	0.208 333	0.869 863 014	7.82e-27	—
cg12858166	chr6	33033176	0.95	0.301 369 863	3.18e-26	*HLA-DPA1*
cg09351263	chr16	85864047	0.108 333	0.760 273 973	1.04e-25	—
cg02333792	chr15	79269735	0.6	0.020 547 945	6.06e-25	*RASGRF1*
cg09247979	chr6	128530306	0.683 333	0.082 191 781	6.97e-24	*PTPRK*
cg13661648	chr6	33035284	0.891 667	0.267 123 288	8.12e-24	*HLA-DPA1*
cg11738485	chr19	12877000	0.558 333	0.013 698 63	2.68e-23	*HOOK2*
cg12872489	chr9	140703637	0.083 333	0.691 780 822	4.65e-23	*EHMT1*

续表

cg_ID	染色体	物理位置	CEU中频率	YRI中频率	*P*值	基因
cg26365090	chr20	42574362	0.408 333	0.965 753 425	5.21e-23	*TOX2*
cg22109827	chr7	30727326	0.333 333	0.917 808 219	7.35e-23	—
cg02658043	chr8	144917532	0.35	0.930 555 556	8.15e-23	*NRBP2*
cg11437465	chr6	33036958	0.983 333	0.404 109 589	8.20e-23	*HLA-DPA1*
cg13749548	chr14	75722495	0.383 333	0.945 205 479	2.01e-22	—
cg03810198	chr17	74679597	0.175	0.780 821 918	2.70e-22	*MXRA7*
cg25658612	chr3	40175622	0.45	0.979 452 055	4.34e-22	*MYRIP*

注：第一列为DNA甲基化位点的ID，第二列为染色体号，第三列为物理位置，第四列与第五列分别为DNA甲基化位点在CEU与YRI人群中的频率，第六列为显著性*P*值，第七列为DNA甲基化位点所在的基因。

12.3.6　表观遗传和遗传具有不同的群体等位基因频率分布特征

为了更好地观察常见SMP中M等位基因的频率分布特点，去除了CEU和YRI人群中的rmSMP和ruSMP位点，重新绘制了这两个人群常见SMP的M等位基因频率分布图。从图12-5可以看到，两个人群的频率分布相似，均呈W形分布（这里指的是等位基因频率分布的形状像大写字母“W”）。

进一步，为了比较SMP和SNP的等位基因频率分布情况，绘制了常见SNP（MAF＞0.01）的等位基因频率分布图（图12-6）。与SMP的等位基因频率分布不同，在CEU和YRI人群中，SNP的等位基因频率分布均呈U形（这里指的是SNP

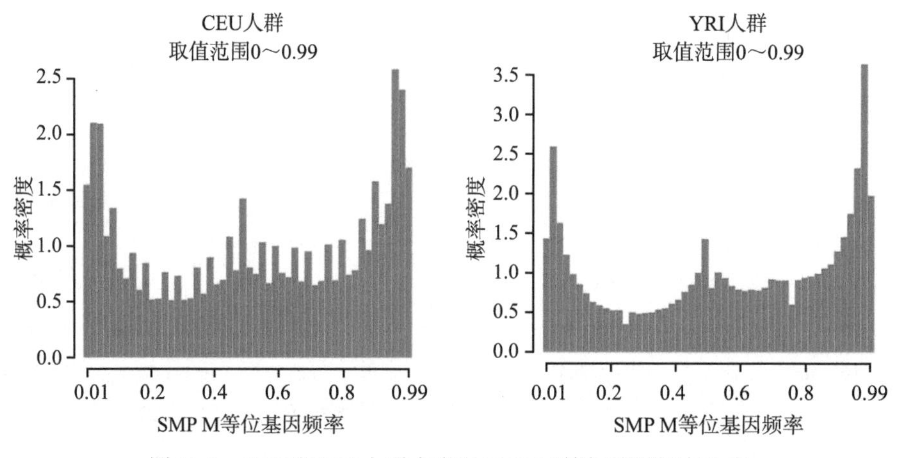

图12-5　CEU和YRI人群中常见SMP M等位基因频率分布

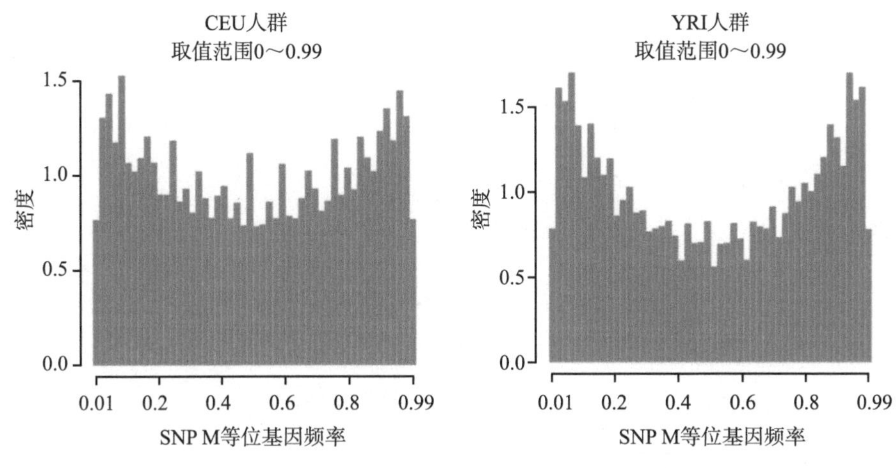

图12-6 CEU和YRI人群中常见SNP等位基因频率分布

等位基因频率分布的形状像大写字母“U”)。这说明表观遗传位点和遗传位点均具有群体特点，但两者的群体特征之间存在差异，它们具有各自的特点。在后续分析中，去除了MAF＜0.01的ruSMP位点和rmSMP位点，使用常见SMP去识别DNA甲基化不平衡块和甲基化单倍型等。

12.4 比较欧非人群SMP等位基因关联的差异与相似性

12.4.1 CEU和YRI人群中excSMP、synSMP的比例相似

对于CEU和YRI人群，采用Wigginton等的方法分别检测了常见SMP位点等位基因之间的关联性，$P < 0.001$的SMP被认为偏离了Hardy-Weinberg平衡，也就是说，一条同源染色体上DNA甲基化的状态将会影响另一条同源染色体上DNA甲基化的状态。经过分析发现，两个人群中大部分常见SMP位点都是满足Hardy-Weinberg平衡的。CEU人群中共包含298 490个常见SMP，只有58 692个常见SMP偏离了Hardy-Weinberg平衡，占所有常见SMP位点的19.7%。YRI人群中共包含289 939个常见SMP，只有77 867个常见SMP偏离了Hardy-Weinberg平衡，占所有常见SMP位点的26.9%。

进一步分析了两种存在等位基因关联的SMP（synSMP和excSMP）所占的百分比情况。从图12-7A中可以观察到在CEU人群中，99.5%存在等位基因关联的SMP是excSMP，只有0.5%存在等位基因关联的SMP是synSMP。图12-7B显示了YRI人群中excSMP和synSMP的百分比情况。与CEU人群中的群体表观遗传现象一致，YRI人群中99.8%存在等位基因关联的SMP是excSMP，只有0.2%存在等位基因关联的SMP是synSMP。这表明，对于大部分存在等位基因关联的SMP来

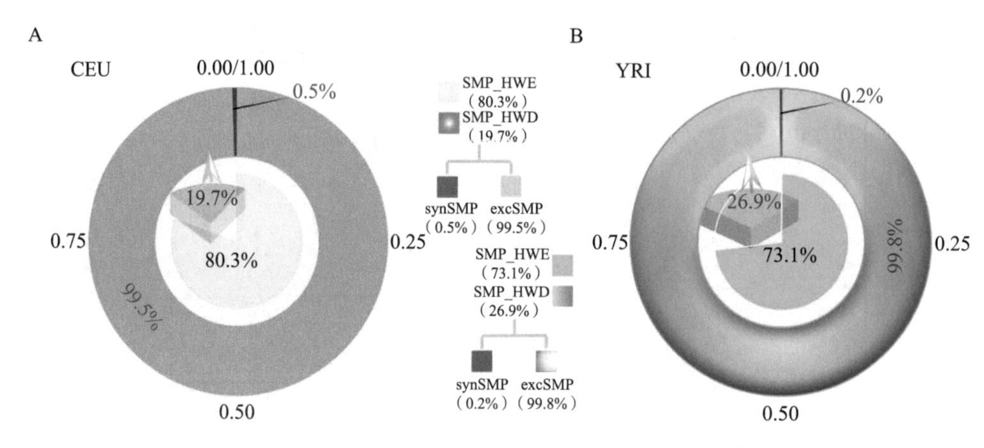

图12-7　CEU（A）和YRI（B）人群中SMP-HWE和SMP-HWD SMP位点所占百分比

说，如果一条同源染色体被甲基化，另一条同源染色体趋向于不被甲基化。

12.4.2　欧非人群的DNA甲基化数据来源

本研究中，从GEO数据库的GPL13534平台上下载了CEU和YRI两个人群的DNA甲基化数据，编号为GSE39672，数据类型是Illumina 450K芯片数据，共包含485 577个探针。该数据包含了60个CEU人群样本和73个YRI人群样本，数据的每一行是各个样本在同一个CpG位点上的甲基化水平值，每一列代表一个样本。研究还从GEO数据库下载了版本为37、平台为GPL13534的450K甲基化数据的注释数据。

12.4.3　比较CEU和YRI人群中synSMP和excSMP的相似性及差异性

研究进一步比较了CEU和YRI人群中存在等位基因关联的SMP位点的交集情况。CEU人群中共有58 692个Hardy-Weinberg不平衡SMP位点，YRI人群中有77 867个Hardy-Weinberg不平衡SMP位点。通过分析发现，两个人群共享了大多数存在等位基因关联的SMP位点。从图12-8可以看出，有49 804个存在等位基因关联的SMP被CEU和YRI人群共享，分别占CEU和YRI人群的84.9%和64.0%。这表明，如果两个SMP等位基因在CEU人群中存在等位基因关联，在YRI人群中也趋向于存在关联性。

不过，CEU和YRI人群之间也存在人群结构上的差异。CEU人群中有8888个存在等位基因关联的SMP是YRI人群中所没有的，YRI人群中有28 063个存在等位基因关联的SMP是CEU人群中所没有的。对于CEU和YRI人群共有的常见SMP、CEU人群特有的SMP及YRI人群特有的SMP，详细分析了每类SMP中

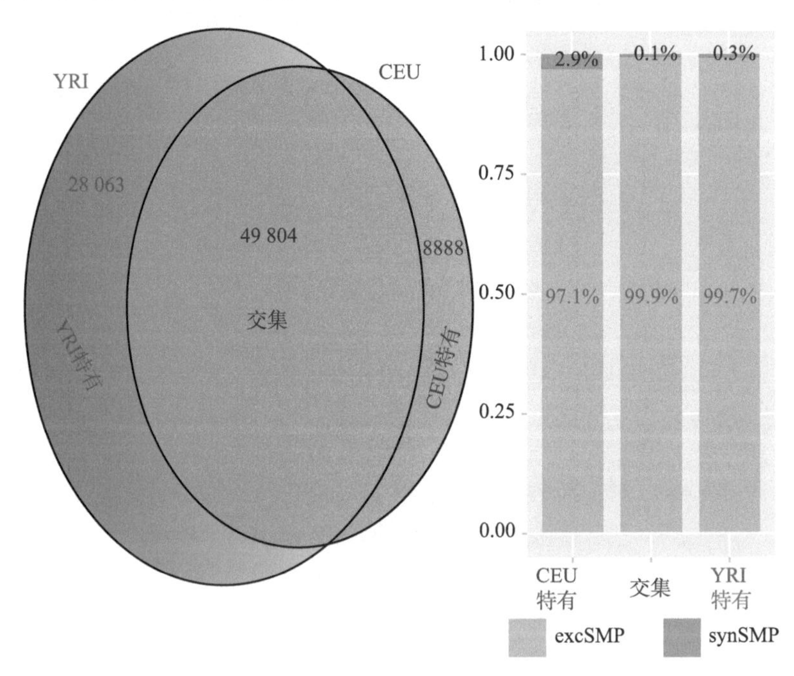

图12-8　CEU和YRI人群之间共享SMP-HWD SMP位点的维恩图

synSMP和excSMP所占百分比，发现三类SMP中excSMP所占比例均较高，分别占该类总位点的99.9%、97.1%和99.7%。另外，CEU人群特有的SMP集合中，synSMP的比例比其他两个集合中synSMP所占比例高。CEU人群特有的SMP集合中synSMP所占比例（2.9%）大概是YRI人群特有SMP集合（0.3%）的9倍。

接下来分析了CEU人群和YRI人群中synSMP、excSMP的交集情况，结果见图12-9，发现CEU人群中的synSMP与YRI人群中的excSMP之间没有交叠，CEU人群中的excSMP与YRI人群中的synSMP之间也没有交叠。这表明，即使在不同的人群中，synSMP和excSMP都是不相容的，一个人群中存在等位基因协同关系的SMP在另一个人群中不会变成拮抗关系。另外，还注意到CEU和YRI人群中synSMP的交集比例与excSMP的交集比例存在差异。无论是在CEU人群中，还是在YRI人群中，synSMP交集所占的比例均较低。CEU人群有289个synSMP，YRI人群有131个synSMP，但是两个人群共有的synSMP只有33个，分别占CEU和YRI人群synSMP的11.4%和25.2%。不同于synSMP，excSMP在两个人群中的交集比例均较高。CEU人群有58 403个excSMP，YRI人群有77 736个excSMP，两个人群共有的excSMP为49 771个，分别占CEU和YRI人群excSMP的85.2%和64.0%。这也表明synSMP在人群中具有较高的特异性，而excSMP在人群中趋向

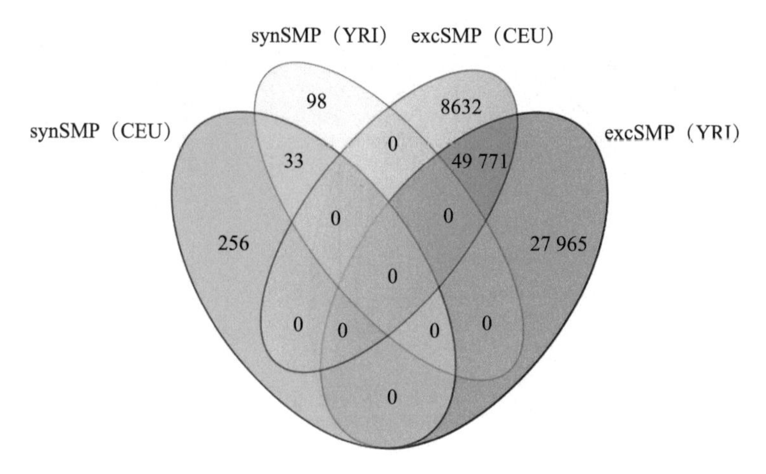

图12-9　CEU和YRI人群之间共享synSMP和excSMP的维恩图

于共有，特异性较低。

不满足Hardy-Weinberg平衡的位点在人群中不能稳定遗传，尽管一些SMP位点存在等位基因关联性，但是CEU和YRI人群中的大部分位点是满足Hardy-Weinberg平衡的。在后续分析中，剔除了那些Hardy-Weinberg不平衡的位点，只选取等位基因之间独立的常见SMP位点去比较CEU和YRI人群之间的甲基化不平衡模式。

参考文献

Absher DM，Li X，Waite LL，et al，2013．Genome-wide DNA methylation analysis of systemic lupus erythematosus reveals persistent hypomethylation of interferon genes and compositional changes to CD4+ T-cell populations．PLoS Genet，9（8）：e1003678．

Akhtar M，Al-Bozom IA，Al Hussain T，2019．Papillary renal cell carcinoma（PRCC）：an update．Adv Anat Pathol，26（2）：124-132．

Amin MB，Corless CL，Renshaw AA，et al，1997．Papillary（chromophil）renal cell carcinoma：histomorphologic characteristics and evaluation of conventional pathologic prognostic parameters in 62 cases．Am J Surg Pathol，21（6）：621-635．

Andrews SV，Sheppard B，Windham GC，et al，2018．Case-control meta-analysis of blood DNA methylation and autism spectrum disorder．Mol Autism，9：40．

Araki Y，Mimura T，2017．The histone modification code in the pathogenesis of autoimmune diseases．Mediators Inflamm，2017：2608605．

Balding DJ，2006．A tutorial on statistical methods for population association studies．Nat Rev Genet，7（10）：781-791．

Barrett T，Wilhite SE，Ledoux P，et al，2013．NCBI GEO：archive for functional genomics data sets--update. Nucleic Acids Res，41（Database issue）：D991-D995.

Becker C，Hagmann J，Müller J，et al，2011. Spontaneous epigenetic variation in the Arabidopsis thaliana methylome. Nature，480（7376）：245-249.

Cancer Genome Atlas Research N，Linehan WM，Spellman PT，et al，2016. Comprehensive molecular characterization of papillary renal-cell carcinoma. N Engl J Med，374（2）：135-145.

Cohen HT，Mcgovern FJ，2005. Renal-cell carcinoma. N Engl J Med，353（23）：2477-2490.

Dick KJ，Nelson CP，Tsaprouni L，et al，2014. DNA methylation and body-mass index：a genome-wide analysis. Lancet，383（9933）：1990-1998.

Du P，Zhang X，Huang CC，et al，2010. Comparison of Beta-value and M-value methods for quantifying methylation levels by microarray analysis. BMC Bioinformatics，11：587.

Excoffier L，Slatkin M，1995. Maximum-likelihood estimation of molecular haplotype frequencies in a diploid population. Mol Biol Evol，12（5）：921-927.

Flanagan JM，2015. Epigenome-wide association studies（EWAS）：past，present，and future. Methods Mol Biol，1238：51-63.

Gabriel SB，Schaffner SF，Nguyen H，et al，2002. The structure of haplotype blocks in the human genome. Science，296（5576）：2225-2229.

Gene Ontology C，2015. Gene Ontology Consortium：going forward. Nucleic Acids Res，43（Database issue）：D1049-D1056.

Genereux DP，Miner BE，Bergstrom CT，et al，2005. A population-epigenetic model to infer site-specific methylation rates from double-stranded DNA methylation patterns. Proc Natl Acad Sci U S A，102（16）：5802-5807.

Heard E，Clerc P，Avner P，1997. X-chromosome inactivation in mammals. Annu Rev Genet，31：571-610.

Hill WG，Robertson A，1968. Linkage disequilibrium in finite populations. Theor Appl Genet，38（6）：226-231.

Hirschhorn JN，Gajdos ZK，2011. Genome-wide association studies：results from the first few years and potential implications for clinical medicine. Annu Rev Med，62：11-24.

Horvath S，2013. DNA methylation age of human tissues and cell types. Genome Biol，14（10）：R115.

Illingworth R，Kerr A，Desousa D，et al，2008. A novel CpG island set identifies tissue-specific methylation at developmental gene loci. PLoS Biol，6（1）：e22.

International Hapmap C，Altshuler DM，Gibbs RA，et al，2010. Integrating common and rare genetic variation in diverse human populations. Nature，467（7311）：52-58.

International Hapmap C，Frazer KA，Ballinger DG，et al，2007. A second generation human haplotype map of over 3. 1 million SNPs. Nature，449（7164）：851-861.

Iridoy Zulet M，Pulido Fontes L，Ayuso Blanco T，et al，2017. Epigenetic changes in neurology：DNA methylation in multiple sclerosis. Neurologia，32（7）：463-468.

Johansson A，Flanagan JM，2017. Epigenome-wide association studies for breast cancer risk and risk factors. Cancer Res，12：19-28.

Jones MJ，Goodman SJ，Kobor MS，2015. DNA methylation and healthy human aging. Aging

Cell，14（6）：924-932.
Jones PA，Takai D，2001. The role of DNA methylation in mammalian epigenetics. Science，293（5532）：1068-1070.
Julià A，Absher D，Lópcz-Lasanta M，et al，2017. Epigenome-wide association study of rheumatoid arthritis identifies differentially methylated loci in B cells. Hum Mol Genet，26（14）：2803-2811.
Kanehisa M，Goto S，2000. KEGG：kyoto encyclopedia of genes and genomes. Nucleic Acids Res，28（1）：27-30.
Kanwal R，Gupta K，Gupta S，2015. Cancer epigenetics：an introduction. Methods Mol Biol，1238：3-25.
Karlsson A，Jönsson M，Lauss M，et al，2014. Genome-wide DNA methylation analysis of lung carcinoma reveals one neuroendocrine and four adenocarcinoma epitypes associated with patient outcome. Clin Cancer Res，20（23）：6127-6140.
Klutstein M，Nejman D，Greenfield R，et al，2016. DNA methylation in cancer and aging. Cancer Res，76（12）：3446-3450.
Kulis M，Esteller M，2010. DNA methylation and cancer. Adv Genet，70：27-56.
Lewontin RC，1964. The interaction of selection and linkage. Ⅰ. general considerations；heterotic models. Genetics，49（1）：49-67.
Li E，Beard C，Jaenisch R，1993. Role for DNA methylation in genomic imprinting. Nature，366（6453）：362-365.
Li E，Bestor TH，Jaenisch R，1992. Targeted mutation of the DNA methyltransferase gene results in embryonic lethality. Cell，69（6）：915-926.
Linn F，Heidmann I，Saedler H，et al，1990. Epigenetic changes in the expression of the maize A1 gene in Petunia hybrida：role of numbers of integrated gene copies and state of methylation. Mol Gen Genet，222（2-3）：329-336.
Liu B，Song J，Luan J，et al，2016. Promoter methylation status of tumor suppressor genes and inhibition of expression of DNA methyltransferase 1 in non-small cell lung cancer. Exp Biol Med（Maywood），241（14）：1531-1539.
Liu Y，Aryee MJ，Padyukov L，et al，2013. Epigenome-wide association data implicate DNA methylation as an intermediary of genetic risk in rheumatoid arthritis. Nat Biotechnol，31（2）：142-147.
Liu Y，Li X，Aryee MJ，et al. 2014. GeMes，clusters of DNA methylation under genetic control，can inform genetic and epigenetic analysis of disease. Am J Hum Genet，94（4）：485-495.
Michelotti GA，Brinkley DM，Morris DP，et al，2007. Epigenetic regulation of human alpha1d-adrenergic receptor gene expression：a role for DNA methylation in Sp1-dependent regulation. FASEB J，21（9）：1979-1993.
Moch H，Cubilla AL，Humphrey PA，et al，2016. The 2016 WHO classification of tumours of the urinary system and male genital organs-part a：renal，penile，and testicular tumours. Eur Urol，70（1）：93-105.
Moen EL，Zhang X，Mu W，et al，2013. Genome-wide variation of cytosine modifications

between European and African populations and the implications for complex traits. Genetics, 194 (4): 987-996.

Moore LD, Le T, Fan G, 2013. DNA methylation and its basic function. Neuropsychopharmacology, 38 (1): 23-38.

Mueller JC, 2004. Linkage disequilibrium for different scales and applications. Brief Bioinform, 5 (4): 355-364.

Needhamsen M, Ewing E, Lund H, et al, 2017. Usability of human Infinium MethylationEPIC BeadChip for mouse DNA methylation studies. BMC bioinformatics, 18 (1): 486.

Neumeyer S, Popanda O, Edelmann D, et al, 2019. Genome-wide DNA methylation differences according to oestrogen receptor beta status in colorectal cancer. Epigenetics, 14 (5): 477-493.

Okano M, Bell DW, Haber DA, et al, 1999. DNA methyltransferases Dnmt3a and Dnmt3b are essential for *de novo* methylation and mammalian development. Cell, 99 (3): 247-257.

Pan Y, Liu G, Zhou F, et al, 2018. DNA methylation profiles in cancer diagnosis and therapeutics. Clin Exp Med, 18 (1): 1-14.

Rakyan VK, Down TA, Thorne NP, et al, 2008. An integrated resource for genome-wide identification and analysis of human tissue-specific differentially methylated regions (tDMRs). Genome Res, 18 (9): 1518-1529.

Reik W, 2007. Stability and flexibility of epigenetic gene regulation in mammalian development. Nature, 447 (7143): 425-432.

Richards EJ, 2008. Population epigenetics. Curr Opin Genet Dev, 18 (2): 221-226.

Rosenberg NA, Huang L, Jewett EM, et al, 2010. Genome-wide association studies in diverse populations. Nat Rev Genet, 11 (5): 356-366.

Sanchez-Mut JV, Heyn H, Silva BA, et al, 2018. PM20D1 is a quantitative trait locus associated with Alzheimer's disease. Nature Med, 24 (5): 598-603.

Schmitz RJ, Schultz MD, Lewsey MG, et al, 2011. Transgenerational epigenetic instability is a source of novel methylation variants. Science, 334 (6054): 369-373.

Schmitz RJ, Schultz MD, Urich MA, et al, 2013. Patterns of population epigenomic diversity. Nature, 495 (7440): 193-198.

Shirodkar AV, St Bernard R, Gavryushova A, et al, 2013. A mechanistic role for DNA methylation in endothelial cell (EC) -enriched gene expression: relationship with DNA replication timing. Blood, 121 (17): 3531-3540.

Shoemaker R, Deng J, Wang W, et al, 2010. Allele-specific methylation is prevalent and is contributed by CpG-SNPs in the human genome. Genome Res, 20 (7): 883-889.

Skrzypek MS, Binkley J, Sherlock G, 2016. How to use the candida genome database. Methods Mol Biol, 1356: 3-15.

Stranger BE, Stahl EA, Raj T, 2011. Progress and promise of genome-wide association studies for human complex trait genetics. Genetics, 187 (2): 367-383.

Sun B, Hu L, Luo ZY, et al, 2016. DNA methylation perspectives in the pathogenesis of autoimmune diseases. Clin Immunol, 164: 21-27.

Tomczak K, Czerwińska P, Wiznerowicz M, 2015. The Cancer Genome Atlas (TCGA): an immeasurable source of knowledge. Contemp Oncol (Pozn), 19 (1A): A68-A77.

Verma M, 2012. Epigenome-wide association studies (EWAS) in cancer. Curr Genomics, 13 (4): 308-313.

Wahl S, Drong A, Lehne B, et al, 2017. Epigenome-wide association study of body mass index, and the adverse outcomes of adiposity. Nature, 541 (7635): 81-86.

Wenzel MA, Piertney SB, 2014. Fine-scale population epigenetic structure in relation to gastrointestinal parasite load in red grouse (Lagopus lagopus scotica). Mol Ecol, 23 (17): 4256-4573.

Wigginton JE, Cutler DJ, Abecasis GR, 2005. A note on exact tests of Hardy-Weinberg equilibrium. Am J Hum Genet, 76 (5): 887-893.

Wüllner U, Kaut O, deBoni L, et al, 2016. DNA methylation in Parkinson's disease. J Neurochem, 139 (Suppl 1): 108-120.

Xie Q, Bai Q, Zou LY, et al, 2014. Genistein inhibits DNA methylation and increases expression of tumor suppressor genes in human breast cancer cells. Genes Chromosomes Cancer, 53 (5): 422-431.

Yara S, Lavoie JC, Levy E, 2015. Oxidative stress and DNA methylation regulation in the metabolic syndrome. Epigenomics, 7 (2): 283-300.

Yu G, Wang LG, Han Y, et al, 2012. ClusterProfiler: an R package for comparing biological themes among gene clusters. OMICS, 16 (5): 284-287.

Yu G, Wang LG, Yan GR, et al, 2015. DOSE: an R/Bioconductor package for disease ontology semantic and enrichment analysis. Bioinformatics, 31 (4): 608-609.

Zhang W, Duan S, Bleibel WK, et al, 2009. Identification of common genetic variants that account for transcript isoform variation between human populations. Hum Genet, 125 (1): 81-93.

Zhang W, Gamazon ER, Zhang X, et al, 2015. SCAN database: facilitating integrative analyses of cytosine modification and expression QTL. Database (Oxford), 2015: bav025.

第十三章　甲基化不平衡模式上的差异分析

本章为了分析DNA甲基化不平衡模式，首先基于以下准则过滤了SMP：①CEU和YRI人群中Hardy-Weinberg检验P值≥0.001的SMP位点，那些不满足Hardy-Weinberg平衡、在人群中不能稳定遗传的SMP位点被排除在外。②CEU和YRI人群中最小等位基因频率＞0.01的常见SMP位点，ruSMP和rmSMP位点被排除在外。最终，经过过滤，CEU人群中共得到了239 798个SMP位点，YRI人群中共得到了212 072个SMP位点。

13.1　比较CEU和YRI人群的甲基化不平衡和连锁不平衡模式

从衰减距离的角度分析了CEU和YRI人群中DNA甲基化连锁不平衡的情况。对于22条常染色体，将每条染色体上的SMP位点分割成小窗口，每个小窗口包含1000个SMP。对于小窗口中的SMP，以每两个SMP为一对，计算它们之间的甲基化不平衡系数mr^2和物理距离，结果显示在图13-1中，该图显示了成对SMP的mr^2和物理距离之间的关系。第n个箱式图中的点表示的是距离介于第n-1个箱式图和第n个箱式图之间成对SMP的平均mr^2，每个小箱子中包含22个点，表示的是22条常染色体上介于该距离区间的成对SMP的平均mr^2。从图13-1可以看到，DNA甲基化连锁不平衡系数mr^2随着两个SMP之间物理距离的增加而不断衰减，且CEU和YRI人群有相同的趋势。

为了比较SMP和SNP，也将22条常染色体上每1000个SNP分割成一个小窗口，并计算每个小窗口中任意两个SNP之间的连锁不平衡系数r^2和物理距离。对每个距离区间内成对SNP的连锁不平衡系数r^2取平均，绘制连锁不平衡系数r^2和物理距离之间的关系图。从图13-1可以看出CEU和YRI人群在SNP的衰减上也有相同的趋势。相较于SMP，两条SNP的曲线均高于SMP的曲线，说明SMP的衰减速率更快。而且，连锁不平衡系数r^2的衰减距离大概是500kb，而甲基化连锁不平衡系数mr^2的衰减距离只有1kb左右。

另外，详细比较了CEU人群和YRI人群在SNP和SMP连锁不平衡模式上的差别，发现CEU人群的两条曲线均高于YRI人群的两条曲线，表明无论是在SNP的连锁不平衡程度上还是SMP的甲基化不平衡程度上，CEU人群均高于YRI人群。还观察到SMP中CEU和YRI人群两条曲线之间的距离远远小于SNP中两个人群衰减曲线之间的距离，这也说明了CEU和YRI人群在甲基化不平衡程度上的差别

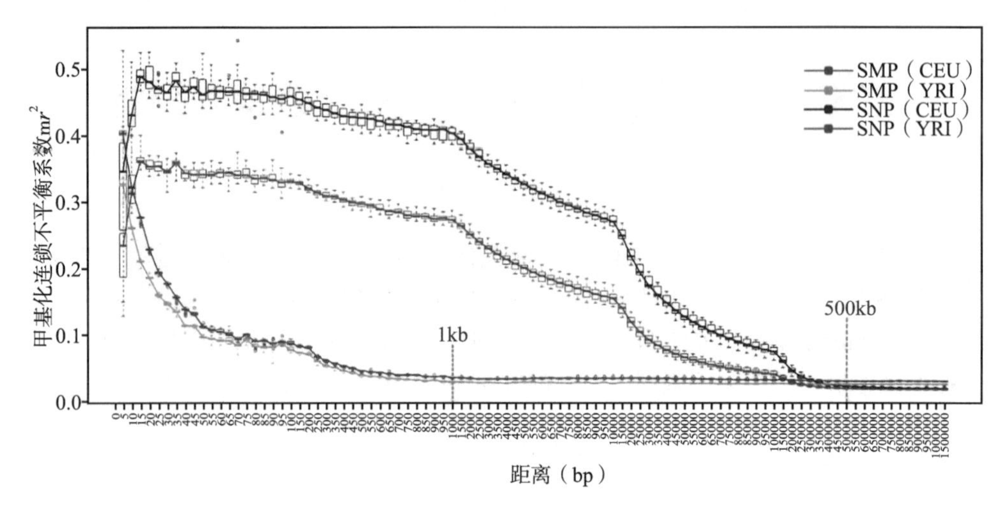

图13-1　甲基化不平衡和连锁不平衡随距离的衰减情况

比两个人群在连锁不平衡程度上的差别小。

13.2　比较SMP甲基化不平衡和SNP连锁不平衡之间的相似性

经过上述分析，发现SMP和SNP在衰减距离模式上有很大的差异，为了分析SMP甲基化不平衡和SNP连锁不平衡之间是否具有相似的群体模式，进一步分析比较了两者之间的相关性。为了准确分析两者之间的相关性，首先将CEU人群中22条染色体上每3个SMP分成一个小窗口，然后根据染色体物理位置信息将CEU人群中的SNP映射到该窗口中。对于每个小窗口，计算了每对SMP之间的甲基化不平衡系数mr^2，并取这些mr^2的平均值作为该窗口的mr^2。同时，也计算了小窗口中每对SNP之间的连锁不平衡系数r^2，并取它们的平均值作为该窗口的r^2。然后计算了每条染色体上平均mr^2和平均r^2之间的Pearson相关系数。从图13-2中发现SMP甲基化不平衡和SNP连锁不平衡之间的相关性较弱，大部分染色体上mr^2和r^2之间的相关系数低于0.01。为了验证结果的可靠性，用YRI人群中的SNP和SMP数据重新计算了22条染色体上mr^2和r^2之间的相关系数，观察到了与CEU人群中相似的现象，YRI人群中mr^2和r^2之间的相关系数也几乎为零。这说明，无论是在CEU人群中还是在YRI人群中，SMP甲基化不平衡模式均和SNP连锁不平衡模式无关，不受其影响。

对于SMP甲基化不平衡模式，计算CEU和YRI人群22条染色体上mr^2之间的相关性，发现CEU和YRI人群之间具有较强的相关性。这表明甲基化不平衡模式在人群中是稳定的。同时，也计算了两个人群22条染色体上r^2之间的Pearson相关系数，与SMP相似，发现SNP中两个人群的相关性也较强。

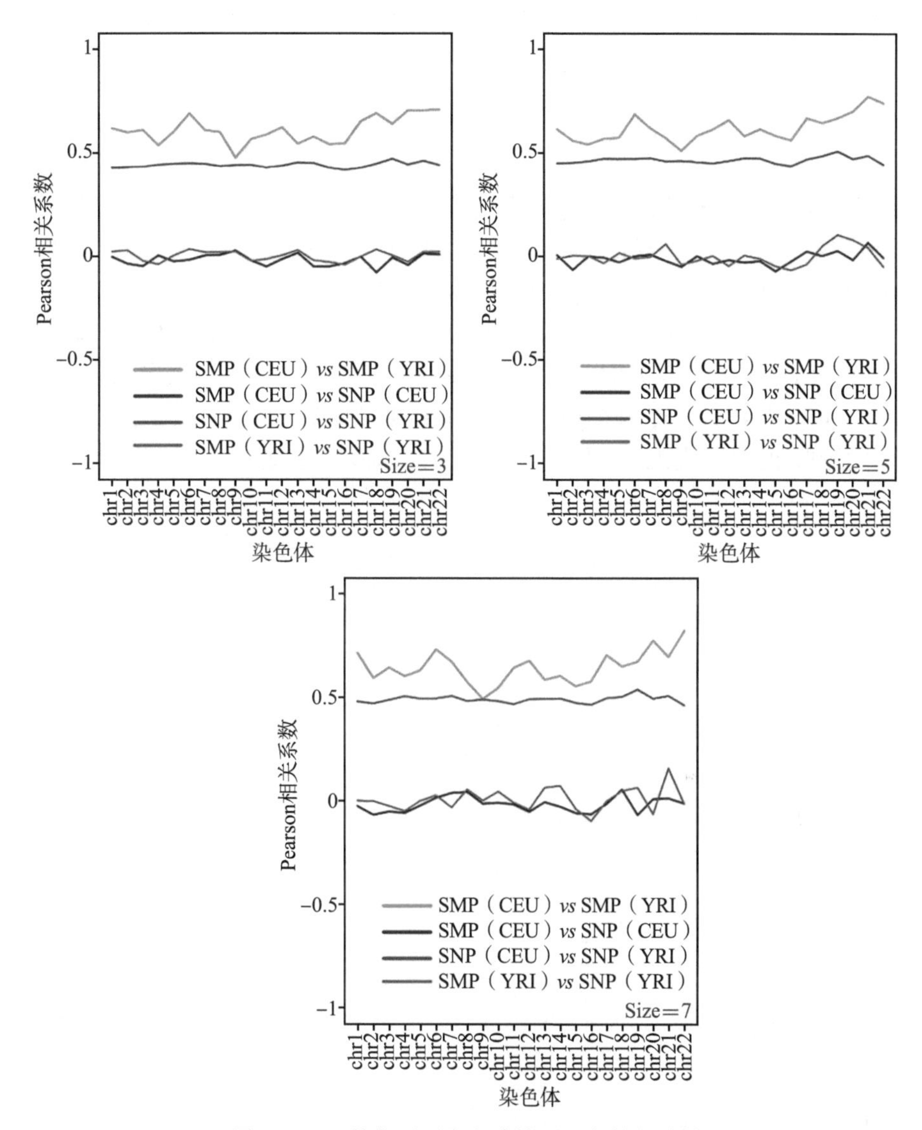

图13-2　甲基化不平衡和连锁不平衡的相关性

为了进一步验证结果的可靠性，分别用每个窗口中包含5个SMP和7个SMP重复了上述分析。发现每个窗口中包含5个SMP和7个SMP与每个窗口中包含3个SMP的结果一致，说明结果非常稳定可靠。所发现的群体表观遗传现象是存在的，且群体遗传结构和表观遗传结构具有不同的特征。

13.3 比较CEU和YRI人群MD块的差异

13.3.1 CEU和YRI人群中MD块、LD块数目

为了比较MD块和LD块之间的差异，利用Gabriel等的方法，分别识别了CEU和YRI人群中的MD块和LD块，并比较了两个人群之间的异同。两个人群中MD块和LD块在22条染色体上的分布情况见表13-1。CEU人群中，共识别了571个MD块，其中6号染色体上的MD块最多，有89个；9号染色体上的MD块最少，只有1个。YRI人群中，共识别了489个MD块。与CEU人群相似，6号染色体上的MD块最多，有64个；9号染色体上的MD块最少，只有2个。两个人群显示出了相似的群体表观遗传特征，说明该群体框架是稳定的。

表13-1 CEU和YRI人群中22条染色体上的MD块、LD块数目

染色体	CEU中MD块数目	YRI中MD块数目	CEU中LD块数目	YRI中LD块数目
1	40	39	9 277	14 074
2	31	39	9 740	15 800
3	25	19	8 083	12 507
4	22	14	7 340	11 608
5	32	20	7 366	11 676
6	89	64	7 875	11 855
7	34	31	6 658	10 140
8	24	34	6 501	10 482
9	1	2	5 945	8 824
10	34	27	6 295	9 556
11	37	28	5 854	9 001
12	27	30	5 904	8 680
13	14	15	4 680	7 242
14	12	12	4 096	6 102
15	17	7	3 737	5 613
16	13	9	3 903	5 696

续表

染色体	CEU中MD块数目	YRI中MD块数目	CEU中LD块数目	YRI中LD块数目
17	42	37	3 336	4 642
18	8	5	3 667	5 702
19	28	25	2 503	3 222
20	18	13	3 186	4 753
21	9	8	1 842	2 712
22	14	11	1 931	2 594
总数	571	489	119 719	182 481

另外，在CEU人群中共识别了119 719个LD块。其中，2号染色体上的LD块最多，有9740个；21号染色体上的LD块最少，只有1842个。在YRI人群中共识别了182 481个LD块。与CEU人群相似，2号染色体上的LD块最多，有15 800个。不过，YRI人群中22号染色体上的LD块最少，只有2594个。通过比较MD块和LD块，发现无论是在CEU人群中，还是在YRI人群中，每条染色体上MD块的数目都比LD块的数目少。两个人群之间既具有相似的群体表观遗传特征，也具有相似的群体遗传学特征，但是两种模式之间存在差别。

13.3.2　比较MD块和LD块的平均长度

研究还比较了MD块和LD块在块的平均长度上的差异。从表13-2中可以看到，CEU人群中LD块的平均长度为16 931bp，MD块的平均长度为298bp，LD块的平均长度远远大于MD块的平均长度。与CEU人群中的结果类似，YRI人群中，LD块的平均长度为8152bp，MD块的平均长度为722bp，LD块的平均长度也远远大于MD块的平均长度。在CEU和YRI人群中，不仅MD块的数目比LD块少，MD块的平均长度也远远小于LD块的长度。猜测这种现象可能是SMP甲基化不平衡的衰减速率比SNP连锁不平衡的衰减速率快导致的。

表 13-2　CEU和YRI人群中22条染色体上的MD块、LD块平均长度

染色体	CEU人群中MD块平均长度（bp）	YRI人群中MD块平均长度（bp）	CEU人群中LD块平均长度（bp）	YRI人群中LD块平均长度（bp）
1	1 809	505	18 648	8 999
2	124	918	19 953	8 932
3	61	1 463	19 190	9 254
4	1 154	988	20 516	9 446
5	768	917	19 819	9 118
6	73	392	17 491	8 463
7	194	757	18 536	8 478
8	476	1 106	17 879	8 366
9	12	74	14 299	6 989
10	145	1 281	16 039	7 691
11	80	136	17 914	8 707
12	165	1 585	17 774	8 780
13	69	86	16 247	7 655
14	97	2 696	16 379	7 931
15	64	168	15 884	7 256
16	171	215	16 635	8 671
17	274	448	17 927	9 047
18	149	78	15 921	7 303
19	141	134	14 972	9 276
20	72	141	14 328	6 720
21	114	306	13 765	6 338
22	347	1 482	12 362	5 926
平均数	298	722	16 931	8 152

13.4　CEU和YRI人群共享MD块、LD块区域

13.4.1　CEU和YRI人群在基因组上重叠的MD块、LD块

接下来，分析CEU和YRI人群中的MD块在基因组上的重叠情况。如果CEU人群中的一个MD块与YRI人群的MD块在物理位置上有重叠，就认为该CEU人

群中的块与YRI人群共享。经过分析，199个CEU人群中的MD块与YRI人群中的MD块有重叠，占CEU人群中MD块总数目的34.9%（199/571）。同理，如果YRI人群中的一个MD块与CEU人群中的MD块在物理位置上有重叠，就认为该YRI人群中的块与CEU人群共享。经过分析，203个YRI人群中的MD块与CEU人群中的MD块在物理位置上有所重叠，占YRI人群中MD块总数目的41.5%（203/489）。CEU和YRI人群中物理位置上有重叠的MD块在22条染色体上的分布情况见表13-3，发现每条染色体上CEU人群与YRI人群共享的块数目和YRI人群与CEU人群共享的块数目几乎相同，这也说明这些块区域在两个人群中几乎是相同的，重叠比例较大。

表13-3　CEU和YRI人群间22条染色体上的MD块和LD块重叠数目

染色体	CEU中与YRI重叠的MD块数目	YRI中与CEU重叠的MD块数目	CEU中与YRI重叠的LD块数目	YRI中与CEU重叠的LD块数目
1	15	15	7 876	13 204
2	14	14	8 348	14 857
3	8	8	6 884	11 696
4	4	4	6 317	10 931
5	8	7	6 291	11 037
6	32	34	6 776	11 129
7	10	10	5 683	9 482
8	12	12	5 527	9 805
9	0	0	4 964	8 228
10	9	9	5 361	8 930
11	15	15	4 934	8 435
12	10	10	4 976	8 068
13	5	5	4 031	7 273
14	4	5	3 446	6 050
15	2	2	3 082	5 559
16	4	4	3 121	5 536
17	21	21	2 666	4 551
18	3	3	3 059	5 633
19	7	8	2 011	3 074
20	8	9	2 620	4 668

续表

染色体	CEU中与YRI重叠的MD块数目	YRI中与CEU重叠的MD块数目	CEU中与YRI重叠的LD块数目	YRI中与CEU重叠的LD块数目
21	2	2	1 519	2 712
22	6	6	1 545	2 603
总数	199	203	101 037	173 461

另外，还分析了CEU和YRI人群中LD块在基因组上的重叠情况。经过分析，101 037个CEU人群中的LD块与YRI人群中的LD块有交叠，占CEU人群中LD总数目的84.4%（101 037/119 719）。173 461个YRI人群中的LD块与CEU人群中的LD块在物理位置上有所交叠，占YRI人群中LD块总数目的95.1%（173 461/182 481）。表13-3显示了CEU和YRI人群中物理位置上有重叠的LD块在22条染色体上的分布情况。与SNP相比，无论是CEU人群与YRI人群重叠的块，还是YRI人群与CEU人群重叠的块，每条染色体上共享的LD块都比MD多，这与CEU和YRI人群中识别出来的LD块多有关。与MD块不同，发现每条染色体上CEU人群与YRI人群共享的块数目都比YRI人群与CEU人群共享的块数目少，这可能是CEU人群中识别出来的块长度较长，因而数目较少导致的。相比MD区域，两个人群共享更多的LD区域，这表明在MD程度上，CEU和YRI人群的差异较大，MD具有更明显的群体特异性。

13.4.2 CEU和YRI人群在基因组上完全重叠的MD块

研究还分析了CEU和YRI人群之间完全重叠的MD块的情况。这里的完全重叠指的是CEU人群中的MD块和YRI人群中的MD块在染色体上具有相同的起始位置和终止位置。本研究共得到了88个在两个人群中完全重叠的MD块，这88个块中最多位于7号染色体上*HOXA5*基因的基因体区域。*HIXA5*基因位于7号染色体的27 180 671 ～ 27 192 309bp区域，这个最长的MD块长度约为1.224kb，起始和终止位置分别为27 182 637bp和27 183 861bp。该块共包含17个SMP位点，分别为cg05076221、cg23936031、cg02248486、cg25866143、cg09549073、cg01370449、cg04863892、cg19759481、cg12128839、cg02916332、cg17569124、cg02005600、cg25307665、cg14014955、cg20517050、cg23204968、cg05835726。这个块中共包含10个甲基化单倍型，分别计算两个人群中甲基化单倍型的频率并比较CEU和YRI人群在这10个甲基化单倍型频率上的差别，发现CEU和YRI人群具有相似的甲基化单倍型频率，这10个单倍型的显著性*P*值均大于0.05。

13.5　CEU和YRI人群的甲基化单倍型差异

对于CEU和YRI人群之间完全重叠的88个MD块，用EWAS 2.0软件识别了这些MD块中的单倍型，共计418个，并执行了一个卡方检验去分析CEU和YRI人群之间显著的单倍型。根据Bonferroni校正，以0.0001（$P=0.05/418$）作为统计显著性P值，识别得到了CEU和YRI人群中存在显著性差异的甲基化单倍型。最显著的甲基化单倍型是MMM，位于8号染色体上*PLEC*基因的基因体区域（144 989 321～145 050 913bp），共长209bp，位置范围是145 003 653～145 003 862bp，主要包含3个SMP位点，分别是cg24891660、cg18000391和cg04757492。甲基化单倍型MMM在YRI人群中的频率为0.419，在CEU人群中的频率只有0.124，显著性P值为1.23e-07。另一个在两个人群中差异显著的甲基化单倍型是UU，位于2号染色体上*MTERFD2*（*MTERFD4*）基因的基因体区域（242 026 509～242 041 747bp），共长30bp，位置范围是242 027 434～242 027 464bp。该甲基化单倍型由2个SMP位点组成，分别是cg24269863和cg21773665。甲基化单倍型UU在YRI人群中的频率为0.575，在CEU人群中的频率为0.291，显著性P值为3.67e-06。除了甲基化单倍型UU，该MD块中还包含另外两个甲基化单倍型MM和UU。就MM单倍型而言，尽管它在两个人群中差异不显著，但仍然具有一个较小的显著性水平0.0007。该甲基化单倍型在YRI人群中的频率为0.335，而在CEU人群中的频率高达0.541。UU甲基化单倍型在YRI人群中的频率高而MM甲基化单倍型在CEU人群中的频率高，这表明该MD块区域在CEU人群中更容易被甲基化，而在YRI人群中更趋向于不被甲基化。

参考文献

Ardila D，Kiraly AP，Bharadwaj S，et al，2019．End-to-end lung cancer screening with three-dimensional deep learning on low-dose chest computed tomography．Nat Med，25（6）：954-961．

Bolca C，Dănăilă O，Paleru C，et al，2013．Role of surgery in small cell lung cancer．Pneumologia，62（4）：236-238．

Gomez MM，LoBiondo-Wood G，2013．Lung cancer screening with low-dose CT：its effect on smoking behavior．J Adv Pract Oncol，4（6）：405-414．

Gorospe L，Ayala-Carbonero AM，Ajuria-Illarramendi O，et al，2019．Lung cancer invading a coronary artery bypass graft and presenting as refractory atrial flutter．Arch Bronconeumol（Engl Ed），55（11）：596-597．

Hong N，Yoo H，Gwak HS，et al，2013．Outcome of surgical resection of symptomatic cerebral lesions in non-small cell lung cancer patients with multiple brain metastases．Brain Tumor Res Treat，1（2）：64-70．

Huenges K, Reinecke A, Bewig B, et al, 2016. Lung transplantation in a multidrug-resistant Gram-negative acinetobacter baumannii-colonized patient: a case report. Thorac Cardiovasc Surg Rep, 5 (1): 16-17.

Kim D, 2019. Posterior reversible encephalopathy syndrome induced by nivolumab immunotherapy for non-small-cell lung cancer. Clin Case Rep, 7 (5): 935-938.

Kulkarni HS, Bemiss BC, Hachem RR, 2015. Antibody-mediated rejection in lung transplantation. Curr Transplant Rep, 2 (4): 316-323.

Mei J, Guo C, Xia L, et al, 2019. Long-Term survival outcomes of video-assisted thoracic surgery lobectomy for stage Ⅰ - Ⅱ non-small cell lung cancer are more favorable than thoracotomy: a propensity score-matched analysis from a high-volume center in China. Transl Lung Cancer Res, 8 (2): 155-166.

Rapoport B, Arani RB, Mathieson N, et al, 2019. Meta-analysis comparing incidence of grade 3-4 neutropenia with ALK inhibitors and chemotherapy in patients with non-small-cell lung cancer. Future Oncol, 15 (18): 2163-2174.

Song Z, Zhang Y, 2015. Efficacy of gefitinib or erlotinib in patients with squamous cell lung cancer. Arch Med Sci, 11 (1): 164-168.

Straiton J, 2019. Welcome to volume 8 of lung cancer management. Lung Cancer Manag, 8 (1): LMT06.

Strong A, 2018. A nurse practitioner's experience in the development and implementation of a lung cancer screening program. J Adv Pract Oncol, 9 (5): 524-529.

Tang H, Bai Y, Shen W, et al, 2018. Research progress on interleukin-6 in lung cancer. Zhejiang Da Xue Xue Bao Yi Xue Ban, 47 (6): 659-664.

Wang S, Wang Z, Wang Q, et al, 2019. Clinical significance of the expression of miRNA-21, miRNA-31 and miRNA-let7 in patients with lung cancer. Saudi J Biol Sci, 26 (4): 777-781.

Yuan Y, Gong H, Li Y, et al, 2019. Effect of apatinib on invasion and migration of lung cancer cellsand its mechanism. Zhongguo Fei Ai Za Zhi, 22 (5): 264-270.

成 果 篇

第十四章　表观遗传标志物的应用

14.1　表观遗传标志物在疾病风险评估中的作用

EWAS提供了一种系统化的方法来识别复杂疾病中的表观遗传变异，并将其作为生物标志物。生物标志物在疾病识别、早期诊断、寻找药物靶点和监测药物反应方面发挥着重要作用。近年来发现，表观基因组由于其稳定性，比转录组更有可能作为生物标志物。探索和发现有价值的表观遗传生物标志物逐渐成为疾病研究的热点。在这种形势的推动下，各种与EWAS相关的数据库和工具应运而生。

14.1.1　预测疾病风险

EWAS可以通过识别特定的DNA甲基化位点作为生物标志物来预测特定的疾病风险。在一些可遗传疾病中，通过将特定的表观遗传特征与疾病的跨代相关联，已经确定了疾病特定的生物标志物。通过这种方式，可以在疾病实际发生之前推测疾病的可能性。一项研究根据甲基化变化水平开发了一个甲基化风险评分（MRS）。研究人员将该评分与187个与肥胖相关的CpG位点信息一起使用，以预测未来患2型糖尿病（T2D）的风险。研究结果表明，MRS预测T2D的能力超过了传统的评价标准，如体重指数（BMI）。表观遗传标志物正逐渐成为人类疾病易感性的有价值的预测指标，未来有望广泛应用于临床试验。

14.1.2　疾病的早期诊断

及时对疾病进行早期诊断，将大大提高疾病治疗的效果。在疾病过程的早期阶段发现生物标志物有助于改变疾病进程，甚至阻止疾病的发展。最近，一项研究从表观遗传学的角度解释了孤独症谱系障碍的进展，为孤独症谱系障碍的早期诊断提供了新的视角。准确识别可用于早期诊断的生物标志物对癌症的治疗更为重要。一项EWAS发现了3个可作为结直肠癌早期诊断生物标志物的CpG位点。其中，cg04036920和cg14472551位于*KIAA1549L*转录起始位点附近，另一个CpG位点cg12459502位于*BCL2*基因体区，均具有较高的敏感性。到目前为止，表观遗传学研究在临床诊断转化上还有待发展，准确度较高的生物标志物还有待发现。

14.1.3　确定药物靶点

表观遗传学药物作为一种新型的治疗手段，目前多用于癌症研究。抗癌的有效方法之一是抑制甲基化，而表观遗传学药物可以对DNA甲基化模式产生影响。目前有几种针对组蛋白甲基转移酶和DNA甲基转移酶的表观遗传学药物可用于多种类型癌症的治疗。例如，斑蝥素、阿扎胞苷、毛壳素（chaetocin）等已广泛应用于临床。表观遗传学药物在神经系统疾病、免疫性疾病和代谢性疾病的应用中也有涉及。在一项分析与儿童哮喘相关的DNA甲基化差异的EWAS中，确认了多个基因（位点）为药物靶点，包括*IL5RA*（cg01310029、cg10159529）和*KCNH2*（cg24576940、cg23147443、cg18666454）。这些靶点已被广泛应用于多种药物中。*KCNH2*是盐酸胺碘酮、多非利特、索他洛尔的靶点，*IL5RA*是重症哮喘用药贝那利珠单抗的靶点。从这些发现可以看出，EWAS在发现新的药物靶点方面发挥了重要作用。

14.1.4　通过监测药物诱导的表观遗传变化来测量药物反应

研究药物诱导的表观遗传学变化是近年来衡量药物反应和评价预后能力的一种新方法。由于表观遗传标志物可以为生物过程的变化提供更多的视角，它们可以为不同阶段的事件研究提供更好的框架。纵向甲基化研究在这方面具有很大的优势，主要优势在于它可以解释用药后反应的个体间差异，这对于判断药物是否准确改变了与疾病相关的反应途径非常重要，最后以此作为药物更换或改进的标准。在2020年一项针对小细胞肺癌（SCLC）的表观基因组研究中，对526种药物的用药反应与DNA甲基化的关联进行了分析，其中众多药物表现出与*TREX1*甲基化和表达的强关联。靶向*TREX1*的表观遗传机制可能是开发新型抗肿瘤药物的新途径。

14.2　表观遗传标志物在典型疾病中的生物学意义和临床转化应用

已发表的EWAS成果涉及多种常见疾病，包括自身免疫性疾病（如类风湿关节炎、哮喘和过敏）、代谢性疾病（如代谢综合征、肥胖症和T2D）、神经精神疾病（如阿尔茨海默病、抑郁症和精神分裂症）和癌症等。在这一点上，下文通过六个典型例子来说明EWAS的重要发现所带来的一些重大进展。

14.2.1　类风湿关节炎的表观遗传标志物

表观遗传学在理解自身免疫性疾病的发病机制方面发挥着重要作用。近十年来，EWAS为更好地理解免疫介导疾病的发病相关性做出了重要贡献。最具代表性的是类风湿关节炎（RA），这是一种受遗传和环境暴露影响的常见自身免疫性疾病。

人类主要组织相容性复合体（MHC）与RA的发病机制有很强的表观遗传学关联。最近一项研究检测到MHC区域有74个独特的甲基化CpG位点，其中22个基因含有其中32个差异性甲基化的CpG座。这些基因参与了抗原呈递过程及干扰免疫细胞在自身免疫中的作用。另一项研究也证实，MHC区域内DNA甲基化差异与RA进展密切相关。除MHC区外，免疫细胞与RA也有表观遗传学的关系。

细胞免疫和体液免疫是导致免疫细胞分泌炎症因子产生自身抗体的主要途径。由于RA与B、T淋巴细胞等高度相关，因此准确检测并消除特定类型的细胞，可以有效治疗RA。通过对RA的EWAS分析，发现cg18972751和cg03055671（*CD1C*和*TNFSF10*）两个位点的异常高甲基化和低甲基化与RA有关。B细胞中*CD1C*的过度表达增强了自身抗原的反应性，这是RA发病的主要原因之一。*TNFSF10*（又称*TRAIL*）属于肿瘤坏死因子（tumor necrosis factor，TNF）超家族细胞因子，有研究表明*TRAIL*在RA中起着抵抗自身免疫的作用。这些结果均明确了表观遗传学修饰与RA发病之间的因果关系，同时支持表观遗传学作为揭示自身免疫性疾病新分子机制的方法的重要性。

DNA甲基化作为一种影响环境暴露覆盖药物治疗的表观遗传修饰，已被广泛应用于药物发现过程的多个方面。虽然生物药物疗法在RA方面取得了巨大进展，但只有少数患者的病情得到有效控制。依那西普是治疗RA最常用的药物，实验表征了5个与其相关的药物敏感甲基化位点。鉴于一些生物制品价格高昂且生产效率低下，为患者提供个性化的RA治疗和药物治疗越来越重要。

14.2.2　代谢性疾病的表观遗传标志物

代谢综合征（metabolic syndrome，MetS）等复杂疾病有多种致病原因，如表观遗传机制（包括DNA甲基化和组蛋白修饰）及环境因素的作用。在非传染性疾病中，MetS已成为发病率和死亡率最高的疾病之一。MetS是多种疾病的综合体，包括糖尿病和肥胖症，会显著增加肝炎、心血管疾病和癌症的死亡风险。由于近年来EWAS的快速发展，在MetS病因、影响疾病进展的因素及药物治疗等方面的研究均取得了重大突破。

MetS受到环境因素的广泛影响，饮食是日常生活中最常规的环境因素之一。许多受饮食影响的甲基化位点已被确认参与代谢相关的调控途径，包括与脂质代谢、免疫和细胞分化相关的途径。其中一个研究较多的甲基化位点cg00574958在多项EWAS中显示出与MetS的显著相关性。

在一项基于外周血单个核细胞（PBMC）的研究中，发现参与调节瘦素和胰岛素信号转导的基因（位点）*SOCS3*（cg18181703）的甲基化状态与肥胖显著相关。除此以外，许多研究表明，抑制*SOCS3*的表达有望治疗肥胖等代谢性疾病。表观遗传学对T2D这一复杂的多因素疾病的贡献更大，目前已发现数百个甲基化差异位点。胰岛素抵抗（IR）是T2D的关键危险因素，也是MetS的核心特征或潜在原因。*ABCG1*（cg06500161）编码的蛋白参与细胞内及细胞外的信号转导和脂质运输，该位点的低甲基化会增加MetS、T2D和肥胖的发生。综上所述，MetS及相关疾病（如肥胖症和T2D）的发生和发展在一定程度上是由表观遗传学修饰（如DNA甲基化）引起的。

MetS的EWAS为临床转化提供了多种途径。首先，饮食习惯等生活方式会不同程度地改变DNA甲基化模式。通过多项EWAS，可以看出维生素D、脂肪和酒精的摄入均会对MetS产生影响。适度饮酒和饮茶可降低T2D和肥胖的风险，但吸烟和过量的膳食脂肪会增加引起T2D的可能性。其次，由于表观遗传学的加入，研究人员发现了与T2D相关的有前景的表观遗传标志物。有研究发现，*ABCG1*（cg06500161）的DNA甲基化会影响甘油三酯水平。最后，基于表观遗传学方法确定治疗药物对DNA甲基化的影响，可以更好地了解药物影响的生理途径。这有助于实现促进个体化治疗、开发新型诊断技术和更有效药物的目标。

14.2.3 阿尔茨海默病的表观遗传标志物

阿尔茨海默病（Alzheimer’s disease，AD）是一种神经退行性疾病，是痴呆症中发病率最高的一种，全球有数百万人受到影响。虽然神经疾病相关差异性甲基化位点的鉴定工作起步较晚，但随着EWAS技术的逐渐成熟，近年来EWAS技术在AD中的研究结果令人印象深刻。

此外，研究表明大量异常甲基化的CpG位点基因富集在有丝分裂细胞周期调控和Wnt信号通路中，提示异常Wnt信号在神经退行性疾病中的潜在作用，Wnt信号有望成为AD治疗的新药物靶点。

大多数AD的EWAS被用于评估脑组织中的DNA甲基化差异，然而，在脑组织中发现了许多在血液中没有检测到的位点，如早期流行的基因*ANK1*。最近的一项研究考察了AD患者全血中的DNA甲基化模式，在基因*HOXB6*中发现了不同的甲基化区域，*HOXB6*内异常的低甲基化位点（cg17179862和cg03803541）影响了粒细胞和单核细胞的产生。更为有趣的是，同样的CpG位点在大脑和血液中也表现出不同甚至相反的甲基化模式。*OXT*（编码催产素）是大脑和血液中对AD影响最大的基因之一。在脑组织中，*OXT*的10个CpG位点在AD患者中显示出甲基化水平下降。相反，这些位点在外周血中检测到甲基化水平升高。虽然大脑和血液之间存在一些关联模式，但并非所有与血液中AD相关的差异均与大脑中发生的过程有关，它们之间的相互作用方式还有待研究。

表观遗传学已成为药物再定位发展的重要研究领域，基于表观遗传学的蛋白靶点鉴定目前已成为治疗AD的主流方法。该方法从已知的AD药物中进行筛选，基于表观遗传学药物靶点网络（EP-DTN）提取14种表观遗传学药物进行重定位。目前还没有针对AD中DNA甲基化异常位点的药物，但随着表观基因组学的发展和制药技术的进步，最终将开发出有效治疗AD的表观基因药物。

14.2.4 乳腺癌的表观遗传标志物

乳腺癌是女性最常见的癌症，其发病率呈逐年上升趋势。各种环境因素均可导致乳腺癌的发生，如年龄、激素、BMI等。EWAS可以有效分析这些因素对乳腺癌的影响，从而提供诊断和治疗措施。

年龄是乳腺癌的危险因素之一。最近的EWAS报道，一些随年龄变化的甲基化位点与乳腺癌风险和预后相关。首次对年龄相关的甲基化变化进行EWAS，结果显示它们广泛分布在整个基因组中。随后的研究累计发现了800多个与年龄相关的CpG位点与乳腺癌相关。这些结果都在一定程度上解释了乳腺癌发病率随年龄增长而增加的原因。

除年龄外，激素治疗（HT）也是公认的致病因素。一些研究表明，雌激素或其他激素暴露也可导致血液中DNA甲基化的变化，从而影响乳腺癌发病风险。一项EWAS发现694个CpG位点与雌激素暴露有关，其中12个位点具有高度显著性，如cg01382688（*ARHGEF4*）。这些研究结果均证实激素暴露与表观遗传学改变有关，为预防乳腺癌提供了帮助。

BMI可能与影响乳腺癌发病的多种机制有关，其作用不容忽视。2019年一项利用血液DNA样本的研究发现，cg22891070处DNA甲基化增加与乳腺癌风险增加1.35倍有关。在血液样本中可以观察到众多与BMI相关的DNA甲基化位点，这为BMI是与DNA甲基化改变相关的致癌因素之一的假说提供了有力证据。

尽管目前针对乳腺癌的治疗取得了显著成功，但由于其发现较晚，不少患者的生命受到威胁或遭受癌症转移。从外周血中提取DNA，分析其甲基化变化模式，有助于寻找乳腺癌风险的生物标志物，并进行早期发现，这无疑可以显著提高患者的生存率。近年来的研究结果已经证明了表观遗传学研究在评估癌症风险方面的潜力。早期的一项研究表明，cg27091787（*HYAL2*）甲基化水平降低，随后产生了大量EWAS，用于早期检测DNA甲基化相关生物标志物的鉴定。虽然已经揭示了数十种生物标志物，但其中大多数只显示出非常有限的区分力。因此，为了有效实施诊断和预防策略，仍需努力探索敏感的标志物。

14.2.5 哮喘的表观遗传标志物

哮喘是一种全球性疾病，受环境因素及表观遗传变化的影响。近年来发表了一些通过EWAS研究哮喘的易感性和机制的研究。迄今为止，使用9个队列的实验共产生了179个CpG位点和36个与哮喘相关的差异甲基化区域。大多数CpG位点与嗜酸性粒细胞、效应T细胞、记忆T细胞和NK细胞有密切的联系。目前，哮喘相关EWAS的主要研究方向是药物开发，对甲基化变异的进一步评估将有助于哮喘的分型，有望实现个体化治疗。

14.2.6 抑郁症的表观遗传标志物

抑郁症是一种常见精神疾病，受遗传和环境的共同影响。2018年，一项利用血液中DNA甲基化鉴定抑郁症表观遗传机制的EWAS发现了三个与抑郁症症状相关的甲基化位点。cg04987734、cg12325605和cg14023999均与轴突引导通路有关，可能在评估抑郁症的病理及临床作用方面具有重要作用。一项基于脑组织中DNA甲基化与抑郁症关联的EWAS，在*YOD1*外显子、*PFKFB2*内含子及*UGT8*、*FNDC3B*和*SLIT2*区域发现了可靠的CpG位点。其中，*YOD1*已被证明与多种神经退行性疾病的机制有关，*UGT8*是一个已知的抑郁情绪的生物标志基因。这些CpG位点有望成为抑郁症的表观遗传标志物，并应用于临床药物开发试验。

参考文献

Chuang YH，Paul KC，Bronstein JM，et al，2017. Parkinson's disease is associated with DNA methylation levels in human blood and saliva. Genome Med，9（1）：76.

Demerath EW，Guan W，Grove ML，et al，2015. Epigenome-wide association study（EWAS）of BMI，BMI change and waist circumference in African American adults identifies multiple replicated loci. Hum Mol Genet，24（15）：4464-4479.

Dhana K，Braun KVE，Nano J，et al，2018. An epigenome-wide association study（EWAS）of obesity-related traits. Am J Epidemiol，187（8）：1662-1669.

Flanagan JM，2015. Epigenome-wide association studies（EWAS）：past，present，and future. Methods Mol Biol，1238：51-63.

Frisch T，Gøttcke J，Röttger R，et al，2018. Discovery of differentially methylated regions in epigenome-wide association study（EWAS）data. Methods Mol Biol，1807：51-62.

Hall MA，Dudek SM，Goodloe R，et al，2014. Environment-wide association study（EWAS）for type 2 diabetes in the Marshfield Personalized Medicine Research Project Biobank. Pac Symp Biocomput，2014：200-211.

Hannon E，Spiers H，Viana J，et al，2016. Methylation qtls in the developing brain and their enrichment in schizophrenia risk loci. Nat Neurosci，19（1）：48-54.

Heintze JM，2018．Epigenetics：EWAS of kidney function．Nat Rev Nephrol，14（1）：3．

Lill CM，Bertram L，2015．Probing the epigenome by EWAS：a new era in brain disease research．Mov Disord，30（2）：197．

Liu D，Zhao L，Wang Z，et al，2018．EWASdb：epigenome-wide association study database．Nucleic Acids Res，47（D1）：D989-D993．

Liu Y，Aryee MJ，Padyukov L，et al，2013．Epigenome-wide association data implicate DNA methylation as an intermediary of genetic risk in rheumatoid arthritis．Nat Biotechno，31（2）：142-147．

Murphy TM，Mill J，2014．Epigenetics in health and disease：heralding the EWAS era．Lancet，383（9933）：1952-1954．

Osório J，2014．Obesity．Looking at the epigenetic link between obesity and its consequences—the promise of EWAS．Nat Rev Endocrinol，10（5）：249．

Rao S，Chiu TP，Kribelbauer JF，et al，2018．Systematic prediction of DNA shape changes due to CpG methylation explains epigenetic effects on protein-DNA binding．Epigenetics Chromatin，11（1）：6．

Shenker NS，Polidoro S，van Veldhoven K，et al，2013．Epigenome-wide association study in the european prospective investigation into cancer and nutrition（epic-turin）identifies novel genetic loci associated with smoking．Hum Mol Genet，22（5）：843-851．

van Veldhoven K，Polidoro S，Baglietto L，et al，2015．Epigenome-wide association study reveals decreased average methylation levels years before breast cancer diagnosis．Clin Epigenetics，7：67．

Verma M，2012．Epigenome-wide association studies（EWAS）in cancer．Curr Genomics，13（4）：308-313．

Xu J，Liu D，Zhao L，et al，2016．EWAS：epigenome-wide association studies software 1.0-identifying the association between combinations of methylation levels and diseases．Sci Rep，6：37951．

Xu J，Zhao L，Liu D，et al，2018．EWAS：epigenome-wide association study software 2.0．Bioinformatics，34（15）：2657-2658．

Zhu Z，Zhang F，Hu H，et al，2016．Integration of summary data from GWAS and eQTL studies predicts complex trait gene targets．Nat Genet，48（5）：481-487．

第十五章　eQTL的应用

eQTL在疾病研究中具有许多独特的作用，它是遗传变异到功能的桥梁，可以弥补GWAS的局限性。同时，eQTL可以从功能角度帮助阐明风险SNP和疾病的调节机制。

15.1　类风湿关节炎

类风湿关节炎（RA）是一种慢性和破坏性自身免疫性疾病，影响到1%左右的世界人口。RA在发病早期会引起慢性滑膜炎症，随着疾病的发展，最终会导致关节损伤和全身并发症。RA的病因很复杂，但遗传因素可以解释大约60%的RA易感性。

最近，eQTL分析发现了一些新的易感基因，并揭示了一个新的RA的遗传关联机制。免疫反应是由免疫细胞产生的抗体引起的，而RA与免疫细胞产生的自身抗体高度相关。Walsh等从377名RA患者的免疫细胞eQTL中发现了6000多个独特的基因，这对GWAS中的细胞类型鉴定是一种补充。在对RA淋巴细胞的eQTL分析中，Thalayasingamet等首次发现了eQTL调控的*METL21B*、*JAZF1*、*IKZF3*和*PADI4*在$CD4^{+}$T细胞中的作用。Naranbhai等也发现*PADI4*在中性粒细胞和单核细胞中受eQTL（rs2240335）调控，并在增加RA的风险中起作用。这种影响关系不受地理或人群差异的限制。一项在日本人群中的研究发现rs369150是对HLA-DOA mRNA表达具有顺式QTL效应的主要SNP之一。rs369150-A的抗瓜氨酸肽抗体（ACPA）阳性RA风险等位基因导致HLA-DOA的表达降低。此外，eQTL的发现也带来了许多新的分析方法或研究思路，多基因负担效应的研究就是一个典型的例子。Ishigaki等发现eQTL（rs7616215）同时调控单核细胞中的*CCR2*和*CCR3*，导致免疫条件的激活，增加RA的风险。SMR方法通过整合eQTL和GWAS，发现了一些与RA高度相关的新型多态性基因，如*ANKRD55*和*FCRL3*。这些结果阐明了免疫细胞及其产生的各种因子与RA发病机制之间的关系，并支持eQTL分析作为一种方法来揭示RA的新分子机制。积累过去的研究成果发现，可以通过针对特定的细胞类型或特定的基因对RA进行有效治疗。

15.2　2型糖尿病

2型糖尿病（T2D）是最常见的代谢性疾病，它影响着全球3亿多人。众所周知，胰岛功能紊乱是T2D发生和发展的一个重要机制。虽然GWAS发现了许多T2D的易感性SNP，但它并不能完全解释复杂的病因学。

一些研究发现，eQTL可以以多种方式影响胰岛功能。Keildson等在104个独立样本中发现了287个受顺式eQTL调控的基因和49个表达-胰岛素敏感性-表型关联。典型的eQTL rs2238479和rs251851影响空腹血糖水平并调节胰岛素作用，rs4547172可以调节与空腹血浆胰岛素有关的*PFKM*基因。这些与胰岛素和碳水化合物代谢相关的eQTL位点和疾病关联被证实有助于理解T2D调控机制。

同时，胰岛中也存在基因表达失调，会促进T2D的发生。在对T2D的综合分析中，Varshneyet等发现*KCNA6*基因的顺式QTL（rs75409866）在胰岛中高表达，这种变化带来的异常调节间接改变了T2D的发病机制。反之，某些下调现象也有助于血糖控制。2017年的一项研究发现，*TFB1M*的eQTL rs950994-A导致*TFB1M* mRNA在人类胰岛的表达量下降，而该等位基因的数量增加则会促进人类胰岛的胰岛素分泌。如此大量的确切发现支持eQTL对胰岛素作用机制有多方面的影响，为T2D的分子机制提供了新的线索，有助于临床诊断、治疗和药物开发。

15.3　乳腺癌

乳腺癌是世界上最常见的威胁妇女健康的癌症，它呈现家族聚集性，这表明遗传是一个重要因素。GWAS和meta分析已经发现了70多个位点，如*BRCA1*、*BRCA2*、*PALB2*等，但这些位点只能解释30%左右的家族性风险。

乳腺癌有一定数量的已鉴定的靶点，通过eQTL分析可进一步发现更多的新基因。Qi等也利用TCGA提供的乳腺癌数据进行了反式eQTL分析，发现了三个新的风险位点rs2046210、rs418269和rs471467，它们通过*ESR1*、*MYC*和*KLF4*发挥作用。其中，*MYC*一直是乳腺癌治疗的一个有吸引力的目标，但直接抑制*MYC*仍然具有挑战性。同时发现的*ESR1*和*KLF4*被认为在乳腺癌中发挥重要作用。在同一研究中的这种相互支持的发现有助于对乳腺癌靶向治疗的研究。除了乳腺癌相关靶基因本身是研究重点外，其调控元素也受到eQTL的影响。另一项有趣的研究是，Guo等通过结合乳腺癌分子分类国际联盟（METABRIC）、TCGE和GTEx，发现rs11552449（*DCLRE1B*）、rs7257932（*SSBP4*）、rs2236007（*PAX9*）和rs73134739（*ATG10*）是顺式eQTL，可以显著改变这些乳腺癌相关目标基因的启动子活性。同时，与其他组学联合分析的思路也被应用于乳腺癌eQTL研究。这些共定位信号揭示了乳腺癌eQTL调控基因的表达失调，加强了对GWAS风险变异在乳腺癌中作用机制的解释。

乳腺癌的生物标志物有几十种，但大部分生物标志物的鉴别力和影响力都不够强。eQTL的研究为乳腺癌的预防和相应治疗提供了许多新的可能性，尤其是新发现的风险位点对乳腺癌的预测非常有帮助。将eQTL和其他分析方法联合，可探索更方便有效的乳腺癌敏感因素，促进乳腺癌诊断和预防机制的完善。

15.4　精神分裂症

精神分裂症（SZ）是一种严重的精神疾病，它以频繁的幻觉为特征，源于大脑功能的变化。海马体被认为是SZ病理生理过程的核心区域，脑脊液中代谢物水平的变化也是SZ的一个影响因素。

Schulzet等在288个基因的302个3′-mRNA转录本上发现顺式QTL，并发现海马体的顺式QTL与SZ相关的SNP明显重叠。这项研究证实了海马体在SZ发病机制中的作用，提供了疾病风险SNP和基因调控之间的关系。单胺类代谢物是单胺类神经递质的代谢物，其代谢水平反映了其所在部位的健康状况。Luykx等在对414名受试者的脑脊液研究中发现，MM相关位点rs11628551位于*SSTR1*的谷氨酸受体信号区，该位点可调节*PDE9A*的表达，而*PDE9A*参与单胺能基因的传递、重度抑郁症和抗抑郁药反应。另一个值得关注的SZ相关风险基因是*ALMS1*。Yang等通过综合eQTL分析确定*ALMS1*、*GLT8D1*和*CSNK2B*是SZ的病理生理相关风险基因。另一项研究也发现*ALMS1*是精神分裂症相关基因。eQTL分析往往更加精确，可以帮助识别更多的SZ相关生物标志物。不仅是GWAS的结合，eQTL和TWAS的联合分析也有助于促进SZ的研究进展，发现大量新的候选风险基因。Walker等在201个人脑转录组数据中发现了7962个eQTL。进一步与TWAS结合的顺式eQTL和GWAS发现了包括*SNX19*、*VSP29*和*XRCC3*在内的数十个新的候选风险基因。

这些针对不同人群和不同年龄段的eQTL研究，极大地促进了对精神分裂症脑部分子调控机制的理解。脑组织中分子调控过程的缺失或代谢物水平的变化将对疾病的发生和发展产生很大影响。这些发现进一步解释了脑部疾病的分子遗传机制和非编码基因变异的调节。

参考文献

Blair HA，Deeks ED，2016．Infliximab biosimilar（CT-P13；infliximab-dyyb）：a review in autoimmune inflammatory diseases．BioDrugs，30（5）：469-480．

Blum A，Adawi M，2019．Rheumatoid arthritis（RA）and cardiovascular disease．Autoimmun Rev，18（7）：679-690．

Burmester GR，Pope JE，2017．Novel treatment strategies in rheumatoid arthritis．Lancet，389（10086）：2338-2348．

Cao H，Zhang L，Chen H，et al，2019．Hub genes and gene functions associated with postmenopausal osteoporosis predicted by an integrated method．Exp Ther Med，17（2）：1262-

1267.

Chen Z, Bozec A, Ramming A, et al, 2019. Anti-inflammatory and immune-regulatory cytokines in rheumatoid arthritis. Nat Rev Rheumatol, 15（1）: 9-17.

Clough E, Barrett T, 2016. The gene expression omnibus database. Methods Mol Biol, 1418: 93-110.

Dennis G Jr, Sherman BT, Hosack DA, et al, 2003. DAVID: database for annotation, visualization, and integrated discovery. Genome Biol, 4（5）: P3

DeQuattro K, Imboden JB, 2017. Neurologic manifestations of rheumatoid arthritis. Rheum Dis Clin North Am, 43（4）: 561-571.

Downey C, 2016. Serious infection during etanercept, infliximab and adalimumab therapy for rheumatoid arthritis: a literature review. Int J Rheum Dis, 19（6）: 536-550.

Fiorini N, Lipman DJ, Lu ZY, 2017. Towards PubMed 2.0. Elife, 6: e28801.

Gregersen PK, Silver J, Winchester RJ, 1987. The shared epitope hypothesis. An approach to understanding the molecular genetics of susceptibility to rheumatoid arthritis. Arthritis Rheum, 30（11）: 1205-1213.

Katz P, 2017. Causes and consequences of fatigue in rheumatoid arthritis. Curr Opin Rheumatol, 29（3）: 269-276.

Ogata H, Goto S, Sato K, et al, 1999. KEGG: Kyoto encyclopedia of genes and genomes. Nucleic Acids Res, 27（1）: 29-34.

Puig L, 2014. Methotrexate: new therapeutic approaches. Actas Dermosifiliogr, 105（6）: 583-589.

Qiu Q, Feng Q, Tan X, et al, 2019. JAK3-selective inhibitor peficitinib for the treatment of rheumatoid arthritis. Expert Rev Clin Pharmacol, 12（6）: 547-554.

Schiff MH, Sadowski P, 2017. Oral to subcutaneous methotrexate dose-conversion strategy in the treatment of rheumatoid arthritis. Rheumatol Int, 37（2）: 213-218.

Seldin MF, Amos CI, Ward R, et al, 1999. The genetics revolution and the assault on rheumatoid arthritis. Arthritis Rheum, 42（6）: 1071-1079.

Shannon P, Markiel A, Ozier O, et al, 2003. Cytoscape: a software environment for integrated models of biomolecular interaction networks. Genome Res, 13（11）: 2498-2504.

Zhang R, Luan M, Shang Z, 2014. A database of rheumatoid arthritis-related polymorphisms. Database（Oxford）, 2014: bau090.

第十六章　SNP对疾病中大分子结构的影响及生物学意义

16.1　铁蛋白轻链5′-UTR中的铁反应元件

U22G和U22G-G14C，这两个SNP存在于铁蛋白轻链（ferritin light chain，FTL）mRNA的5′非翻译区（5′-UTR）。FTL 5′-UTR铁反应元件（IRE）可影响RNA结构和后续基因功能，它在FTL mRNA翻译中起着主要调节作用。一些研究表明，SNP U22G可以破坏IRE结构，而U22G-G14C可以将突变的IRE恢复为野生型。IRE的结构破坏可能影响IRE的功能，导致FTL基因调节异常。FTL与高铁蛋白白内障综合征有关，这是一种罕见的遗传性疾病，其特点是由于视网膜中铁蛋白过多而导致早发性白内障。所有与疾病相关的SNP都会显著改变RNA的结构（$P < 0.001$）。如果铁水平低，RNA的稳定发夹会被IRE结合蛋白识别，从而抑制FTL翻译。因此，如果发夹不存在，即使没有铁，FTL也会被过度表达。FTL 5′-UTR的点突变破坏了发夹的形成，导致FTL的病理性过表达。

16.2　驱动亚途径

lncRNA LINC00673的单核苷酸位点变异（rs11655237）可以形成Mir-1231的结合位点，从而影响胰腺癌的易感性。Pan等发现lncRNA *GAS8-AS1*突变是人类甲状腺癌的驱动突变。Northcott等分析了1000个髓母细胞瘤样本的遗传变异，发现lncRNA *PVT1*相关结构变异在不同亚型中普遍存在。特别是lncRNA区域的CNV，即一些重要的遗传结构变异，已被证实在人类癌症的发生和发展中起着重要作用。

16.3　*N*-乙酰转移酶-2

N-乙酰转移酶-2（NAT2）是一种重要的酶，可以催化芳香族胺和杂环胺类致癌物的乙酰化。人类群体中有三种NAT2乙酰化表型：缓慢、快速和中间型。NAT2乙酰化表型预测器的准确率为99.9%，类特异性灵敏度和特异性预测准确率为99.6%～100%。NAT2表型可以从*NAT2*基因282、341、481、590、803和857位置的SNP推断出来。

16.4　RAC1

RAC1（UniProt:P63000）是一种Rho GTP酶，它的激活通常会导致丝足畸形的形成。Cdc42是一种Rho GTP酶，它的激活可导致丝状体的形成。在一个与RAC1密切相关的序列亚家族中，Ala95是高度保守的。在Cdc42和密切相关的序列中，这个残基是Glu，RAC1中Ala95Glu的突变导致了功能转换，即丝足畸形。虽然很难通过模拟相互作用来确定这些功能切换突变，但Reva等通过观察蛋白质家族内部和之间的特定位置，确定了一系列潜在的重要位置。功能性转换突变最有可能发生在蛋白质亚家族内不变的位置，但在不同的亚家族中又有所不同。

参考文献

Bandos AI，Guo B，Gur D，2017. Estimating the area under ROC curve when the fitted binormal curves demonstrate improper shape. Acad Radiol，24（2）：209-219.

Bin Goh WW，Wang W，Wong L，2017. Why batch effects matter in omics data，and how to avoid them. Trends Biotechnol，35（6）：498-507.

Gautier L，Cope L，Bolstad BM，et al，2004. Affy—analysis of Affymetrix GeneChip data at the probe level. Bioinformatics，20（3）：307-315.

Hellner K，Miranda F，Fotso Chedom D，et al，2016. Premalignant SOX2 overexpression in the fallopian tubes of ovarian cancer patients：discovery and validation studies. EBioMedicine，10：137-149.

Huang S，Cai N，Pacheco PP，et al，2018. Applications of support vector machine（SVM）learning in cancer genomics. Cancer Genomics Proteomics，15（1）：41-51.

Jung Y，Hu J，2015. A K-fold averaging cross-validation procedure. J Nonparametr Stat，27（2）：167-179.

Klaus B，Reisenauer S，2016. An end to end workflow for differential gene expression using Affymetrix microarrays. F1000Res，5：1384.

Macesic N，Polubriaginof F，Tatonetti NP，2017. Machine learning：novel bioinformatics approaches for combating antimicrobial resistance. Curr Opin Infect Dis，30（6）：511-517.

McGee M，2018. Case for omitting tied observations in the two-sample t-test and the Wilcoxon-Mann-Whitney Test. PLoS One，13（7）：e0200837.

Miranda F，Mannion D，Liu SJ，et al，2016. Salt-inducible kinase 2 couples ovarian cancer cell metabolism with survival at the adipocyte-rich metastatic niche. Cancer Cell，30（2）：273-289.

Pavey TG，Gilson ND，Gomersall SR，et al，2017. Field evaluation of a random forest activity classifier for wrist-worn accelerometer data. J Sci Med Sport，20（1）：75-80.

Polan DF，Brady SL，Kaufman RA，2016. Tissue segmentation of computed tomography images using a Random Forest algorithm：a feasibility study. Phys Med Biol，61（17）：6553-6569.

Ritchie ME，Phipson B，Wu D，et al，2015. Limma powers differential expression analyses for

RNA-sequencing and microarray studies. Nucleic Acids Re，43（7）：e47.

Szklarczyk D，Morris JH，Cook H，et al，2017. The STRING database in 2017：quality-controlled protein-protein association networks，made broadly accessible. Nucleic Acids Res，45（D1）：D362-D368.

Wang RS，Loscalzo J，2018. Network-based disease module discovery by a novel seed connector algorithm with pathobiological implications. J Mol Biol，430（18）：2939-2950.

Zhang S，Li X，Zong M，et al，2018. Efficient kNN classification with different numbers of nearest neighbors. IEEE Trans Neural Netw Learn Syst，29（5）：1774-1785.

第十七章　疾病的风险预测

准确的风险预测可为疾病的预防、早期治疗和随访策略提供重要帮助，从而有力推动个性化医疗的发展。

17.1　心血管疾病

从2017年到2020年，心血管疾病的发病率一直在增加，而且心血管疾病仍然是过早死亡的主要原因。此外，由心血管疾病引起的残疾率仍然非常高。因此，心血管疾病研究一直是生物学和医学领域的热门话题之一，而风险预测是其中最重要的方面。心血管疾病风险会受到家族史、环境因素和不健康生活方式的影响。针对心血管疾病，已经有一些由不同生物标志物开发的风险评分。例如，Paquette等构建了一个GRS来预测家族性高胆固醇血症患者心血管疾病的发病率。Ganz等开发了一个基于9种蛋白的风险评分，用于预测心血管事件的风险，这里指的是脑卒中/短暂性脑缺血发作、心力衰竭住院或全因死亡中的一个事件。Hoogeveen等对基于蛋白质模型和临床模型来预测心血管风险进行了比较。而Würtz等开发了一个带有代谢物生物标志物的风险评分来预测心血管风险。通过准确的风险预测和早期干预，心血管疾病是可以预防的。

17.2　2型糖尿病

2型糖尿病（T2D）是一种复杂而常见的慢性疾病，其并发症严重影响了世界公共卫生，与糖尿病相关的发病率和死亡率很高。在我国，糖尿病患者的数量正在逐年增加，2019年统计数据显示，有超过1.27亿人被诊断为T2D，因此有必要识别糖尿病的潜在风险并尽快采取措施。T2D有多种危险因素，它是遗传和环境相互作用的结果。许多关于T2D风险预测的研究也应运而生。例如，Forrest等开发了2型糖尿病视网膜病变的全基因组风险评分，Walford等验证了基因和代谢物标记，为T2D预测提供了互补的信息，并共同提高了包含临床特征的评估模型的准确性。Polfus等构建了一个跨不同人群的多民族PRS。这些风险评分为早期预防控制T2D做出了贡献。

17.3　乳腺癌

目前，乳腺癌已经取代肺癌，成为世界上发病率最高的癌症。乳腺癌是女性最常见的癌症。虽然我们已经在癌症研究方面取得了重要进展，但乳腺癌仍然是一个主要的健康问题。因此，生物标志物对于乳腺癌的预防、干预和预后至关重要。遗传变异是影响疾病风险的重要因素，PRS已被广泛用于早期诊断。Shieh等测试了180-SNP PRS，Mavaddat等根据雌激素受体状态构建了一个包含77个SNP的乳腺癌PRS。Yiangou等构建了一个风险模型，结合15-SNP PRS和经典的风险因素来预测塞浦路斯妇女的乳腺癌风险。而Hou等建立了一个模型来预测接受新辅助化疗的乳腺癌患者的预后。PRS对女性的乳腺癌风险进行分层，可以为有针对性的筛查和预防策略提供信息。

17.4　前列腺癌

前列腺癌是一种复杂的疾病，在世界各地的男性中发病率均较高。前列腺癌特异性抗原（PSA）是目前最广泛使用的早期筛查指标，但它的特异性较差，可能导致不必要的活检。Gleason评分是另一种常用的方法，但它仅限于根据T、N、M分类来确定风险。因此，一些基于组学的生物标志物被发现并应用于开发风险评分。例如，Franco等建立了一个SNP-SNP相互作用的多基因风险评分（PRSi），以预测PCa放疗后的毒性风险。Ribeiro等开发了一个基于脂肪因子通路的GRS来预测前列腺癌风险。Neste等开发了一种名为EpiScore的算法，通过量化*GSTP1*、*RASSF1*和*APC*这三个基因的甲基化强度来改善诊断期间的前列腺癌风险分层，这三个基因被认为是表观遗传领域的生物标志物。相关风险评分预测准确性均较高，具有较高的AUC值。通过风险评分可以及早发现高危患者，对其进行监测和集中干预。

参 考 文 献

高葵，2020. 基于CSS的导航菜单制作案例分析. 电脑知识与技术，16（7）：88-90.
刘爱华，温志萍，程初，等，2023. 数据库原理及应用课程思政典型案例教学设计. 计算机教育，(3)：169-172.
Frazer KA, Ballinger DG, Cox DR, et al, 2007. A second generation human haplotype map of over 3.1 million SNPs. Nature，449（7164）：851-861.
Fukuda Y，Nakahara Y，Date H，et al，2009. SNP HiTLink：a high-throughput linkage analysis system employing dense SNP data. BMC Bioinformatics，10：121.
Gamache R，Kharrazi H，Weiner JP，2018. Public and population health informatics：the bridging of big data to benefit communities. Yearb Med Inform，27（1）：199-206.
Guan MJ，Keaton JM，Dimitrov L，et al，2019. Genome-wide association study identifies novel loci for type 2 diabetes-attributed end-stage kidney disease in African Americans. Hum Genomics，13（1）：21.

Han J, Kraft P, Nan H, et al, 2008. A genome-wide association study identifies novel alleles associated with hair color and skin pigmentation. PLoS Genet, 4 (5): e1000074.

Hu L, Xu Z, Wang M, et al, 2019. The chromosome-scale reference genome of black pepper provides insight into piperine biosynthesis. Nat Commun, 10: 4702.

Huang X, Wei X, Sang T, et al, 2010. Genome-wide association studies of 14 agronomic traits in rice landraces. Nat Genet, 42: 961-967.

Kim JM, Santure AW, Barton HJ, et al, 2018. A high-density SNP chip for genotyping great tit (*Parus* major) populations and its application to studying the genetic architecture of exploration behaviour. Mol Ecol Resour, 18 (4): 877-891.

Kotlarz K, Mielczarek M, Suchocki T, et al, 2020. Correction to: the application of deep learning for the classification of correct and incorrect SNP genotypes from whole-genome DNA sequencing pipelines. J Appl Genet, 61 (4): 617-618.

Li JZ, Absher DM, Tang H, et al, 2008. Worldwide human relationships inferred from genome-wide patterns of variation. Science, 319 (5866): 1100-1104.

Li N, He Q, Wang J, et al, 2023. Super-pangenome analyses highlight genomic diversity and structural variation across wild and cultivated tomato species. Nat Genet, 55 (5): 852-860.

Li W, 2012. Volcano plots in analyzing differential expressions with mRNA microarrays. J Bioinform Comput Biol, 10 (6): 1231003.

Mangan ME, Williams JM, Lathe SM, et al, 2008. UCSC Genome Browser: deep support for molecular biomedical research. Biotechnol Annu Rev, 14: 63-108.

Marx H, Minogue CE, Jayaraman D, et al, 2016. A proteomic atlas of the legume *Medicago truncatula* and its nitrogen-fixing endosymbiont *Sinorhizobium meliloti*. Nat Biotechnol, 34 (11): 1198-1205.

Jon Duckett, 2012. HTML and CSS: Design and Build Websites. Indianapolis: John Wiley & Sons.

Sim SC, Van Deynze A, Stoffel K, et al, 2012. High-density SNP genotyping of tomato (*Solanum lycopersicum* L.) reveals patterns of genetic variation due to breeding. PLoS One, 7 (9): e45520.

Wang Y, Wang S, Zhou D, et al, 2016. CsSNP: a web-based tool for the detecting of comparative segments SNPs. J Comput Biol, 23 (7): 597-602.

Yin L, Zhang H, Tang Z, et al, 2021. rMVP: a memory-efficient, visualization-enhanced, and parallel-accelerated tool for genome-wide association study. Genomics Proteomics Bioinformatics, 19 (4): 619-628.

展 望 篇

第十八章　局限与展望

18.1　EWAS的发展

EWAS的概念提出至今已有十余年，关于常见疾病的EWAS的数量呈现出不断增加的趋势。与全基因组关联分析（GWAS）类似，EWAS是一种广泛使用的方法，用于识别人群中的生物标志物和发现疾病风险的分子机制。EWAS旨在利用各种基于芯片或测序的分析技术，获得表观遗传标志物与表型之间的关联信息，从而最终更好地解释疾病的原因，促进新疗法和诊断方法的发展。

表观遗传学是遗传学的一个分支，旨在研究真核生物中基因和其他遗传因子的调控，涵盖DNA甲基化、组蛋白修饰等。近年来，表观基因组的变异已成为一个新的研究方向，最典型的表观基因标记是DNA甲基化。根据DNA甲基化的变化模式，可以将表型上受影响的病例与正常样本区分开来，这种方法被称为EWAS。常用的EWAS分析过程通常从一个合理的假说开始，然后选择一个合适的人群和组织样本。由于在大多数情况下很难获得与疾病有关的组织，所以经常使用血液样本。然而，血液中的DNA甲基化模式可能会产生与组织不同的结论，所以在使用血液时需要仔细验证。接下来，针对实验方案和成本等因素，选择合理的DNA甲基化微阵列或测序技术很重要。之后需要对结果进行验证，去除混杂因素。在分析甲基化数据时，关键是关注区域性变化，确定不同的甲基化区域并进行CpG位点的聚类分析。之后，进行功能富集分析以进一步了解疾病的机制。最后，对所有的分析结果进行可视化，从而以更直观的方式展示。

最近对包括癌症在内的复杂疾病的研究得到了EWAS的支持，因为它有能力识别以前的技术无法实现的表观遗传学变化。EWAS被更多地应用于研究环境因素对疾病机制的影响，这使人们对疾病的原因和发展有了更深入的了解，从而产生更多样化的治疗方案，实现精准医疗的目标。

尽管EWAS取得了重大成就，但其局限性仍然很大，未来将面临众多挑战。①由于表观遗传修饰主要受环境和遗传的影响，每个CpG位点的甲基化模式在不同的地理区域和种族中可能有很大差异。迄今为止，在众多EWAS受试者中，欧洲人群占了很大比例，尽管近年来对亚洲和非洲民族的研究有所增加，但仍少于欧洲人群。已有研究表明，某些DNA甲基化模式因种族不同而有很大差异，这更说明了增加实验样本量和种族多样性的重要性，同时也是为了更好地实现个性化治疗的目标。②影响表观遗传修饰的因素很多，因此高质量的EWAS要求在设计实验时考虑混杂因素，以便在随后的分析中有效控制这些因素。由于细胞类型和组织类型之间的表观遗传修饰不同，EWAS有时会受到样本的细胞异质性或组织特异性的干扰。由于不同来源的细胞具有不同的生物学特性，血液样本是否能准确反映目标组织的甲基化模式需要进一步验证。③由于甲基化变化受环境影响极大，因此需要进行纵向研究，分析表观遗传修饰在发病前、发病后和药物干预后的变化情况。纵向研究可以在多个时间点检测患者的甲基化水平，以确定甲基化与疾病之间的因果关系。纵向研究的另一个优势是能够获取生命周期内表观遗传因素的变化，这有助于识别疾病发生前的生物标志物。然而，由于涉及的费用高，研究时间长，这种EWAS罕见。④迄今为止，绝大多数用于EWAS的数据源仍由Illumina 27K或Illumina 450K支持，但它们只提供有限的基因组区域，这可能导致重要甲基化区域的丢失。新开发的Illumina EPIC和三代测序技术大大改善了这一不足。但是，新技术的应用还不广泛，所以未来的研究有望获得更全面的结果。

在未来，EWAS需要找到适当的方法来解决这些问题。研究的重点也需要从甲基化位点的发现转移到生物学理解和临床转化，如发现更准确的诊断方式和新的治疗方法。未来几年，复杂疾病中的表观遗传变化仍将是一个重要的研究课题，在可预见的未来，从EWAS获得的结果将对临床应用产生相当大的影响。

18.2　单倍型结论和未来方向

全染色体单倍型的鉴定及信息提取，有助于进一步探索人类基因组的结构，还能提供更准确的表型预测。目前，基于三代测序数据的单倍型鉴定方法，大多都是在原有旧版鉴定工具的基础上针对三代测序数据的优缺点进行的创新，极少数主要针对二代测序数据进行单倍型鉴定的工具被证明对三代测序数据依然有效。此外，还有一些专门针对三代测序数据的创新性方法取得了良好的测试效果。虽然所有的单倍型鉴定方法都取得了一定的成功，但是在确定全染色体单倍型的问题上仍旧存在一些阻碍，全染色体单倍型的鉴定始终是一个巨大的挑战。研究人员期待一种新的使用成本可接受的测序技术出现，可以取二代测序和三代测序技术之长（如生产高精度、高准确性、高覆盖率、高测序深度的测序数据），也更加期待研究人员不断升级、创造出新的单倍型鉴定方法，制定解决数据及处理过程中出现的诸多问题的可靠方案。

与20世纪的放射学检查相比，21世纪的基因组分析将成为医学不可或缺的组成部分。同样，未来“干预基因组学”的可能性也很难预测，尽管一些“表观突变”的序列特异性及其改变的能力可能允许有针对性的治疗性修改。DNA甲基化数据和关联确定的风险和非风险单倍型可以通过单倍型特异性甲基化分析进行比较。随着全基因组、表观基因组和转录组测序数据变得容易获得，现有的第二代（也即将成为可用的第三代测序分析仪），将成为一种越来越常规的多维分析。对这些全基因组关联衍生风险因素的功能含义的简明理解，加上目前正在进行的深度测序实验中发现的罕见变异，将使个性化风险和预防分析及治疗得以实现。此外，将多倍体单倍型的鉴定方法应用到二倍体单倍型的鉴定或者将二倍体单倍型鉴定方法应用到多倍体单倍型的鉴定也是一项十分值得研究的工作，不仅可以拓宽研究思路，也有利于较好地理解多倍体与二倍体之间的联系。然而，相对于二倍体、多倍体，特殊的单倍型鉴定方法虽然覆盖面窄，但是对于一些特殊领域研究进展的推进十分有必要，尤其是困扰人类多年的肿瘤及病毒感染问题。单倍型信息的挖掘能够促进更深层次地理解、解决这些难题，为饱受其害的人们带去希望。

目前，由于现有的单倍型鉴定方法产生的单倍型可靠性存在争议，并没有十分专业的数据库来收纳这些信息。随着测序技术的不断发展，全染色体单倍型鉴定将在不久之后实现，准确性强的海量单倍型信息将会井喷式增长，这就需要组建一个专业的数据库来整理储存，方便大家使用。相信在不久的将来，全染色体单倍型的构建不再是幻想，而这将有助于提高对人类基因组的生物学理解，更好地推断祖源关系，解决现有的诸多生物学问题。此外，基于病毒及肿瘤的全染色体单倍型鉴定有利于识别驱动变异及变异间的复杂关系，为临床辅助决策提供理论依据，这对诊断、治疗和疫苗开发都会产生重要影响。

18.3　eQTL现状与未来

eQTL建立了一座从基因组到机制的桥梁。eQTL分析适用于探索遗传变异的潜在下游效应。整合GWAS和顺式eQTL分析的协同分析可以研究从因果SNP到表型的潜在调控机制，并识别多态性基因。

然而，eQTL也存在一些局限性。最大的困难之一是缺乏可用的公共数据，因为eQTL分析需要同一样本的基因分型和基因表达数据。因此，有必要充分利用现有eQTL数据库，开发新的方法来识别疾病分子标记。此外，eQTL分析中也存在一些假阳性结果，需要通过实验进行验证。

eQTL自出现以来，在许多领域得到了迅速发展。过去，eQTL研究主要集中在绘制和发现更多有意义的eQTL上。然而，在后基因组时代，eQTL和其他组学的综合分析正在迅速发展。组学数据的高通量为常见疾病（如自身免疫性疾病、神经退行性疾病和癌症）的病因学研究带来了新的视角。此外，除了eQTL之外，还有许多类QTL可以显示与eQTL的调控关联，并解释这些类QTL之间相互的潜在联系。

由于eQTL的分析框架相对简单，它也被移植到了其他组学研究中。至少有30种其他类型的分子QTL（molQTL）分析，如DNA甲基化数量性状位点（meQTL）、替代剪接数量性状位点（sQTL）、组蛋白修饰数量性状位点（hQTL）或代谢物数量性状位点（mQTL）、表达数量性状甲基化（eQTM）分析。这些分析旨在通过molQTL建立从基因组到功能机制的桥梁，解释因果位点和表型之间的关系。

eQTL分析的应用场景较为广泛。首先，转录组数据量的迅速增加促进了eQTL分析的发展。eQTL有助于揭开遗传变异和基因表达之间的神秘关系。因此，eQTL可被视为挖掘候选基因的一个新工具。这个方向的主要结果是出现了越来越多的eQTL数据库。其次，基因表达的调控不是一个独立的途径，而是一个涉及多个调控因子的网络交互系统。作为从基因组到机制的桥梁，eQTL分析有利于探索新的基因相互作用。Jansen和Nap是首先将eQTL热点与基因调控网络联系起来的人。最后，eQTL具有组织和细胞特异性。与流行的单细胞技术相结合，可以获得不同组织或细胞之间的eQTL。这种方法可以促进对某类疾病发生和发展的细胞机制的研究。《科学》杂志最近的一项研究分析了免疫系统调节的遗传基础，解释了细胞特异性eQTL如何在信号转导过程中影响基因表达。

目前，从功能角度解释遗传变异的eQTL是一个正在快速发展的领域，eQTL在未来有很多潜力可挖。eQTL是细胞/组织特异性的，单细胞RNA-seq技术为探索细胞机制提供了很大帮助。SCeQTL是一个R软件包，可以对单细胞数据进行eQTL分析，探索与细胞类型或细胞系相关的遗传变异。功能关联的遗传变异数据也在不断积累。最近，Madissoon等提供了13个健康样本的WGS数据，可用于单细胞eQTL研究。

18.4　SNP对一系列大分子结构影响的讨论

研究和预测SNP对一系列大分子结构如RNA和蛋白质的影响是非常重要的。众所周知，结构决定了大分子在生物过程中的功能，有效而准确的预测将大大加快遗传变异对疾病影响机制的研究进程。目前，各种工具被开发出来预测SNP对大分子的影响，不同的工具和方法有各自的优点和缺点，相信随着相关领域的突破，会有更多更好的方法出现。在预测对RNA结构的影响方面，全局折叠和局部折叠是主要应用方法。全局折叠对整体的预测效果较好，但对计算效率要求较高，且预测精度随着序列长度的增加而逐渐降低，因此它只能用于小于1000nt的序列。局部折叠适用于预测长序列，它通过递归方法计算长RNA序列中局部碱基对的概率，而不依赖于序列窗口的确切位置。在预测对蛋白质结构的影响方面，主要方法是从基于结构或基于序列开始，以机器学习方法为中心，其延伸为源建模方法，基于不同的机器学习算法来预测蛋白质结构。同样，不同的算法有其优点和缺点，没有一种算法可以完全优于其他算法。

可以预见，随着计算效率和预测方法的提高，SNP对大分子结构影响的预测将越来越准确。人体内大分子结构的变化往往导致生物功能的异常，甚至是疾病。相信随着科技的进步和相关领域的发展，未来人们将能够在出生时建立一套个性化的序列数据，根据SNP情况对个体进行评估，准确预测SNP引起的疾病风险并给出相应建议。不同人群的SNP是不同的，例如，由于使用的人群不同，针对某一目标的药物的疗效也大不相同。不同人群的SNP差异有可能影响药物靶点的结构。通过对人群甚至患者个体的SNP研究，可以预测相应靶点的变化，对药物进行结构调整，实现提高疗效的目的。

参考文献

Abdolmaleky HM，Nohesara S，Ghadirivasfi M，et al，2014．DNA hypermethylation of serotonin transporter gene promoter in drug naïve patients with schizophrenia．Schizophr Res，152（2/3）：373-380．

Akinyemiju T，Do AN，Patki A，et al，2018．Epigenome-wide association study of metabolic syndrome in African-American adults．Clin Epigenetics，10：49．

Anaparti V，Agarwal P，Smolik I，et al，2020．Whole blood targeted bisulfite sequencing and differential methylation in the C6ORF10 gene of patients with rheumatoid arthritis．J Rheumatol，47（11）：1614-1623．

Bakulski KM，Dolinoy DC，Sartor MA，et al，2012．Genome-wide DNA methylation differences between late-onset Alzheimer's disease and cognitively normal controls in human frontal cortex．J Alzheimers Dis，29（3）：571-588．

Bibikova M，Fan JB，2010．Genome-wide DNA methylation profiling．Wiley Interdiscip Rev Syst Biol Med，2（2）：210-223．

Conroy J，McGettigan PA，McCreary D，et al，2014．Towards the identification of a genetic basis for Landau-Kleffner syndrome．Epilepsia，55（6）：858-865．

Dayeh T，Tuomi T，Almgren P，et al，2016．DNA methylation of loci within ABCG1 and PHOSPHO1 in blood DNA is associated with future type 2 diabetes risk．Epigenetics，11（7）：482-488．

Halvorsen AR，Helland A，Fleischer T，et al，2014．Differential DNA methylation analysis of breast cancer reveals the impact of immune signaling in radiation therapy．Int J Cancer，135（9）：2085-2095．

Harlid S，Xu ZL，Kirk E，et al，2019．Hormone therapy use and breast tissue DNA methylation：analysis of epigenome wide data from the normal breast study．Epigenetics，14（2）：146-157．

Horsburgh S，Ciechomska M，O'Reilly S，2017．CpG-specific methylation at rheumatoid arthritis diagnosis as a marker of treatment response. Epigenomics, 9 (5): 595-597.

Kondratyev N, Golov A, Alfimova M, et al, 2018. Prediction of smoking by multiplex bisulfite PCR with long amplicons considering allele-specific effects on DNA methylation. Clin Epigenetics, 10 (1): 130.

Krause C, Sievert H, Geißler C, et al, 2019. Critical evaluation of the DNA-methylation markers ABCG1 and SREBF1 for Type 2 diabetes stratification. Epigenomics, 11 (8): 885-897.

Lardenoije R, Roubroeks JAY, Pishva E, et al, 2019. Alzheimer's disease-associated (hydroxy) methylomic changes in the brain and blood. Clin Epigenetics, 11 (1): 164.

Lord J, Cruchaga C, 2014. The epigenetic landscape of Alzheimer's disease. Nat Neurosci, 17: 1138-1140.

Lunnon K, Smith R, Hannon E, et al, 2014. Methylomic profiling implicates cortical deregulation of ANK1 in Alzheimer's disease. Nat Neurosci, 17 (9): 1164-1170.

Miao CG, Yang YY, He X, et al, 2013. New advances of DNA methylation and histone modifications in rheumatoid arthritis, with special emphasis on MeCP2. Cell Signal, 25 (4): 875-882.

Mordaunt CE, Jianu JM, Laufer BI, et al, 2020. Cord blood DNA methylome in newborns later diagnosed with autism spectrum disorder reflects early dysregulation of neurodevelopmental and X-linked genes. Genome Med, 12 (1): 88.

Pradhan AD, Paynter NP, Everett BM, et al, 2018. Rationale and design of the Pemafibrate to Reduce Cardiovascular Outcomes by Reducing Triglycerides in Patients with Diabetes (PROMINENT) study. Am Heart J, 206: 80-93.

Smith AR, Smith RG, Burrage J, et al, 2019. A cross-brain regions study of *ANK1* DNA methylation in different neurodegenerative diseases. Neurobiol Aging, 74: 70-76.

Vecellio M, Wu H, Lu Q, et al, 2021. The multifaceted functional role of DNA methylation in immune-mediated rheumatic diseases. Clin Rheumatol, 40 (2): 459-476.

Xu Z, Bolick SC, DeRoo LA, et al, 2013. Epigenome-wide association study of breast cancer using prospectively collected sister study samples. Xu Z, Bolick SC, DeRoo LA, 105 (10): 694-700.

Yang R, Pfütze K, Zucknick M, et al, 2015. DNA methylation array analyses identified breast cancer-associated HYAL2 methylation in peripheral blood. Int J Cancer, 136 (8): 1845-1855.

操作实现方法篇

笔者团队开发的软件、数据库及相关知识介绍会在http://www.onethird-lab.com/持续更新，敬请关注。

第十九章　全基因组亚硫酸氢盐测序数据分析

19.1　全基因组亚硫酸氢盐测序数据处理工具概述及安装使用

涉及对全基因组亚硫酸氢盐测序（WGBS）数据的处理，就要想到Bismark这套高效亚硫酸氢盐测序数据处理工具。Bismark是由Perl语言编写的，需要在命令行中运行，故采取在Linux内核（本章处理数据基于Ubuntu操作系统）下处理数据的方式进行分析。

在介绍具体的分析流程之前，应该先研究一下要分析的数据要在哪里获得及具体样式。

可以从SRA数据库和ENA数据库中获取所需数据。SRA（Sequence Read Archive）数据库隶属于NCBI，是一个保存高通量测序原始数据及比对信息和元数据（meta-data）的数据库，所有已发表文献中的高通量测序数据基本都会上传到此数据库中，以便于其他研究人员下载使用，数据库中的文件为压缩后的后缀为.sra格式的数据；ENA数据库功能与SRA基本相同，并且对数据做了注释，页面更加清晰明了，对于用户来说，最方便的是可以直接获得fastq.（gz）型数据格式的原始数据。可以根据自己的使用习惯在这两个数据库中进行数据下载，选取想下载的SRR序列号去检索即可进行下载，如果在ENA数据库中检索不到，则可以到SRA数据库中检索下载。

"工欲善其事，必先利其器"，处理数据所要用到的软件及工具包均需要事先准备好，下文按照逻辑顺序介绍WGBS数据处理过程中所要用到的软件及工具包。

19.1.1　wget

wget是Ubuntu操作系统中自带的下载文件的小工具，该工具小巧，可以下载多种数据，支持断点续传功能，不用担心下载过程中出现间断，同时支持HTTP和FTP下载方式。实际下载数据的操作命令为（wget加上数据的网络链接）

```
wget https://sra-download.ncbi.nlm.nih.gov
```

下载的文件将会保存到当前的工作目录，并默认以识别到的链接的最后一个"/"后面的文本作为文件名。如果不想使用默认文件命名方式，可以采取以下参数：

```
wget-o SRR1 https://sra-download.ncbi.nlm.nih.gov
```

其中，参数-o是指定输出文件名，SRR1则为具体输出的文件名。此外，限制下载速度（-limit-rate＝）、断点续传（-c）、后台下载（-b）也都可以按上述操作实现，故不在此赘述。

19.1.2　Aspera connect

Aspera connect软件是一款高速的文件传输软件，可以免费使用，速度可达到300～500M/s。

Aspera connect软件安装步骤

（1）使用wget命令下载Aspera Connect。

```
wget http://download.asperasoft.com/download/sw/connect/3.7.4/aspera-connect-3.7.4.147727-linux-64.tar.gz
```

（2）使用tar命令解压。

```
tar zxvf aspera-connect-3.7.4.147727-linux-64.tar.gz
```

（3）使用bash命令安装。

```
bash aspera-connect-3.7.4.147727-linux-64.sh
```

（4）永久添加环境变量，路径就是软件安装的路径，这是默认的安装路径，如果自行设置了安装路径，就改成设置好的路径。

```
echo'export PATH=~/.aspera/connect/bin:$PATH'>>~/.bashrc
```

（5）使用source命令刷新环境，使文件配置立即生效。

```
source~/.bashrc
```

（6）检测软件运行情况（图19-1），切换到设置的路径之下运行以下命令，

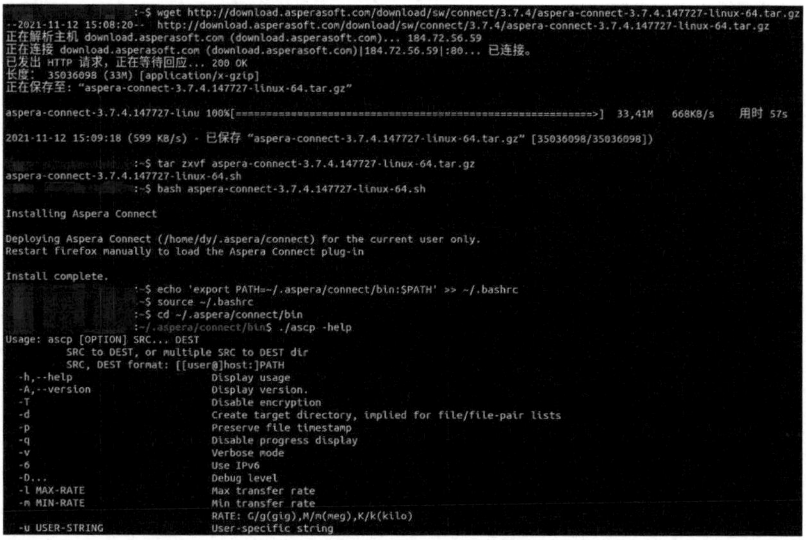

```
:~$ wget http://download.asperasoft.com/download/sw/connect/3.7.4/aspera-connect-3.7.4.147727-linux-64.tar.gz
--2021-11-12 15:08:20--  http://download.asperasoft.com/download/sw/connect/3.7.4/aspera-connect-3.7.4.147727-linux-64.tar.gz
正在解析主机 download.asperasoft.com (download.asperasoft.com)... 184.72.56.59
正在连接 download.asperasoft.com (download.asperasoft.com)|184.72.56.59|:80... 已连接。
已发出 HTTP 请求，正在等待回应... 200 OK
长度： 35036098 (33M) [application/x-gzip]
正在保存至: “aspera-connect-3.7.4.147727-linux-64.tar.gz”

aspera-connect-3.7.4.147727-linu 100%[=================================================>]  33,41M   668KB/s    用时 57s

2021-11-12 15:09:18 (599 KB/s) - 已保存 “aspera-connect-3.7.4.147727-linux-64.tar.gz” [35036098/35036098])

:~$ tar zxvf aspera-connect-3.7.4.147727-linux-64.tar.gz
aspera-connect-3.7.4.147727-linux-64.sh
:~$ bash aspera-connect-3.7.4.147727-linux-64.sh

Installing Aspera Connect

Deploying Aspera Connect (/home/dy/.aspera/connect) for the current user only.
Restart firefox manually to load the Aspera Connect plug-in

Install complete.
:~$ echo 'export PATH=~/.aspera/connect/bin:$PATH' >> ~/.bashrc
:~$ source ~/.bashrc
:~$ cd ~/.aspera/connect/bin
:~/.aspera/connect/bin$ ./ascp -help
Usage: ascp [OPTION] SRC... DEST
        SRC to DEST, or multiple SRC to DEST dir
        SRC, DEST format: [[user@]host:]PATH
  -h,--help                     Display usage
  -A,--version                  Display version.
  -T                            Disable encryption
  -d                            Create target directory, implied for file/file-pair lists
  -p                            Preserve file timestamp
  -q                            Disable progress display
  -v                            Verbose mode
  -6                            Use IPv6
  -D...                         Debug level
  -l MAX-RATE                   Max transfer rate
  -m MIN-RATE                   Min transfer rate
                                RATE: G/g(gig),M/m(meg),K/k(kilo)
  -u USER-STRING                User-specific string
```

图19-1　检测软件运行情况

出现软件的帮助信息即表示软件安装成功。

```
./ascp-help
```

在下载数据过程中，主要运用ascp命令进行数据下载，其运行方式为ascp[调控参数]目标文件保存路径。

（1）使用示例：

```
./ascp-Q-T-l 500m-P 33001-K 1-i~/asperaweb_id_dsa.openssh era-fasp@fasp.sra.ebi.ac.uk:/vol1/srr/SRR020/SRR020138~/yy
```

（2）主要参数释义（表19-1）：

表19-1 ascp命令参数释义

参数	功能详解
-h/--help	显示ascp命令的用法即各种参数的使用方法
-A/--version	显示版本信息
-T	取消加密，不添加此参数导致部分数据无法下载
-d	创建目标目录
-p	保留文件的时间戳
-q	禁用进度显示，不显示程序的进度
-v	详细模式，实时显示程序进度
-6	选择互联网协议为IPv6
-D	调试级别
-l	设置最大传输速度，一般为200～500MB，如果不设置，下载速度会按照默认值运行，耗时较长
-m	设置最小传输速度
-u	用户特定字符串
-i	提供私钥文件的地址，不可或缺，Linux处理内核下一般使用此密钥~/.aspera/connect/etc/asperaweb_id_dsa.openssh
-w	带宽测试
-K	带宽测量的探测速率
-k	断点续传，一般设置值为1即可
-Z	手动设置调制解调器
-g	读取的块大小
-G	写入的块大小
-L	本地日志目录
-R	远程日志目录
-S	远程ascp的命令行名称

续表

参数	功能详解
-e	前置和后置命令行文件路径
-O	FASP使用的UDP端口
-P	SSH使用的TCP端口，端口一般是33001
-C	并行传输
-E	重复进行多种模式
-f	指定备用配置文件路径
-W	指定要传输的TOKEN-STRING
-@	设置后仅传输文件内的范围
-X	重传请求的大小
-Q	一般需要加上此参数

19.1.3　SRA Toolkit

SRA Toolkit是NCBI提供的用于处理来自SRA数据库测序数据的一个工具包，可以从SRA数据库中批量下载实验所需的数据，调用fastq-dump可以把压缩后的.sra原始数据文件转换成后续分析使用的.fastq文件，并将双端测序文件区分开来。

SRA Toolkit工具包安装流程（图19-2）

（1）使用wget命令下载SRA Toolkit工具包安装包。

```
wget https://ftp-trace.ncbi.nlm.nih.gov/sra/sdk/2.11.3/sratoolkit.2.11.3-ubuntu64.tar.gz
```

（2）使用tar命令解压，解压后工具包即可正常使用。

```
tar xzf sratoolkit.current-centos_linux64.tar.gz
```

（3）根据实际安装情况设置环境变量。

```
echo” export PATH=$PATH:~/sratoolkit.2.11.0-ubuntu64/bin” >>~/.bashrc
```

（4）使用source命令刷新环境，使文件配置立即生效。

```
source~/.bashrc
```

（5）检查工具包运行情况，切换到工具包下的/bin目录下运行如下命令，出现帮助信息即表示工具包安装成功。

```
./prefetch-h
```

SRA Toolkit工具包使用步骤

（1）找到实验所需数据的SRR序列号，然后直接调用工具包中prefetch命令下载单个数据。

```
./prefetch SRR1482463
```

图19-2　SRA Toolkit安装示例

（2）批量下载多个数据，需要先在SRA数据库中检索所需数据，并在数据库中下载SRR序列号文本文件。

```
./prefetch--option-file SRR_Acc_List.txt
```

（3）prefetch命令参数释义（表19-2）

表19-2　prefetch命令参数释义

参数	功能详解
-T/--type	指定文件下载类型，默认类型为.sra
-N/--min-size	下载的最小文件大小，单位：KB
-X/--max-size	下载的最大文件大小，单位：KB，默认20G
-f/--force	强制对象下载，搭配no、yes、all、ALL使用。no：默认搭配，如果找到并完成了对象，则跳过下载；yes：即使找到并完成了也要下载；all：忽略锁定文件；ALL：忽略锁定文件，并从头开始下载
-p/--progress	展示运行进程
-r/--resume	恢复部分下载，搭配yes(默认)、no
-C/--verify	下载后验证，搭配yes(默认)、no
-c/--check-all	仔细检查所有参考序列
-S/--check-rs	检查下载文件中的参考序列，搭配yes、no、smart使用。yes：全部检查；no：不检查；smart(默认)：跳过大型加密非静态文件的检查

续表

参数	功能详解
-o/--output-file	将输出文件写入指定路径，针对单一文件
-O/--output-directory	将输出文件写入指定路径
-V/--version	显示程序版本
-v/--verbose	增加程序状态消息的详细程度。使用多次表示更详细的内容
--option-file	从文件中读取更多选项和参数
-h/--heip	显示ascp用法

（4）SRA数据库下载得到的原始数据不能直接用于数据处理，需要调用工具包中的fastq-dump命令为数据拆包，单端测序文件会生成一个文件，双端测序文件则会被拆分成两个文件，以下运行代码对单/双端测序文件完全适用。

```
fastq-dump--split-3 SRR1482463
```

19.1.4　Perl语言在Ubuntu操作系统的安装

安装示例

（1）使用wget命令下载Perl语言安装包。

```
wget https://www.cpan.org/src/5.0/perl-5.34.0.tar.gz
```

（2）使用tar命令解压。

```
tar-xzf perl-5.34.0.tar.gz
```

（3）切换到Perl安装包目录下。

```
cd perl-5.34.0
```

（4）调用./Configure安装Perl。

```
./Configure-des-Dprefix=$HOME/localperl
```

（5）源代码包编译。

```
make
```

如果运行此命令显示缺少gcc包，则需要将工作目录切换到主目录，然后运行此命令：

```
sudo apt install gcc
```

完成此命令后从步骤（3）开始继续运行命令即可。

（6）核对编译。

（7）make test。

（8）安装Perl。

（9）make install。

（10）检验是否安装成功。

```
perl--version
```

实例展示

Perl的安装过程运行时间比较长，命令行信息较多，不能完全展示出来，下面只展示运行成功的图像资料。当发现缺少gcc包运行命令并解决这一问题后，再次运行命令后会在运行结束时提示进入下一步骤，并不会报错，如下所示：

```
./Configure-des-Dprefix=$HOME/localperl
```

```
Now you must run 'make'.

If you compile perl5 on a different machine or from a different object
directory, copy the Policy.sh file from this object directory to the
new one before you run Configure -- this will help you with most of
the policy defaults.
```

```
make
```

```
make[1]: 离开目录"/home/dy/perl-5.34.0/utils"

        Everything is up to date. Type 'make test' to run test suite.
```

```
make test
```

```
All tests successful.
Elapsed: 1043 sec
u=19.15  s=36.16  cu=534.26  cs=263.97  scripts=2449  tests=1185575
```

```
make install
```

命令运行完毕后，程序不报错即可认为安装完毕，可使用命令：

```
perl--version
```

进行核验（图19-3），显示Perl的版本号即可认为安装成功。

```
This is perl 5, version 30, subversion 0 (v5.30.0) built for x86_64-linux-gnu-thread-multi
(with 50 registered patches, see perl -V for more detail)

Copyright 1987-2019, Larry Wall

Perl may be copied only under the terms of either the Artistic License or the
GNU General Public License, which may be found in the Perl 5 source kit.

Complete documentation for Perl, including FAQ lists, should be found on
this system using "man perl" or "perldoc perl".  If you have access to the
Internet, point your browser at http://www.perl.org/, the Perl Home Page.
```

图19-3　进行核验

19.1.5　Bowtie2

Bowtie2是将测序reads与长参考序列进行比对的工具，适用于长度50至100或1000字符的reads与相对较长的基因组（如哺乳动物）的比对。Bowtie2使用FM索引（基于Burrows-Wheeler Transform或BWT）对基因组进行索引，以此来保持其占用较小内存。对于人类基因组来说，内存占用在3.2G左右。Bowtie2支持间隔、局部和双端对齐模式。修改默认参数可以同时使用多个处理器来极大地提升比对速度。

Bowtie2安装流程（图19-4）

（1）使用wget命令下载Bowtie2安装包。

```
wget https://jaist.dl.sourceforge.net/project/bowtie-bio/bowtie2/2.4.4/bowtie2-2.4.4-linux-x86_64.zip
```

（2）使用unzip命令解压。

```
unzip bowtie2-2.4.4-linux-x86_64.zip
```

```
dy@dy-virtual-machine:~$ wget https://jaist.dl.sourceforge.net/project/bowtie-bio/bowtie2/2.4.4/bowtie2-2.4.4-linux-x86_64.zip
--2021-11-12 17:23:58--  https://jaist.dl.sourceforge.net/project/bowtie-bio/bowtie2/2.4.4/bowtie2-2.4.4-linux-x86_64.zip
正在解析主机 jaist.dl.sourceforge.net (jaist.dl.sourceforge.net)... 150.65.7.130, 2001:df0:2ed:feed::feed
正在连接 jaist.dl.sourceforge.net (jaist.dl.sourceforge.net)|150.65.7.130|:443... 已连接。
已发出 HTTP 请求，正在等待回应... 200 OK
长度： 73267840 (70M) [application/octet-stream]
正在保存至: "bowtie2-2.4.4-linux-x86_64.zip"

bowtie2-2.4.4-linux-x86_64.zip    99%[=====================================================> ] 69,87M  110KB/s    剩余 9s
段错误 (核心已转储)
dy@dy-virtual-machine:~$ wget -c https://jaist.dl.sourceforge.net/project/bowtie-bio/bowtie2/2.4.4/bowtie2-2.4.4-linux-x86_64.zip
--2021-11-12 17:38:41--  https://jaist.dl.sourceforge.net/project/bowtie-bio/bowtie2/2.4.4/bowtie2-2.4.4-linux-x86_64.zip
正在解析主机 jaist.dl.sourceforge.net (jaist.dl.sourceforge.net)... 150.65.7.130, 2001:df0:2ed:feed::feed
正在连接 jaist.dl.sourceforge.net (jaist.dl.sourceforge.net)|150.65.7.130|:443... 已连接。
已发出 HTTP 请求，正在等待回应... 302 Found
位置: http://downloads.sourceforge.net/mirrorproblem?failedmirror=jaist.dl.sourceforge.net [跟随至新的 URL]
--2021-11-12 17:38:41--  http://downloads.sourceforge.net/mirrorproblem?failedmirror=jaist.dl.sourceforge.net
正在解析主机 downloads.sourceforge.net (downloads.sourceforge.net)... 204.68.111.105
正在连接 downloads.sourceforge.net (downloads.sourceforge.net)|204.68.111.105|:80... 已连接。
已发出 HTTP 请求，正在等待回应... 200 OK

    文件已下载完成；不会进行任何操作。

dy@dy-virtual-machine:~$ unzip bowtie2-2.4.4-linux-x86_64.zip
Archive:  bowtie2-2.4.4-linux-x86_64.zip
   creating: bowtie2-2.4.4-linux-x86_64/
  inflating: bowtie2-2.4.4-linux-x86_64/bowtie2-inspect-s-debug
  inflating: bowtie2-2.4.4-linux-x86_64/LICENSE
   creating: bowtie2-2.4.4-linux-x86_64/doc/
  inflating: bowtie2-2.4.4-linux-x86_64/doc/README
  inflating: bowtie2-2.4.4-linux-x86_64/doc/manual.html
  inflating: bowtie2-2.4.4-linux-x86_64/doc/style.css
  inflating: bowtie2-2.4.4-linux-x86_64/bowtie2-align-s
  inflating: bowtie2-2.4.4-linux-x86_64/MANUAL
  inflating: bowtie2-2.4.4-linux-x86_64/bowtie2-build-s
  inflating: bowtie2-2.4.4-linux-x86_64/NEWS
  inflating: bowtie2-2.4.4-linux-x86_64/bowtie2-build-l-debug
  inflating: bowtie2-2.4.4-linux-x86_64/AUTHORS
  inflating: bowtie2-2.4.4-linux-x86_64/bowtie2-inspect-l
  inflating: bowtie2-2.4.4-linux-x86_64/bowtie2-align-s-debug
  inflating: bowtie2-2.4.4-linux-x86_64/bowtie2-align-l-debug
y@dy-virtual-machine:~$ echo 'export PATH=~/software/bowtie2/bowtie2-2.4.4-linux-x86_64:$PATH' >> ~/.bashrc
y@dy-virtual-machine:~$ source ~/.bashrc
```

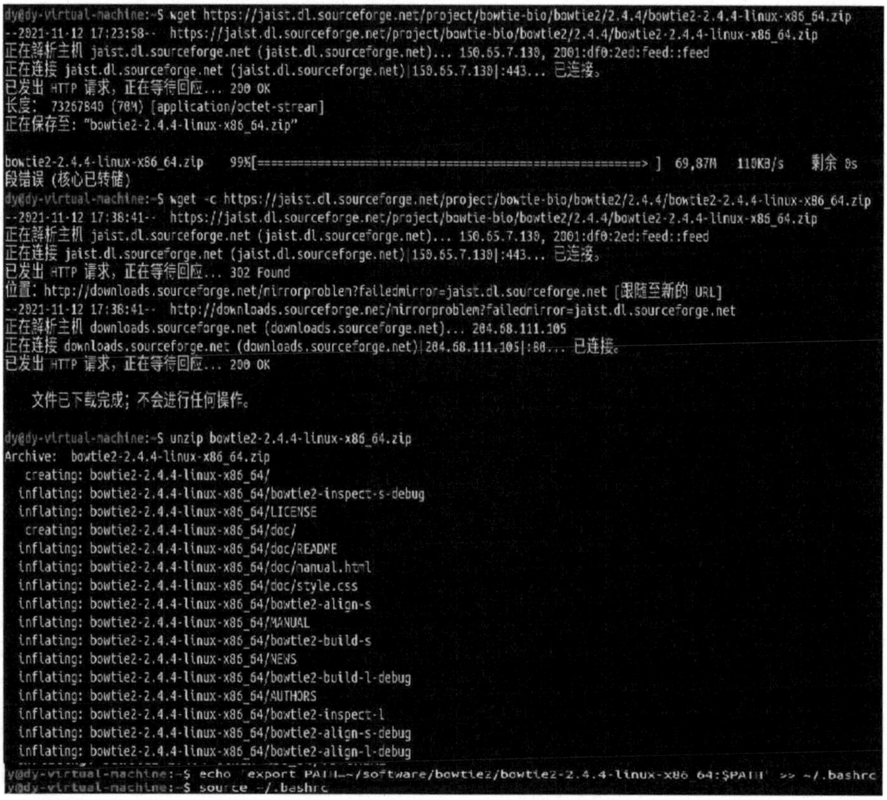

图19-4　Bowtie2安装示例

（3）添加到环境变量，路径根据实际情况填写。

```
echo 'export PATH=~/software/bowtie2/bowtie2-2.4.4-linux-x86_64:$-PATH' >>~/.bashrc
```

（4）使用source命令刷新环境，使文件配置立即生效。

```
source~/.bashrc
```

如本操作示例由于网络波动导致安装包在下载时提示出现核心转储错误，则需要用到wget命令的参数-c控制程序继续下载安装包。

19.1.6 Samtools

Samtools是一个用于操作.sam和.bam文件的工具合集，能够实现二进制查看、格式转换、排序及合并等功能，在Bismark处理数据时辅助生成实验所需的格式文件。

安装流程

（1）使用wget命令下载安装包。

```
wget-c https://github.com/samtools/samtools/releases/download/1.9/samtools-1.9.tar.bz2
```

（2）使用tar命令解压。

```
tar jxvf samtools-1.9.tar.bz2
```

（3）切换到安装包目录下调用configure进行安装。

```
./configure--prefix=/home/vip47/biosoft/samtools-1.9
```

--prefix后面的路径要确保是绝对路径，即从盘符开始的完整路径。

（4）使用make命令编译后安装。

```
make
make install
```

（5）检查工具运行状态，显示帮助文档即证明安装成功。

```
./samtools--help
```

19.1.7 Bismark

Bismark是一个灵活的工具，可以高效分析BS-Seq数据，方便进行读段比对和甲基化探测，Bismark能区分CpG、CHG和CHH，允许用户通过可视化来解释数据。Bismark的运行需要Perl和Bowtie2的支持。此外，对电脑硬件也有要求，需至少5个CpU和12G的RAM（内存）。运行Bismark之前最好检查一下内存，运行内存大于16G时更不容易出错。

安装流程（图19-5）

（1）使用wget命令下载安装包。

```
wget https://github.com/FelixKrueger/Bismark/archive/0.22.3.tar.gz
```

（2）使用tar命令解压。

```
tar xzf 0.22.3.tar.gz
```

（3）配置环境变量。

```
echo'export PATH=~/Bismark_v0.19.0:$PATH'>>~/.bashrc
```

（4）使用source命令刷新环境，使文件配置立即生效。

```
source~/.bashrc
```

```
                 ~$ wget https://github.com/FelixKrueger/Bismark/archive/0.22.3.tar.gz
--2021-11-12 18:45:49--  https://github.com/FelixKrueger/Bismark/archive/0.22.3.tar.gz
正在解析主机 github.com (github.com)... 20.205.243.166
正在连接 github.com (github.com)|20.205.243.166|:443... 已连接。
已发出 HTTP 请求，正在等待回应... 302 Found
位置: https://codeload.github.com/FelixKrueger/Bismark/tar.gz/0.22.3 [跟随至新的 URL]
--2021-11-12 18:45:50--  https://codeload.github.com/FelixKrueger/Bismark/tar.gz/0.22.3
正在解析主机 codeload.github.com (codeload.github.com)... 20.205.243.165
正在连接 codeload.github.com (codeload.github.com)|20.205.243.165|:443... 已连接。
已发出 HTTP 请求，正在等待回应... 200 OK
长度: 未指定 [application/x-gzip]
正在保存至: “0.22.3.tar.gz”

0.22.3.tar.gz                  [                       <=>

2021-11-12 18:46:16 (353 KB/s) - “0.22.3.tar.gz” 已保存 [8795638]

                 :~$ tar xzf 0.22.3.tar.gz
                 :~$ echo 'export PATH=~/Bismark-0.22.3:$PATH' >> ~/.bashrc
                 :~$ source ~/.bashrc
```

图19-5　安装示例

Bismark用法及参数（表19-3）

```
bismark[options（参数）]<genome_folder>{-1<mates1>-2<mates2>|<singles>}
```

（1）<genome_folder>：包含未修改的参考基因组的文件夹路径，以及由工具包中自带的Bismark_Genome_Preparation脚本创建的子文件夹。Bismark要求此文件夹中有一个或多个FASTA文件（文件扩展名:.fa，.fa.gz或.fasta或.fasta.gz）。路径可以是相对的，也可以是绝对的。

（2）<mates1>：以逗号分隔的包含#1匹配项的文件列表（文件名通常包含“_1”），如flyA_1.fq、flyB_1.fq。使用此选项指定的序列必须与<mates2>中指定的序列对应。读数可能是不同长度的混合。Bismark将为每对端输入文件对生成一个映射结果和一个报告文件。

（3）<mates2>：以逗号分隔的包含#2匹配项的文件列表（文件名通常包含“_2”），如flyA_2.fq、flyB_2.fq。使用此选项指定的序列必须与<mates1>中指定的序列对应。读数可能是不同长度的混合。

（4）<singles>：以逗号或空格分隔的文件列表，包含要对齐的读数（如lane1.

fq、lane2.fq、lane3.fq)。读数可能是不同长度的混合。Bismark将为每个输入文件生成一个映射结果和一个报告文件。请注意，应该结合--basename提供一个文件列表，因为输出文件会不断地相互覆盖。

表 19-3　Bismark参数及释义

比对过程参数	功能详解
--se/--single_end	设置单端映射模式
-q/--fastq	查询输入文件是FASTQ文件，是默认设置
-f/--fasta	查询输入文件是FASTA文件。FASTA文件应该在一行中包含读取名称和序列(而不是分散在几行中)
-s/--skip	跳过设置的第一个reads或reads对
-u/--upto	仅对其输入中的第一个reads或reads对，默认无限制
--path_to_bowtie2	指定系统上安装的Bowtie2路径
-o/--output_dir	将所有输出文件写入此目录。默认情况下，输出文件将被写入与输入文件相同的文件夹。如果指定的文件夹不存在，Bismark将尝试创建它。输出文件夹的路径可以是相对的，也可以是绝对的
--gzip	临时亚硫酸氢盐转换文件将以GZIP压缩形式写出，以节省磁盘空间。此选项适用于大多数对齐模式，但不适用于成对端FASTA文件。这个选项可能比写出未压缩的文件稍微慢一些，但这有待进一步测试
--sam	输出将以SAM格式写出，而不是默认的BAM格式。请注意，这需要大约10倍的磁盘空间。--sam与选项--parallel不兼容
--bam	Bismark将尝试使用"--samtools_path"指定的samtools路径，如果尚未指定，尝试在路径中查找Samtools。如果找不到工具的安装，输出将改为用GZIP压缩(产生一个.sam.gz输出文件)。默认设置：开
--samtools_path	指定系统中安装的samtools工具的路径
--prefix	可使前缀为file.fq的测试文件输出为test.file.fq_bismark.sam
--phred33-quals/--phred64-quals	指定FASTQ文件的质量分数格式，默认为phred33
-N	设置seed中允许的最大错配数，可取0或1，默认为0。值越高，对齐速度越慢，灵敏度越高
-L	设置seed长度，最大值为32，默认为20。值越高，对齐速度越快，灵敏度越低。
--no_overlap	避免因双端读取read_1和read_2理论上的重叠，导致甲基化重复计算。可能会删去相当大部分的数据，对于双端数据的处理，默认情况下此选项处于启用状态，可以使用--include_overlap禁用

19.2　WGBS数据处理示例

19.2.1　数据下载及质控

使用wget命令下载hg38参考基因组。此参考基因组不是唯一，可根据实验需求自行选择参考基因组版本。

```
wget http://hgdownload.cse.ucsc.edu/goldenPath/hg38/bigZips/hg38.fa.gz
```

由于下载过程中可能会出现数据传输异常，所以需要下载质量控制文件md5sum.txt，以检验下载参考基因组数据的完整性。依次运行以下命令：

（1）查看文件内容。

```
cat md5sum.txt
```

（2）选择下载的参考基因组的md5校验码。

```
echo 1c9dcaddfa41027f17cd8f7a82c7293b hg38.fa.gz>check_md5sum_hg38.md5
```

（3）运行以下命令进行数据核验（图19-6）。

```
md5sum-c check_md5sum_hg38.md5
```

（4）最后显示为hg38.fa.gz:OK/成功，证明所下载数据无误。

特别提醒：原始数据下载完毕后在校验数据之前一定不要解压缩，解压缩之后无法进行数据校验，重新压缩数据也不可行。

```
1  > cat md5sum.txt
2  dcc3ea27079aa6dc3f9deccd7275e0f8  hg38.2bit
3  1d97953254e25acd112a94895f01c039  hg38.agp.gz
4  1c9dcaddfa41027f17cd8f7a82c7293b  hg38.fa.gz
5  435423b167c13a2388d5691dc10a4750  hg38.fa.masked.gz
6  820796b72974d077281b3386c4fb8295  hg38.fa.out.gz
7  7645bc6e919eeb19bfc62451afc3c248  hg38.trf.bed.gz
8  a5aa5da14ccf3d259c4308f7b2c18cb0  hg38.chromFa.tar.gz
9  e9fddcb1663dd303f1f5d6cbb71d6a82  hg38.chromFaMasked.tar.gz
10 92910523b903753216ac18945c788d81  hg38.fa.align.gz
11 273fedff7f16fa2bed0d70c75f79caa2  hg38.gc5Base.wigVarStep.gz
12 9ed58d68e0998d511a8a58f4f748ce84  hg38.gc5Base.wib
13 c82fddc1c8ce3120cb5863f7384ed177  hg38.gc5Base.wig.gz
14 > echo 1c9dcaddfa41027f17cd8f7a82c7293b  hg38.fa.gz > check_md5sum_hg38.txt #复制hg38.fa.gz的MD
15 > md5sum -c check_md5_hg38.txt #验证
16 hg38.fa.gz: 成功
```

图19-6　数据核验

运行以下命令会得到一个名为hg38.fa的文件，此文件为处理后的参考基因组文件。

```
gunzip hg38.fa.gz
```

19.2.2　BS-Seq reads数据获取、校验及拆包

在WGBS数据处理工具概述及安装使用部分中，提及了三种下载数据的方法，即wget命令直接下载、Aspera connect软件下载及SRA Toolkit工具包下载，在使用这三种方法下载测序深度较大的数据时，由于网络不稳定会导致传输不稳

定甚至传输中断，虽然传输中断后可以采取断点续传的方式来解决这一问题，但还是不能确保数据的完整性，所以当数据下载完成后需要第一时间来确认。这就需要再次用到md5校正，但是不同于参考基因组的校正方法，其不需要下载校正所需的文本文件，而是数据本身自带md5校验的。数据获取和校验可以通过以下方式来实现：

数据获取方式参考wget命令直接下载、Aspera connect软件使用方法及SRA Toolkit工具包使用方法，其中详细介绍了如何获取BS-Seq reads数据。

运行环境调整至SRA Toolkit工具包的bin目录下，直接运行以下命令即可实现数据校验（图19-7）：

```
vdb-validate SRR14902329
```

```
2021-11-01T06:45:58 vdb-validate.2.10.9 info: Database 'SRR14902329.1' metadata: md5 ok
2021-11-01T06:45:58 vdb-validate.2.10.9 info: Table 'SEQUENCE' metadata: md5 ok
2021-11-01T06:45:59 vdb-validate.2.10.9 info: Column 'ALTREAD': checksums ok
2021-11-01T06:46:33 vdb-validate.2.10.9 info: Column 'QUALITY': checksums ok
2021-11-01T06:47:22 vdb-validate.2.10.9 info: Column 'READ': checksums ok
2021-11-01T06:47:24 vdb-validate.2.10.9 info: Column 'READ_LEN': checksums ok
2021-11-01T06:47:27 vdb-validate.2.10.9 info: Column 'READ_START': checksums ok
2021-11-01T06:47:29 vdb-validate.2.10.9 info: Column 'SPOT_GROUP': checksums ok
2021-11-01T06:47:29 vdb-validate.2.10.9 info: Database 'SRR14902329.1' contains only unaligned reads
2021-11-01T06:47:29 vdb-validate.2.10.9 info: Database 'SRR14902329.1' is consistent
```

图19-7　数据完整无误

出现以上界面信息证明在数据下载过程中未出现意外，即所下载的数据是完整无误的，可以进行下一步分析。

数据处理要求文件为.fastq格式，由于在SRA数据库下载得到的原始数据不是正确的输入格式，需要调用SRA Toolkit工具包中的fastq-dump命令为数据拆包，单端测序文件会生成一个文件，双端测序文件则会被拆分成两个文件，以下运行代码对单/双端测序文件完全适用：

```
fastq-dump--split-3 SRR1482463
```

19.2.3　多工具协作进行数据处理

WGBS数据处理主要依靠Bismark软件，首先需要把运行目录切换到Bismark工具下，直接输入：

```
cd Path_to_Bismark
```

先对参考基因组构建索引，构建索引需要Bismark首先对基因组进行两种转换，即将原始序列中的C全部转换成T，将原始序列中的G全部转换成A，然后调用Bowtie2对转换后的序列构建索引。Bowtie2比对时支持插入缺失，对于目前主流测序平台产生的数据，此软件均可支持。此外，构建索引需要一定的时间，要耐心等待，但之后处理WGBS数据时可直接调用。具体操作示例如下：

./bismark_genome_preparation--path_to_bowtie2（指定bowtie2路径进行调用）/home/server/software/bowtie2/bowtie2-2.4.4-linux-x86_64/--verbose（输出信息）~/genome/hg38/

运行完毕后会在genome文件夹下生成名为Bisulfite_Genome的文件夹，其中包含两个文件夹，名称分别为CT_conversion、GA_conversion，在这两个文件夹中分别包含了七个文件，如果出现图19-8中结果（仅展示一个文件夹中结果，另一个文件夹结果即把CT换成GA），即证明目前已成功对参考基因组构建索引。

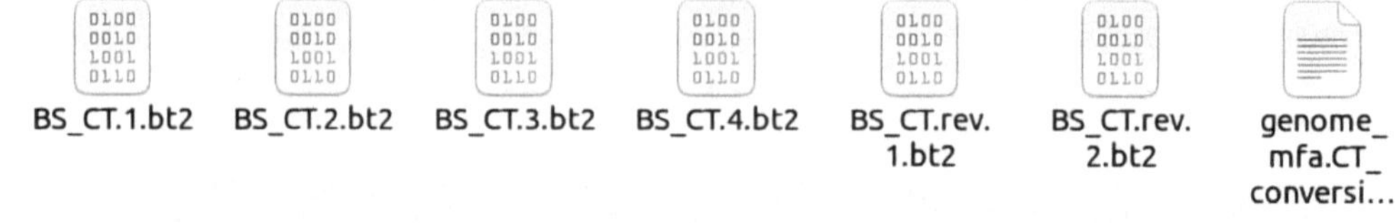

图19-8　CT_conversion文件夹中结果示例

接下来需要进行序列比对。在数据库中下载的数据分为单端和双端测序，序列比对过程中对于单端测序和双端测序数据的处理方法及结果稍有不同。在序列比对过程中也需要指定Bowtie2的路径，以及调用samtools工具输出正确格式的结果文件。

（1）单端测序数据。

./bismark-s--samtools_path~/samtools-1.9--path_to_bowtie2~/bowtie2-2.4.4-linux-x86_64~/genome/./test_data.fastq-o./results（指定输出文件夹）

运行以上命令会产生名为test_data_bismark_bt2.bam和test_data_bismark_bt2_SE_report.txt的结果文件。

（2）双端测序数据。

./bismark--samtools_path~/samtools-1.9--path_to_bowtie2~/bowtie2-2.4.4-linux-x86_64/~/genome/-1./travis_files/test_R1.fastq-2./travis_files/test_R2.fastq-p2-o./results

运行以上命令会产生名为test_R1_bismark_bt2_pe.bam和test_R1_bismark_PE_report.txt的结果文件。

此外，进行WGBS数据处理需要做去重处理，因为在测序过程中基因组是在随机的地方被剪切的，那么就不会得到所有reads都相同的开头。但对于RRBS（限制性内切酶-亚硫酸氢盐靶向测序），测得的序列总是从Mspl限制性酶切位点开始，当研究者对片段进行测序时，会得到重复的序列，因为它们总是由那些剪切位点开始的。如果做了去重处理，会把大量有用的reads都删掉，所以WGBS数据需要去重，RRBS数据一定不可以去重。删除重复数据的步骤对单端测序数据和双端测序数据也有不同的要求。

（1）单端测序数据。

```
./deduplicate_bismark-s--samtools_path~/samtools-1.9--bam./results/test_data_bismark_bt2.bam--output_dir./results
```

运行以上命令会产生名为test_data_bismark_bt2.deduplicated.bam和test_data_bismark_bt2_se.deduplication_report.txt的结果文件。

（2）双端测序数据。

```
./deduplicate_bismark-p--samtools_path~/samtools-1.9--bam./results/test_R1_bismark_bt2_pe.bam--output_dir./results
```

运行以上命令会产生名为test.file.R1_bismark_bt2_pe.deduplicated.bam和test.file.R1_bismark_bt2_pe.deduplication_report.txt的结果文件。

接下来需要进行甲基化信息提取。甲基化提取过程亦有单端测序数据及双端测序数据之分，但输出结果类型是相同的，而且结果也可以通过控制命令行参数来调控。

（1）单端测序数据。

```
./bismark_methylation_extractor-s--samtools_path~samtools-1.9--bedGraph--buffer_size 10G--cytosine_report--comprehensive--genome_folder~/genome/~/test_data_bismark_bt2.deduplicated.bam-o./results
```

（2）双端测序数据。

```
./bismark_methylation_extractor-p--samtools_path~/samtools-1.9--bedGraph--buffer_size 10G--cytosine_report--comprehensive--genome_folder~/genome/~/test.file.R1_bismark_bt2_pe.deduplicated.bam-o./results
```

其中参数释义如下：

-s/--single-end指定数据为单端测序。

-p/--paired-end指定数据为双端测序。

--comprehensive添加该参数将把4个可能的链特异甲基化信息加入输出文件中。

--bedGraph-counts生成bedGraph文件，可以用来得到全基因组范围的胞嘧啶报告。

--buffer_size甲基化信息进行排序时指定内存，默认是2G，示例中是10G。

--cytosine_report产生一个储存CpG甲基化信息的报告。

运行完毕后会生成三个名为CpG_context_test_dataset_bismark_bt2.txt.gz、CHG_context_test_dataset_bismark_bt2.txt.gz及CHH_context_test_dataset_bismark_bt2.txt.gz的文件，代表胞嘧啶在CpG、CHG及CHH背景下的信息，还会生成一个基于0的

基因组起始和基于1结束的坐标文件bedGraph，它按染色体坐标排序，共有4列，依次代表染色体、起始位置、终止位置及甲基化百分数。还会生成一个名为test_R1_bismark_bt2_pe.deduplicated.CpG_report.txt的全基因组胞嘧啶甲基化报告和名为test_R1_bismark_bt2_pe.deduplicated.bismark.cov.gz的数据，共有6列，依次代表染色体、起始位置、终止位置、甲基化百分数、甲基化计数及非甲基化计数。虽然这不是分析的最后一步，但实验需要的数据已经挖掘出来，就是输出.cov文件，通过.cov文件中的数据可以计算出β值，经过后续整合可以整理出一个实验所有样本的β值矩阵，然后可以针对矩阵进行后续分析，以达到实验目的。

最后，生成Bismark HTML报告。

（1）操作命令：

```
cd~/results
~/Bismark/bismark2report
```

为了方便操作，可以把运行目录切换到生成的结果文件夹，然后调用Bismark2report命令即可完成网页报告的输出。当然也可以通过选择参数来控制结果。

（2）参数释义（表19-4）：

表19-4　相关参数及释义

网页报告参数	功能详解
--alignment_report	指定为比对报告生成HTML报告
--dedup_report	指定为生成去重报告
--splitting_report	指定为甲基化提取的splitting文件生成报告
--mbias_report	指定为M-bias文件生成报告
--nucleotide_report	指定为核酸文件生成报告

（3）Bismark HTML报告分析：命令执行完毕后，会在结果文件夹中生成.html文件，点击即可查看最终的Bismark网页报告。报告中所展示的内容根据参数设置的不同会有所不同，一般的网页报告包含以下内容。①Alignment Stats：代表总的序列数、没有比对上的序列数、唯一比对的序列数和比对到基因组多个位置的序列数；②Cytosine Methylatio：甲基化位点的汇总信息，包括CpG、CHG、CHH下甲基化和非甲基化C的数目和比例；③Alignment to Individual Bisulfite Strand：比对到OT、CTOT、CTOB、OB 4种链的reads的数量；④Deduplication；⑤Cytosine Methylation after Extraction：提取后胞嘧啶甲基化的信息。

第二十章　全基因组测序数据分析

全基因组测序的英文是whole genome sequencing，简称WGS，目前默认指的是人类的全基因组测序。WGS技术指的就是把物种细胞中完整的基因组序列由第1个DNA开始一直到最后一个DNA结束，完完整整地检测出来，并排列好，因此这个技术几乎能够鉴定出所测基因组上任何类型的突变。对于人类来说，WGS的价值极大，它包含了所有基因和生命特征之间的内在关联性，当然也意味着更多的数据解读和更高的技术挑战。

令人兴奋的是，随着科学技术的发展，数据解读已经成为现实，本章主要介绍获得WGS数据之后的分析并从中获取到有价值的数据的过程。

20.1　WGS数据处理工具概述及安装运用

由于WGS数据分析过程中应用到的Aspera connect、SRA Toolkit及Samtools工具和WGBS数据处理过程的工具一样，故不在此作详细介绍。

20.1.1　Burrows-Wheeler-Alignment Tool（BWA）

BWA是一种能够将差异度较小的序列比对到一个较大的参考基因组的软件包。虽然从理论上讲，BWA适用于任意长读取，但在长读取时，其性能会下降，尤其是在测序错误率较高时。此外，BWA始终要求从第一个碱基到最后一个碱基（即全局读取）对齐完整读取，但较长的读取更有可能被参考基因组中的结构变异或错误组装中断，这将使BWA进程失败。对于长读取，可能更好的解决方案是将读取分成多个短片段，将片段与上述算法分开对齐，然后加入部分对齐以获得读取的完全对齐。因此BWA可以将短的测序读数与大的参考序列如人类基因组有效对准，允许错配和空白。此外，BWA还支持碱基空间读数，如来自Illumina测序机的读数，以及来自AB SOLiD机器的颜色空间读数。对模拟数据和真实数据的评估表明，BWA以新的标准SAM（sequence alignment/map）格式输出排列。对齐后的变异调用和其他下游分析可以通过开源的SAMtools软件包实现。

BWA是一个软件包，用于对照大型参考基因组（如人类基因组）绘制低分化序列。它由三种算法组成：BWA-backtrack、BWA-SW和BWA-MEM。第一个算法是为Illumina序列读数不超过100bp而设计的，而其余两个算法是为70～100bp的较长序列设计的。BWA-MEM和BWA-SW有类似的功能，如长读支持和拆分排列，但BWA-MEM是最新的，一般推荐用于高质量的查询，因为它更快、更准确。对于70～100bp的Illumina读数，BWA-MEM也比BWA-backtrack有更好的性能。

对于所有的算法，BWA首先需要构建参考基因组的FM-索引（索引命令）。对齐算法用不同的子命令调用：aln/samse/sampe调用BWA-backtrack，bwasw调用BWA-SW和mem调用BWA-MEM。

BWA安装流程

（1）下载安装包。

```
wget http://sourceforge.net/projects/bio-bwa/files/bwa-0.7.17.tar.bz2
```

（2）tar命令解压。

```
tar-jxvf bwa-0.7.17.tar.bz2
```

（3）编译安装包。

```
cd bwa-0.7.17/
make
```

（4）调用--help参数出现帮助界面显示BWA安装成功。

BWA使用方法

（1）建立索引——index。

1）使用方法

```
bwa index[-p prefix][-a algoType]<in.db.fasta>
```

2）参数释义

-p STR输出数据库的前缀，与db文件名相同。

-a STR构建index的算法，有以下两个选项：is是默认的算法，虽然相对较快，但是需要较大的内存，当构建的数据库大于2GB时就不能正常工作了；bwtsw对于短的参考序列是不工作的，必须要大于或等于10MB，但能用于较大的基因组数据，如人的全基因组。

（2）BWA-MEM。

1）使用方法

```
bwa mem[-aCHMpP][-t nThreads][-k minSeedLen][-w bandWidth][-d zDropoff][-r seedSplitRatio][-c maxOcc][-A matchScore][-B mmPenalty][-O gapOpenPen][-E gapExtPen][-L clipPen][-U unpairPen][-R RGline][-v verboseLevel]db.prefix reads.fq[mates.fq]
```

如果mates.fq文件不存在且未设置选项-p，则此命令将输入读取视为单端。如果mates.fq存在，则此命令假定reads.fq中的第i个读取和mates.fq中的第i个读取构成读取对。如果使用-p，则该命令假定reads.fq中的第$2i$个读取和（$2i+1$）个读取构成读取对（此类输入文件称为交错）。在这种情况下，将忽略mates.fq。

在配对端模式下，mem命令将从一批读取中推断读取方向和插入大小分布。

2）常用参数释义（表20-1）

表20-1　相关参数释义（1）

参数	功能详解
-t	线程数，默认值为1，增加线程数可以减少处理数据所需时间
-M	将较短的拆分命中标记为次要，目的是兼容Picard
-p	不设置此参数，系统会默认识别输入一个文件进行单端比对，输入两个文件则进行双端比对；设置此参数后，无论输入多少个文件，都只会读取第一个文件并视为单端比对文件来处理
-R	完成读取组标题行。“\t”可以在STR中使用，并将在输出SAM中转换为TAB。读取组ID将附加到输出中的每次读取。如“@RG\tID：foo\tSM：bar”
-T	仅影响输出结果，只会输出比对分值大于设置的值的结果

（3）BWA-backtrack。

1）aln使用方法

```
bwa aln[-n maxDiff][-o maxGapO][-e maxGapE][-d nDelTail][-i nIndelEnd][-k maxSeedDiff][-l seedLen][-t nThrds][-cRN][-M misMsc][-O gapOsc][-E gapEsc][-q trimQual]<in.db.fasta><in.query.fq>><out.sai>
```

常用参数释义（表20-2）

表20-2　相关参数释义（2）

参数	功能详解
-o	允许出现的最大gap值
-e	gap扩展的最大数量
-d	不允许在3′端出现大于设置值bp的删除
-i	不允许小于设置值bp的短插入出现在两端
-l	以第一个设置值子序列作为种子。如果设置值比查询序列大，种子将被禁用，无法继续，一般设置在25～35，与参数-k2使用
-k	配合-l使用，在种子中最大的编辑距离，默认为2
-t	线程数，值越大运行越快
-I	输入的是Illumina 1.3＋读取格式(质量等于ASC Ⅱ -64)
-B	设置标记序列，从5′端开始的若干碱基作为标记序列。当设置值为正数时，每条读数的条形码将在绘图前被修剪，并被写入BC SAM标签处。对于成对的读数，两端的条形码被连接起来
-b	指定输入读取的序列文件为BAM格式

2）samse使用方法

```
bwa samse[-n maxOcc]<in.db.fasta><in.sai><in.fq>><out.sam>
```

常用参数释义：

-n在XA标签中输出正确配对的读数的最大排列数。如果一个读数的命中率超过设置值，XA标签将不会被写入。

-r以‘@RG\tID:foo\tSM:bar’这样的格式指定读组。

3）sampe使用方法

```
bwa sampe[-a maxInsSize][-o maxOcc][-n maxHitPaired][-N maxHitDis][-P]<in.db.fasta><in1.sai><in2.sai><in1.fq><in2.fq>><out.sam>
```

（4）BWA-SW。

```
bwa bwasw[-a matchScore][-b mmPen][-q gapOpenPen][-r gapExtPen][-t nThreads][-w bandWidth][-T thres][-s hspIntv][-z zBest][-N nHspRev][-c thresCoef]<in.db.fasta><in.fq>[mate.fq]
```

对in.fq文件中的查询序列进行比对。当mate.fq出现时，进行成对端比对。成对端模式只适用于读取Illumina短文库。在成对端模式下，BWA-SW仍可能输出分裂的排列，但它们都被标记为未正确配对；如果mate有多个局部命中，则不会写入mate位置。

常用参数释义：

-t线程数，值越大运行越快。

20.1.2 安装Java

```
sudo apt update
sudo apt install openjdk-8-jdk
java--version
```

运行以上命令后，出现Java版本即证明成功安装Java。

20.1.3 安装Python

```
sudo apt-get update
sudo apt-get install python3.8
python3.8--version
```

运行以上命令后，出现Python版本即证明成功安装Python。

20.1.4 GATK

GATK是处理WGS数据的核心工具，同时也是识别生殖系DNA和RNA-seq

数据中单核苷酸多态性（SNP）和短插入（indel）的行业标准。它的范围现在正在扩大，包括体细胞短变体的调用，以及处理拷贝数变异（CNV）和结构变异（SV）。除了变体调用器本身，GATK还包括许多执行相关任务的工具，如高通量测序数据的处理和质量控制，并捆绑了流行的Picard工具箱，即所有Picard工具都能够使用GATK完成。这些工具主要是为处理用Illumina测序技术产生的外显子和全基因组而设计的，但它们可以被调整为处理各种其他技术和实验设计。尽管GATK最初是为人类遗传学开发的，但后来发展到可以处理任何生物体的基因组数据，并具有任何倍性水平。强大的GATK可以帮助解决许多问题，大致可以分为拷贝数变体发现、覆盖率分析、诊断和质量控制、区间操作、宏基因组学、读取数据、短变异体发现、分析发现FASTA格式引用的工具、结构变体发现、变体评估和细化、变体过滤、变体操作、Base Calling、基因分型阵列操作、甲基化特异性工具、读取过滤器、变体注释及其他操作这十八项类别。在处理WGS数据的过程中也仅仅用到了GATK的一小部分功能，目前该软件已经升级到GATK4.2.5.0版本。

除了自身的强大以外，GATK官网上的配套指导也十分人性化，详细的用户指导、便捷清晰的界面使用方便。最有益的是在GATK社区里可以上传已经遇到的各种问题，社区里的人会一起帮你解决，当然也可以直接检索是否已经有人遇到过相同的问题，可直接借鉴他人的经验解决现有问题。

GATK安装流程

```
wget https://github.com/broadinstitute/gatk/releases/download/4.1.3.0/gatk-4.1.3.0.zip
unzip gatk-4.1.3.0.zip
./gatk--help
```

运行以上命令后会输出一系列帮助信息，就证明GATK已经安装完毕（版本可以根据自己的需要进行选择）。

GATK使用方法

由于GATK的功能众多，不便于一一列举，在此只展示了处理WGS数据所用到的功能部分。如果感兴趣可以自行到GATK官网（https://gatk.broadinstitute.org/hc/en-us）查看更全面的使用方法。

（1）MarkDuplicates——识别重复读取：该工具定位并标记BAM或SAM文件中的重复读取，其中重复读取被定义为源自DNA的单个片段。样品制备过程中可能出现重复，如使用PCR构建文库。MarkDuplicates工具可比较SAM/BAM文件中读取和读取对5个主要位置的序列。该工具的主要输出是一个新的SAM或BAM文件，其中的重复项已在每次读取的SAM标志字段中标识出来。MarkDuplicates

还生成一个度量文件，指示单端和双端读取的重复次数。该工具输出的结果直接是标记完重复序列后的文件，在日常分析中可以将MarkDuplicates放入输出文件命名中，方便知悉文件的分析状态，后面进行的每一步分析均应如此操作，养成良好习惯，以便事半功倍。

1）使用方法

```
./gatk MarkDuplicates-I ***-O ***-M ***
```

2）常用参数释义

-I输入的SAM/BAM格式的文件。

-O输出文件。

-M生成的度量文件，指示单端和双端读取的重复次数。

（2）IndexFeatureFile：该工具为GATK支持的各种包含特征的文件（如VCF和BED文件）创建一个索引文件。索引允许通过基因组间隔查询特征。

使用方法：

```
./gatk IndexFeatureFile-I ***
```

（3）AddOrReplaceReadGroups：该工具可将文件中的所有读取分配给一个新的读取组。该工具接受来自全球基因组学与健康联盟（GA4GH）的输入BAM和SAM文件或URL。由于GATK处理文件可以是多个并行处理，那么就需要区分这些文件，通过这个工具可以为读取进来的文件重新添加新的header以区分不同文件，并在最后输出时得到想要的文件内容。

1）使用方法

```
gatk AddOrReplaceReadGroups-I.bam-O.add.bam-LB library1-PL illumina-PU pl1-SM name
```

2）常用参数释义

-I文件输入。

-O文件输出。

-LB样本library。

-PL样本处理平台。

-PU样本处理平台单元。

-SM样本名。

（4）BaseRecalibrator：该工具为基本质量分数重新校准（BQSR）生成重新校准表配合ApplyBQSR使用。

1）使用方法

```
gatk BaseRecalibrator -I my_reads.bam-R reference.fasta--known-sites sites_of_variation.vcf--known-sites another/optional/setOfSitesToMask.vcf-O recal_data.table
```

2）常用参数释义

-I输入文件。

-O输出文件。

-R参考基因组。

--known-sites参考文件，如千人基因组计划、dbSNP等数据。

（5）ApplyBQSR：该工具是应用基本质量分数进行重新校正，它会根据由BaseRecalibrator工具生成的重新校准表来重新校准输入读数的基本质量，并输出重新校准的BAM或CRAM文件。

1）使用方法

```
gatk ApplyBQSR-R reference.fasta-I input.bam--bqsr-recal-file recalibration.table-O output.bam
```

2）常用参数释义

-I输入文件。

-O输出文件。

-R参考基因组。

-bqsr-recal-file在BaseRecalibrator步骤生成的重新校准表。

（6）VariantRecalibrator：该工具执行的功能是建立一个重新校准模型，为过滤目的的变体质量打分。这个工具在称为变异质量评分重新校准（VQSR）两阶段的过程中执行第一过程。具体来说，它建立的模型将在第二步中用于实际过滤变体。这个模型试图描述变体注释（如QD、MQ和ReadPosRankSum）与变体是真正的遗传变体和测序或数据处理工件的概率之间的关系。

变体重新校准的目的是为呼叫集中的每个变体呼叫分配一个经过良好校准的概率。然后，这些概率可以用来过滤变体，其准确性和灵活性比传统的硬过滤（根据单个注释值阈值过滤）要高。第一道工序包括建立一个模型，描述变体注释值如何与训练集中的变体调用的真实性共同变化，然后根据该模型对所有输入的变体进行评分。第二步是指定一个目标敏感度值（相当于一个经验性的VQSLOD分界线），并根据其排名对每个变体调用应用过滤器。结果是一个VCF文件，其中的变体已被分配了一个分数和过滤器状态。

VQSR可能是最佳实践中最难掌握的部分，所以一定要阅读GATK官网（https://gatk.broadinstitute.org/hc/en-us）上的方法文档和教程，以真正理解这些工具的作用及如何在自己的数据上使用它们以获得最佳结果。

1）使用方法

```
gatk VariantRecalibrator-R Homo_sapiens_assembly38.fasta-V input.vcf.gz--resource:hapmap,known=false,training=true,truth=true,prior=15.0 hapmap_3.3.hg38.
```

```
sites.vcf.gz--resource:omni,known=false,training=true,truth=false,prior=12.0 1000G_omni2.5.hg38.sites.vcf.gz--resource:1000G,known=false,training=true,truth=false,prior=10.0 1000G_phase1.SNPs.high confidence.hg38.vcf.gz--resource:dbSNP,known=true,training=false,truth=false,prior=2.0 Homo_sapiens_assembly38.dbSNP138.vcf.gz-an QD-an MQ-an MQRankSum-an ReadPosRankSum-an FS-an SOR-mode SNP-O output.recal--tranches-file output.tranches--rscript-file output.plots.R
```

2）常用参数释义

-V输入的包含变异的文件。

-O输出recal文件。

--resource参考数据集。

--tranches-file ApplyVQSR使用的输出批次文件。

--rscript-file输出为.R的文件，可直接在R语言中运行，查看数据信息。

（7）ApplyVQSR：该工具根据VariantRecalibrator在第一步产生的重新校准表和目标灵敏度值对输入变体进行过滤，该工具根据模型对一组真实变体的估计灵敏度在内部与VQSLOD分数截止点相匹配。

过滤器的确定不仅仅是一个通过/失败的过程。该工具为每个变体评估其在对真实集的敏感性方面属于哪个“档次”，或数据集的哪个片段。在低于指定的真相敏感度过滤级别的变体，其FILTER字段会被注上相应的级别，这将导致呼叫集被过滤到所需的水平，但保留了必要的信息以在需要时提高敏感性。

为明确起见，请注意“过滤”是指在输出的VCF文件中，未能达到要求的档次截止的变体被标记为过滤；除非指定选项，否则它们不会被丢弃。

1）使用方法

```
gatk ApplyVQSR-R Homo_sapiens_assembly38.fasta-V input.vcf.gz-O output.vcf.gz--truth-sensitivity-filter-level 99.0--tranches-file output.tranches--recal-fileoutput.recal-mode SNP
```

2）常用参数释义

--truth-sensitivity-filter-leve基于对模型真集数据的灵敏度和特异性来确定，一般皆为99.0。

--recal-file上一步生成的recal文件。

-mode设置为indel或SNP。

（8）HaplotypeCaller：该工具通过单倍型的局部重组调用种系SNP和indel。单倍型调用程序能够通过单倍型在活性区域的局部从头组装同时调用SNP和indel。换言之，每当程序遇到一个显示出变异迹象的区域时，它就丢弃现有的映射信息，并完全重组该区域中的读数。在用于DNA序列数据中可扩展变体调用的

GVCF工作流中，单倍型调用程序针对每个样本运行，以生成中间GVCF（不用于最终分析），然后可以在GenotypeGVCF中以非常高效的方式用于多个样本的联合基因分型。GVCF工作流程支持样品从测序仪上滚下时的快速增量处理，以及扩展到非常大的群组规模（如ExAC的92K外显子组）。

1）使用方法

单个样本直接进行HaplotypeCaller：

```
./gatk--java-options-Xmx4g HaplotypeCaller -R Homo_sapiens_assembly38.fasta -I input.bam -O output.vcf
```

多个样本可以考虑采用GVCF工作流：

```
./gatk --java-options -Xmx4G HaplotypeCaller -I .bam -O .g.vcf -R .fa --emit-ref-confidence GVCF
./gatk GenotypeGVCFs -R .fa -V .g.vcf -O .vcf -I .BAM/SAM/CRAM
```

2）常用参数释义

-I 输入文件。

-O 输出文件。

-R 参考基因组。

-Xmx*g 设置Java工作内存，如果电脑支持，则设置得大一些，避免因为内存不够导致程序无法继续。

--emit-ref-confidence 发出参考置信度得分的模式。

（9）GenotypeGVCFs：该工具旨在对单个输入（可能包含一个或多个样本）执行联合基因分型。在任何情况下，输入样本必须具有由具有“-ERC（--emit-ref-confidence）GVCF”或“-ERC BP_RESOLUTION”的单倍型调用程序产生的基因型可能性。通过提供单一样品GVCF对单一样品进行联合基因分型，或通过提供组合的多样品GVCF对组群进行联合基因分型。

使用方法：

```
gatk --java-options "-Xmx4g" GenotypeGVCFs -R Homo_sapiens_assembly38.fasta -V .g.vcf -O output.vcf.gz
```

（10）SelectVariants：该工具可以从VCF文件中选择变体的子集，可以根据各种标准选择变量子集，以便于某些分析。这种分析的例子包括比较和对比病例与对照，提取满足某些要求的变异或非变异位点，或排除一些意外结果，等等。

1）使用方法

```
gatk SelectVariants -R Homo_sapiens_assembly38.fasta -V input.vcf --select-type-to-include SNP/INDEL -O output.vcf
```

2）常用参数释义

-O 输出文件。

-V 已经处理好的包含变体的VCF文件。

-R 参考基因组。

-L 要操作的一个或多个基因组区间，根据设置的值来确定要选择的变体的基因组区间。

20.2　WGS数据处理示例

20.2.1　下载所需数据

同WGBS数据处理一样，在进入正常流程之前需要把要处理的原始数据、参考基因组及其他需要参考的数据集下载下来。操作方式大同小异，所以在数据获取这一部分只作简单和必要的介绍。

首先从SRA数据库中下载原始数据，然后下载hg38版本的参考基因组数据，由于WGS数据的特殊性，在后期分析过程中需要用到的一些参考数据，也一并下载下来，其中包括文件名称为dbSNP_146.hg38.vcf.gz，Mills_和_1000G_gold_standard.indels.hg38.vcf.gz的两个文件。至此，数据准备阶段就结束了，接下来直接进入数据分析。

20.2.2　建立索引

```
bwa index -a bwtsw chrom.37.fa
samtools    faidx ref.fa
gatk CreateSequenceDictionary -R ref.fa -O ref.dict
gatk IndexFeatureFile -I dbSNP.vcf
```

参数详解：

-a is是默认的算法，虽然相对较快，但是需要较大的内存，当构建的数据库大于2GB时就不能正常工作了；-a bwtsw 对于短的参考序列式不工作的，必须要大于等于10MB，但能用于较大的基因组数据，如人的全基因组。

-R 参考基因组路径。

-O输出文件。

-I 参考数据。

20.2.3　比对

```
./bwa mem -t 4 -R '@RG\tID:foo_lane\tPL:ILLUMINA\tLB:GMHC106\
```

```
tSM:GMHC106' ~/genome_wgs/hg38.fa ~/SRR_WGS/SRR16873747_1.fastq ~/SRR_WGS/SRR16873747_2.fastq > ~/WGS_RESULT/SRR16873747/SRR16873747.sam
```

-R参数要十分注意，完整的read group的头部，可以用 '\t' 作为分隔符，在输出的SAM文件中被解释为制表符TAB. read group 的ID，会被添加到输出文件的每一个read的头部。

ID = Read group identifier每一个read group 独有的ID，每一对reads 均有一个独特的ID，可以自定义命名。

PL = Platform测序平台；ILLUMINA、SOLID、LS454、HELICOS和PACBIO，不区分大小写。

SM = sample，reads属于的样品名；SM要设定正确，因为GATK产生的VCF文件也使用这个名字；NCBI中都可以查到。

LB = DNA preparation library identifier对一个read group的reads进行重复序列标记时，需要使用LB来区分reads来自哪条lane；有时，同一个库可能在不同的lane上完成测序；为了加以区分，同一个或不同库只要是在不同的lane产生的reads都要单独给一个ID。一般无特殊说明，成对read属于同一库，可自定义，如library1。

-t 线程数，增加线程数可以减少运行时间。

-M 将 shorter split hits 标记为次优，以兼容Picard's markDuplicates软件。

-p 若无此参数：输入文件只有1个，则进行单端比对；若输入文件有2个，则作为paired reads进行比对。若加入此参数，则仅以第一个文件作为输入（会忽略第二个输入序列文件，把第一个文件当作单端测序的数据进行比对），该文件必须是read1.fq和read2.fa进行reads交叉的数据。

-T INT 当比对的分值比INT小时，不输出该比对结果，这个参数只影响输出的结果，不影响比对的过程。

-a 将所有的比对结果都输出，包括single-end和unpaired paired-end的 reads，但是这些比对的结果会被标记为次优。

-Y 对数据进行soft clipping，当错配或者gap数过多比对不上时，会对序列进行切除，这里的切除并只是在比对时去掉这部分序列，最终输出结果中序列还是存在的，所以称为soft clipping。

20.2.4 SAM格式转BAM格式

```
./samtools view -h -b ~/WGS_RESULT/SRR16873747/SRR16873747.sam > ~/WGS_RESULT/SRR16873747/SRR16873747.bam
```

由于运行出来的.sam文件较大，可以直接将上一步结果直接通过管道符(|)传

递给samtools，直接转变为.bam文件。可直接通过下面的代码实现。

```
./bwa mem -t 4 -R '@RG\tID:foo\tPL:ILLUMINA\tSM:GMHC106' ~/genome_wgs/hg38.fa ~/SRR_WGS/SRR16873747_1.fastq ~/SRR_WGS/SRR16873747_2.fastq | ~/samtools-1.9/samtools view -bS - >~/WGS_RESULT/SRR16873747/SRR16873747.bam
```

20.2.5　排序

```
./samtools sort -l 4 -o ~/WGS_RESULT/SRR16873747/SRR16873747_sort.bam ~/WGS_RESULT/SRR16873747/SRR16873747.bam
```

rm test.bam

rm功能为删除不需要的文件，以减少内存占用，排序步骤也可以用gatk工具实现。

```
gatk SortSam -I test.bam -O test.sorted.bam -SO coordinate --CREATE_INDEX true
```

参数释义：

-I 输入bam或者sam。

-O 输出文件。

-SO 排序方式：queryname 或者coordinate。

--CREATE_INDEX 是否建立索引。

若之前忘记添加read group也可以用gatk添加：

```
gatk AddOrReplaceReadGroups -I .bam -O .add.bam -LB library1 -PL illumina -PU pl1 -SM name
```

20.2.6　标记重复序列

```
./gatk MarkDuplicates -I ~/WGS_RESULT/SRR16873747/SRR16873747_sort.bam -O ~/WGS_RESULT/SRR16873747/SRR16873747_sort_markdup.bam -M ~/WGS_RESULT/SRR16873747/SRR16873747_sort_markdup_metrics.txt
```

参数释义：

-I 排序后的BAM或者SAM文件。

-M 输出重复矩阵。

-O 输出文件。

20.2.7　为标记完重复序列的文件建立索引

```
cd WGS_RESULT/SRR16873747
```

```
~/samtools-1.9/samtools index SRR16873747_sort_markdup.bam
```

20.2.8　BQSR

BQSR可以理解为碱基质量校正。对于变异位点的鉴定，碱基质量是非常重要的。比如，测序识别到的一个位点，其碱基和参考基因组上的碱基不同，但是其质量值特别低，此时可以认为是一个测序错误，而不是一个SNP位点。在测序的原始数据中，本身就提供了每个碱基对应的质量值，但是GATK官方认为测序仪提供的碱基质量值是不准确、存在误差的。

```
./gatk --java-options -Xmx20G BaseRecalibrator -I ~/WGS_RESULT/SRR16832324/SRR16832324_sort_markdup.bam --known-sites ~/align/dbSNP_146.hg38.vcf/ --known-sites ~/align/Mills_and_1000G_gold_standard.indels.hg38.vcf -R ~/genome_wgs/hg38.fa -O ~/WGS_RESULT/SRR16832324/SRR16832324_recal.table
./gatk --java-options -Xmx20G ApplyBQSR -R ~/genome_wgs/hg38.fa -I ~/WGS_RESULT/SRR16832324/SRR16832324_sort_markdup.bam --bqsr ~/WGS_RESULT/SRR16832324/SRR16832324_recal.table -O ~/WGS_RESULT/SRR16832324/SRR16832324_sort_markdup_BQSR.bam
```

--known-sites　指定已知变异位点对应的VCF文件（此处的文件需要自行下载参考数据，本示例中应用的为千人基因组数据及dbSNP数据），在指定之前需要对文件构建索引。

20.2.9　检测变异

（1）GVCF工作流

```
./gatk --java-options -Xmx20G HaplotypeCaller -I ~/WGS_RESULT/SRR16873747/SRR16873747_sort_markdup.bam -O ~/WGS_RESULT/SRR16873747/SRR16873747.g.vcf -R ~/genome_wgs/hg38.fa --emit-ref-confidence GVCF
./gatk GenotypeGVCFs -R ~/genome_wgs/hg38.fa -V ~/WGS_RESULT/SRR16873747/SRR16873747.g.vcf -O ~/WGS_RESULT/SRR16873747/SRR16873747.vcf
-I BAM/SAM/CRAM file
```

（2）单样本直接检测变异

```
./gatk --java-options -Xmx20G HaplotypeCaller -I ~/WGS_RESULT/SRR16832324/SRR16832324_sort_markdup_BQSR.bam --dbSNP ~/align/dbSNP_146.hg38.vcf -O ~/WGS_RESULT/SRR16832324/SRR16832324_BQSR.vcf -R ~/genome_wgs/hg38.fa
```

（3）参数释义

-V 多个样本时以此参数不断添加输入样本。

--dbSNP 此参数后面需要附加参考数据，可以映射出所处理数据的已知具体SNP编号，但是还是会有部分SNP无法给出具体编号。

20.2.10 变异检测质控和过滤（VQSR）

（1）SNP Recalibration

```
./gatk VariantRecalibrator -R ~/genome_wgs/hg38.fa -V ~/WGS_R/SRR14724738/SRR14724738_BQSR.vcf --resource:hapmap,known=false,training=true,truth=true,prior=15.0 /home/amos/align/hg38_v0_hapmap_3.3.hg38.vcf --resource:omni,known=false,training=true,truth=false,prior=12.0 /home/amos/align/resources_broad_hg38_v0_1000G_omni2.5.hg38.vcf --resource:1000G,known=false,training=true,truth=false,prior=10.0 /home/amos/align/1000G_phase1.SNPs.high_confidence.hg38.vcf --resource:dbSNP,known=true,training=false,truth=false,prior=2.0 /home/amos/align/hg38_v0_Homo_sapiens_assembly38.dbSNP138.vcf -an QD -an MQ -an MQRankSum -an ReadPosRankSum -an FS -an SOR -mode SNP -O ~/WGS_R/SRR14724738/SRR14724738_output.recal --tranches-file ~/WGS_R/SRR14724738/SRR14724738_output.tranches --rscript-file ~/WGS_R/SRR14724738/SRR14724738_output.plots.R
```

```
./gatk ApplyVQSR -R ~/genome_wgs/hg38.fa -V ~/WGS_R/SRR14724738/SRR14724738_BQSR.vcf --truth-sensitivity-filter-level 99.0 --tranches-file ~/WGS_R/SRR14724738/SRR14724738_output.tranches --recal-file ~/WGS_R/SRR14724738/SRR14724738_output.recal --mode SNP -O ~/WGS_R/SRR14724738/SRR14724738.SNPs.VQSR.vcf
```

（2）indel Recalibration

```
./gatk VariantRecalibrator -R ~/genome_wgs/hg38.fa -V ~/WGS_R/SRR14724738/SRR14724738.SNPs.VQSR.vcf --resource:mills,known=true,training=true,truth=true,prior=12.0 /home/amos/align/Mills_and_1000G_gold_standard.indels.hg38.vcf -an QD -an DP -an MQRankSum -an ReadPosRankSum -an FS -an SOR --max-gaussians 4 -mode INDEL -O ~/WGS_R/SRR14724738/SRR14724738_output.indel.recal --tranches-file ~/WGS_R/SRR14724738/SRR14724738_output.indel.tranches --rscript-file ~/WGS_R/SRR14724738/SRR14724738_output.indel.plots.R
```

```
./gatk ApplyVQSR -R ~/genome_wgs/hg38.fa -V ~/WGS_R/SRR14724738/SRR14724738.SNPs.VQSR.vcf --truth-sensitivity-filter-level 99.0 --tranches-file ~/WGS_R/SRR14724738/SRR14724738_output.indel.tranches --recal-file ~/WGS_
```

```
R/SRR14724738/SRR14724738_output.indel.recal --mode INDEL -O ~/WGS_R/SRR14724738/SRR14724738.SNPs.indel.VQSR.vcf
```

20.2.11　提取SNP、indel

```
./gatk SelectVariants -V ~/WGS_RESULT/SRR16832324/SRR16832324_BQSR.vcf -O ~/WGS_RESULT/SRR16832324/SRR16832324_BQSR_SNP.vcf --select-type-to-include SNP
```

```
./gatk SelectVariants -V ~/WGS_RESULT/SRR16873747/SRR16873747.vcf -O ~/WGS_RESULT/SRR16873747/SRR16873747_indel.vcf --select-type-to-include INDEL
```

参数释义：

-O输出VCF文件。

-V输入VCF文件。

--select-type-to-include　选择提取的变异类型{NO_VARIATION, SNP, MNP, INDEL,SYMBOLIC, MIXED}。

20.2.12　过滤VCF文件（附加流程，按需应用）

```
gatk VariantFiltration -O test.SNP.fil.vcf.temp -V test.SNP.vcf --filter-expression 'QUAL < 30.0 || QD < 2.0 || FS > 60.0 || SOR > 4.0' --filter-name lowQualFilter --cluster-window-size 10 --cluster-size 3 --missing-values-evaluate-as-failing
```

参数释义：

-O 输出filt.vcf文件。

-V 输入VCF文件。

--filter-expression 过滤条件，VCF INFO 信息。

--cluster-window-size 以10个碱基为一个窗口。

--cluster-size 10个碱基为窗口，若存在3以上个则过滤。

--filter-name 被过滤掉的SNP不会删除，而是给一个标签，如 Filter。

--missing-values-evaluate-as-failing 当筛选标准比较多时，可能有一些位点没有筛选条件中的一条或几条，如下面的这个表达式：QUAL < 30.0 || QD < 2.0 || FS > 60.0 || MQ < 40.0 || HaplotypeScore > 13.0，并不一定所有位点都有这些信息，这种情况下GATK运行时会报很多WARNING信息，用这个参数可以把这些缺少某些FLAG的位点也标记成没有通过筛选的。

QualByDepth（QD）变异位点可信度除以未过滤的非参考read数。

FisherStrand（FS）Fisher精确检验评估当前变异是strand bias的可能性，这个值在0～60。

RMSMappingQuality（MQ）所有样本中比对质量的平方根。

MappingQualityRankSumTest（MQRankSum）根据REF和ALT的read的比对质量来评估可信度。

ReadPosRankSumTest（ReadPosRankSum）通过变异在read的位置来评估变异可信度，通常在read的两端的错误率比较高。

StrandOddsRatio（SOR） 综合评估strand bias的可能性。

20.2.13　筛选过滤后的SNP、indel

此步骤需要根据FILTER那列信息进行筛选。

```
grep PASS test.SNP.fil.vcf.temp > test.SNP.fil.vcf
```

第二十一章　全外显子测序数据分析

全外显子组测序（WES）是针对人类全基因组的全部外显子进行检测的一种方法，它虽然仅占人类基因组的1% ～ 2%，但是却包含了85%的致病变异，所以是一种相对比较简便、高效的方法。在数据分析过程及使用的工具上WES和全基因组测序（WGS）十分相似，但是却有不同。因为外显子存在脱靶效应，所以需要下载目标捕获文件，用来计算捕获效率、覆盖度等。本章直接为大家展示WES数据处理的示例过程。

21.1　数据准备

分析所用的原始数据还是从SRA数据库中自行检索，参考基因组及参考数据都和WGS分析流程中的一样，唯一需要额外下载的就是外显子捕获文件，由于不同生产数据的公司的试剂盒不同，所以下载网址及方式也不相同，示例中采用的外显子捕获区域文件是安捷伦公司生产的，所以需要到其官网下载（https://earray.chem.agilent.com/suredesign/index.htm?sessiontimeout=true），值得注意的是要想获取到所需文件，需要注册账号并登录，找到Find Designs这一图标点击后就可以开始选择目标文件了，这里选择的是S07604514号捕获区域文件。此外，如果实验有什么特殊要求也可自行设计捕获区域。下载后的压缩文件中包含了四个文件，根据GATK工具推荐选择名称为S07604514_Padded.bed的文件。

21.2　WES数据处理示例

相同步骤参数释义不在此赘述，若有需要可参照WGS数据处理示例中对应步骤。

（1）建立索引

```
bwa index -a bwtsw chrom.37.fa
samtools faidx ref.fa
gatk CreateSequenceDictionary -R ref.fa -O ref.dict
gatk IndexFeatureFile -I dbSNP.vcf
```

（2）比对

```
./bwa mem -t 4 -R '@RG\tID:foo_lane\tPL:ILLUMINA\tLB:GMHC106\
```

```
tSM:GMHC106' ~/genome_wgs/hg38.fa ~/SRR_WGS/SRR16873747_1.fastq ~/SRR_WGS/SRR16873747_2.fastq > ~/WGS_RESULT/SRR16873747/SRR16873747.sam
```

（3）SAM格式转BAM格式

```
./samtools view -h -b ~/WGS_RESULT/SRR16873747/SRR16873747.sam > ~/WGS_RESULT/SRR16873747/SRR16873747.bam
```

由于运行出来的.sam文件较大，可以直接将上一步结果直接通过管道符(|)传递给samtools转变为.bam文件。可直接通过下面代码实现。

```
./bwa mem -t 4 -R '@RG\tID:foo\tPL:ILLUMINA\tSM:GMHC106' ~/genome_wgs/hg38.fa ~/SRR_WGS/SRR16873747_1.fastq ~/SRR_WGS/SRR16873747_2.fastq | ~/samtools-1.9/samtools view -bS - >~/WGS_RESULT/SRR16873747/SRR16873747.bam
```

（4）排序

```
./samtools sort -l 4 -o ~/WGS_RESULT/SRR16873747/SRR16873747_sort.bam ~/WGS_RESULT/SRR16873747/SRR16873747.bam
rm test.bam
```

（5）标记重复序列

```
./gatk MarkDuplicates -I ~/WGS_RESULT/SRR16873747/SRR16873747_sort.bam -O ~/WGS_RESULT/SRR16873747/SRR16873747_sort_markdup.bam -M ~/WGS_RESULT/SRR16873747/SRR16873747_sort_markdup_metrics.txt
```

（6）为标记完重复序列的文件建立索引

```
cd WGS_RESULT/SRR16873747
~/samtools-1.9/samtools index SRR16873747_sort_markdup.bam
```

（7）覆盖度、深度等信息统计

```
./gatk CreateSequenceDictionary -R hg19.fa -O hg19.dict
./gatk BedToIntervalList -I .bed -O Exon.Interval.bed -SD .dict
./gatk CollectHsMetrics -BI Exon.Interval.bed -TI ~/Exon.Interval.bed -I .bam -O .stat.txt
```

最后输出的文本文件中是需要的信息，需要注意的是这三项：PCT_USABLE_BASES_ON_TARGET指的是on target bases 相对于总bases的比例，一般当比对到参考基因组目标区域的数据量在60%之上时，认为外显子捕获效率合格；PCT_SELECTED_BASES指的是on target and near target bases 相对于总bases的比例；MEAN_TARGET_COVERAGE指的是平均深度。

（8）BQSR

```
./gatk --java-options -Xmx20G BaseRecalibrator -I ~/WES_RESULT/
```

```
SRR16382370/SRR16382370_sort_markdup.bam --known-sites ~/align/dbSNP_146.hg38.vcf/ --known-sites ~/align/Mills_and_1000G_gold_standard.indels.hg38.vcf -L ~/align/S07604514_Padded.bed -R ~/genome_wes/hg38.fa -O ~/WES_RESULT/SRR16382370/SRR16382370_recal.table
```

```
./gatk --java-options -Xmx20G ApplyBQSR -R ~/genome_wgs/hg38.fa -I ~/WGS_RESULT/SRR16832324/SRR16832324_sort_markdup.bam --bqsr ~/WGS_RESULT/SRR16832324/SRR16832324_recal.table -L ~/align/S07604514_Padded.bed -O~/WGS_RESULT/SRR16832324/SRR16832324_sort_markdup_BQSR.bam
```

上述代码中的-L参数后面需要添加的便是外显子捕获区域文件，来确保数据分析的准确性。

（9）检测变异

GVCF工作流：

```
./gatk --java-options -Xmx20G HaplotypeCaller -I ~/WGS_RESULT/SRR16873747/SRR16873747_sort_markdup.bam -O ~/WGS_RESULT/SRR16873747/SRR16873747.g.vcf -R ~/genome_wgs/hg38.fa --emit-ref-confidence GVCF
```

```
./gatk GenotypeGVCFs -R ~/genome_wgs/hg38.fa -V ~/WGS_RESULT/SRR16873747/SRR16873747.g.vcf -O ~/WGS_RESULT/SRR16873747/SRR16873747.vcf
```

```
-I BAM/SAM/CRAM file
```

单样本直接检测变异：

```
./gatk --java-options -Xmx20G HaplotypeCaller -I ~/WGS_RESULT/SRR16832324/SRR16832324_sort_markdup_BQSR.bam --dbSNP ~/align/dbSNP_146.hg38.vcf -O ~/WGS_RESULT/SRR16832324/SRR16832324_BQSR.vcf -R ~/genome_wgs/hg38.fa
```

（10）提取SNP、indel

```
./gatk SelectVariants -V ~/WGS_RESULT/SRR16832324/SRR16832324_BQSR.vcf -O ~/WGS_RESULT/SRR16832324/SRR16832324_BQSR_SNP.vcf --select-type-to-include SNP
```

```
./gatk SelectVariants -V ~/WGS_RESULT/SRR16873747/SRR16873747.vcf -O ~/WGS_RESULT/SRR16873747/SRR16873747_indel.vcf --select-type-to-include INDEL
```

（11）过滤VCF文件（附加流程，按需应用）

```
gatk VariantFiltration -O test.SNP.fil.vcf.temp -V test.SNP.vcf --filter-expression 'QUAL < 30.0 || QD < 2.0 || FS > 60.0 || SOR > 4.0' --filter-name lowQualFilter
```

```
--cluster-window-size 10 --cluster-size 3 --missing-values-evaluate-as-failing
```

（12）筛选过滤后的SNP、indel：此步骤需要根据FILTER那列信息进行筛选。

```
grep PASS test.SNP.fil.vcf.temp > test.SNP.fil.vcf
```